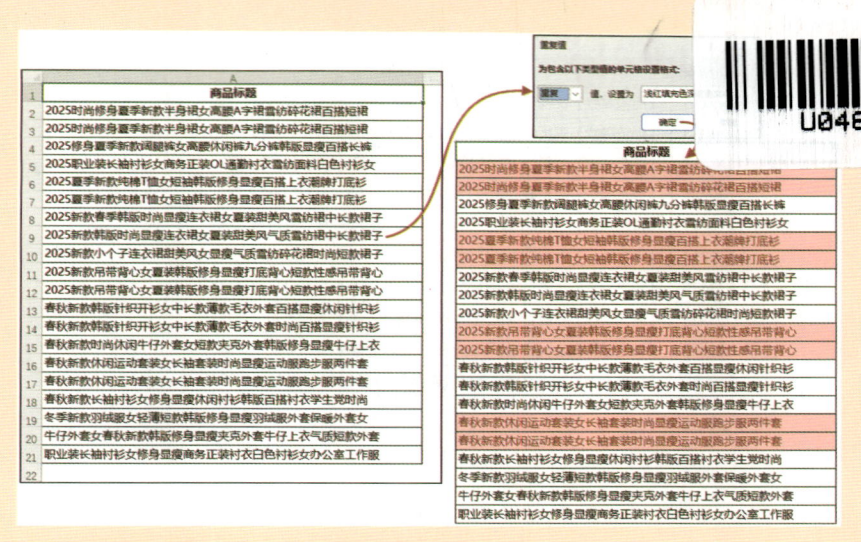

图 1-2　一键标注重复数据

图 3-33　用红色椭圆批量圈释无效数据

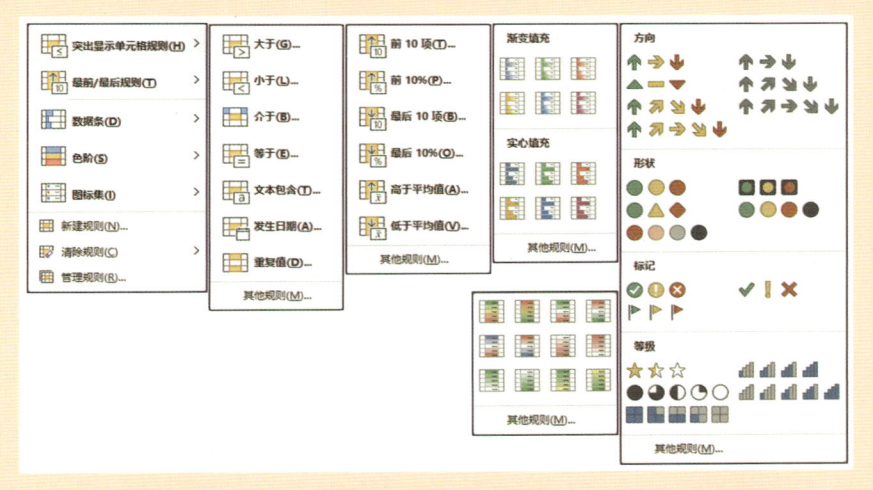

图 5-2　丰富的可视化工具

	A	B	C
1	SKU编码	商品标题	
2	Dr0135	【热销爆款】优雅气质长裙女夏2025新款仙气飘逸大摆裙子	
3	Dr0260	【热销爆款】气质优雅蕾丝连衣裙女夏2025新款修身显瘦裙子	
4	T30934	【特惠抢购】韩版休闲百搭短袖T恤女夏2025新款宽松显瘦上衣	
5	T30935	【特惠抢购】时尚简约圆领T恤女夏2025新款修身显瘦百搭上衣	
6	T15766	【特惠抢购】气质优雅长袖衬衫女夏2025新款韩版修身百搭上衣	
7	T30937	【特惠抢购】韩版休闲百搭短袖T恤女夏2025新款宽松显瘦上衣	
8	S39420	【明星同款】优雅气质百搭蕾丝上衣女夏2025新款修身显瘦蕾丝衫	
9	N99421	【潮流前线】时尚百搭破洞牛仔裤女夏2025新款显瘦高腰小脚裤	
10	N89422	【特惠抢购】时尚百搭破洞牛仔裤女夏2025新款显瘦高腰小脚裤	
11	Dr0985	【新品上市】时尚百搭修身显瘦连衣裙女夏2025新款韩版气质裙子	
12			

图 5-7　突出显示商品标题中的重复数据

	A	B	C
1	员工编号	员工姓名	业绩
2	LR001	李锐1	231
3	LR002	李锐2	302
4	LR003	李锐3	981
5	LR004	李锐4	210
6	LR005	李锐5	653
7	LR006	李锐6	389
8	LR007	李锐7	927
9	LR008	李锐8	279
10	LR009	李锐9	400
11			

图 5-10　在表格中突出显示高于平均值的数据

	A	B	C
1	项目名称	项目收入/万元	项目利润/万元
2	项目1	301	45
3	项目2	251	34
4	项目3	466	80
5	项目4	725	69
6	项目5	613	90
7	项目6	420	73
8	项目7	214	33
9	项目8	512	58

图 5-15　调整列宽后的数据条可视化效果

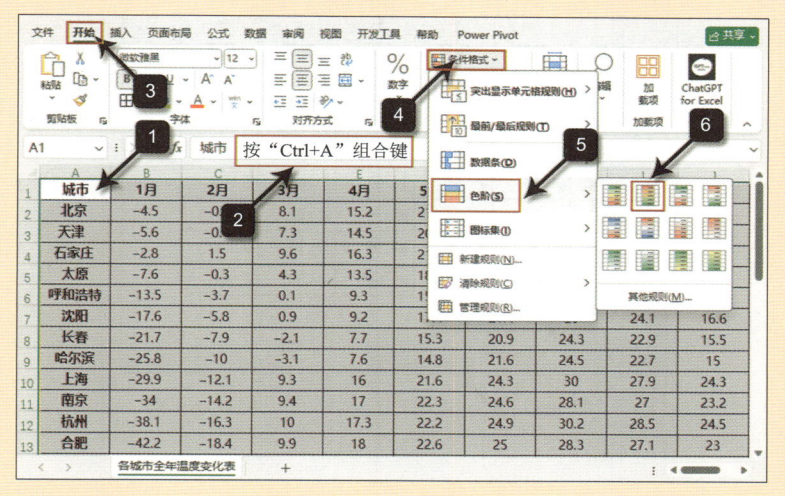

图 5-17 利用色阶实现可视化显示

图 5-18 温度表的可视化显示效果

图 5-21 图标集默认的可视化显示效果

图 5-24　自定义设置后的图标集可视化显示效果

图 5-28　将"已暂停"项目整行突出标记为淡绿色

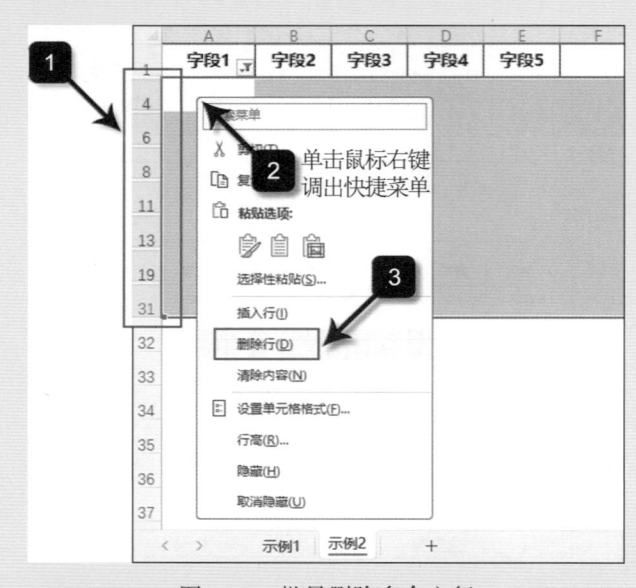

图 11-6　批量删除多余空行

Office办公无忧

Excel
数据管理与数据透视

李锐 ◎著

机械工业出版社
CHINA MACHINE PRESS

图书在版编目（CIP）数据

Excel 数据管理与数据透视 / 李锐著 . -- 北京：机械工业出版社，2025.6. --（Office 办公无忧）.
ISBN 978-7-111-78610-8

Ⅰ . TP391.13
中国国家版本馆 CIP 数据核字第 2025GA4394 号

机械工业出版社（北京市百万庄大街 22 号　邮政编码 100037）
策划编辑：高婧雅　　　　　　　　　责任编辑：高婧雅
责任校对：张勤思　杨　霞　景　飞　责任印制：常天培
北京联兴盛业印刷股份有限公司印刷
2025 年 7 月第 1 版第 1 次印刷
186mm×240mm・16.25 印张・2 插页・351 千字
标准书号：ISBN 978-7-111-78610-8
定价：79.00 元

电话服务　　　　　　　　　　网络服务
客服电话：010-88361066　　　机　工　官　网：www.cmpbook.com
　　　　　010-88379833　　　机　工　官　博：weibo.com/cmp1952
　　　　　010-68326294　　　金　书　网：www.golden-book.com
封底无防伪标均为盗版　　　机工教育服务网：www.cmpedu.com

Preface 前言

在当今数据驱动的时代，Excel 作为使用最广泛的数据处理工具之一，其重要性不言而喻。无论是企业报表的生成、业务数据的分析，还是个人工作效能的提升，Excel 都扮演着关键角色。然而，随着数据规模的扩大和业务场景的复杂化，许多用户发现，尽管掌握了基础操作，但在面对实际工作中的数据管理、数据透视分析及自动化处理等需求时，仍会陷入"知其然而不知其所以然"的困境。即使购买过一些书籍或教程学习，也很难避免"一看就懂，一用就废"的窘境。

为什么要写作本书

本书的写作初衷正是为了解决这一痛点。本书弥补了传统学习资源往往存在的两大短板。

1）**短板1**：重功能讲解而轻场景应用，导致读者难以将理论知识转化为解决实际问题的能力。

2）**短板2**：缺乏系统性思维引导，使得用户在面对复杂需求时无法快速定位最优解决方案。

为此，作者凭借23年的 Excel 实战经验与16年的培训教学积累，编写了本书，并**以"实战应用"为核心，通过构建结构化的知识体系与场景化的案例设计，帮助读者跨越从"功能熟悉"到"灵活应用"的鸿沟，真正实现学以致用。**

投资大师查理·芒格曾说："人一辈子做对两件事就可以很富有：寻找什么是有效的，重复它；发现什么是无效的，避免它。"这句话深刻揭示了选择的重要性，并具有广泛的适用性。在学习 Excel 的过程中，要想事半功倍，也需要做出两个关键的选择：找到合适的导师或学习资源，并采用高效的学习方法。当你翻开本书读到这里的时候，就已经做出了正确的选择。

读者对象

本书面向所有希望系统提升 Excel 数据管理与分析能力的职场人士，尤其适合以下人群。

1) **业务分析师**：需快速完成数据计算、汇总及分析，以支撑决策建议。
2) **财务/行政人员**：需高效处理大量报表，以实现数据自动化管理与多维度分析。
3) **企业管理者**：需了解如何通过数据驱动决策，以优化业务流程。
4) **初/中级 Excel 用户**：已掌握基础操作但难以应对复杂需求，急需进阶指导。
5) **学生与自学者**：希望构建扎实的 Excel 技能体系，为职业发展增添竞争力。

无论你是希望突破职场办公效率瓶颈，还是渴望掌握数据管理、数据透视的核心技术和高级功能，本书都将为你提供实战指南。

本书特色

1. 经验丰富，深入细节

本书由微软 MVP 李锐编著。作者凭借 23 年的数据分析实战经验和 16 年的培训教学经验，深入解析了 Excel 函数、数据透视表等功能的底层逻辑与使用细节，涵盖了大量学员高频提问的解决方案，避免读者"踩坑"，帮助读者以最具性价比的方式提升技能。

2. 学用结合，即学即用

本书每章内容均以实际场景中的案例为驱动，不仅讲解了方法原理，还提供了不同场景下的扩展应用技巧。例如，通过 TEXTSPLIT 函数实现数据的智能拆分，利用 LAMBDA 函数封装复杂的计算流程，帮助读者灵活应对工作中的多样化需求。

3. 横向对比，启发思维

本书不仅关注解决问题本身，还注重解决问题的方向指引和思路启发。在介绍每种方法时，会与其他解决方案进行对比，分析其优缺点。例如，通过对比 VLOOKUP 与 XLOOKUP 函数的适用场景以及传统公式与动态数组函数的效率差异，帮助读者从更高维度选择最优解。

4. 精炼核心，专注实战

本书侧重于数据管理中的核心技能，摒弃"大而全"的泛泛而谈，聚焦数据管理中最实用、最高频的功能，专注实战应用。例如，本书深入讲解了数据透视表的动态布局、多条件筛选、透视图联动等，帮助读者在短时间内掌握关键技能，并能够迅速应用到实际工作中，从而显著提升工作效率。

本书还注重学以致用，通过丰富的实战案例和操作指导，确保读者能够将所学知识转化为实际工作能力，真正实现技能的落地应用。

5. 最新版本，与时俱进

本书基于微软 2024 年 10 月发布的 Excel 2024 正式版编写，涵盖了最新的函数与功能，并确保大部分功能与 WPS 和 Office 365 等软件横向兼容，同时向下兼容 Excel 2010 ～ Excel 2021 等版本。本书在介绍新函数时会明确标注所需的版本，方便读者下载使用。

如何阅读本书

本书分为三大部分，循序渐进地覆盖了 Excel 数据管理与数据透视的全流程。

第一部分　数据工具的核心应用（第 1 ～ 5 章）。第 1 章概述了企业面临的低效困境，并给出了高效办公的解决方案；第 2 ～ 5 章详细解析了删除重复值、数据验证、快速填充与条件格式等核心功能，帮助读者构建规范的数据源，掌握数据工具的核心应用技术。

第二部分　基于函数公式的数据管理（第 6 ～ 10 章）。第 6 ～ 10 章结合实战案例，系统讲解了逻辑判断、文本处理、日期时间、查找引用与统计计算函数，以实现数据的自动化复杂计算功能。

第三部分　数据透视与数据分析（第 11 ～ 16 章）。第 11 ～ 16 章深入探讨了数据透视表与透视图的应用，涵盖数据透视表的创建、布局变换、多维度分析（排序、筛选、统计计算）及透视图展示，助力读者从海量数据中提炼关键信息，实现数据的洞察与分析。

学习建议如下。

1）本书内容前后关联紧密，建议按章节顺序学习，逐步夯实基础。
2）每章均提供配套素材，建议同步操作，以强化记忆。
3）掌握核心技能后，可灵活跳读至相关章节，以提升解决具体实际问题的能力。

配套资源与支持

1. 素材获取

关注微信服务号"跟李锐学 Excel"，回复关键词"2501"，即可下载本书所有案例文件与赠送资源。

2. 视频课程

在网易云课堂搜索"跟李锐学 Excel"，或通过服务号底部菜单进入"知识店铺"，可系统学习涵盖函数公式、数据透视、商务图表、行业应用等方向的视频课程。

3. 百万让利（限时福利）

为助力读者高效学习，本书特推出知识补贴计划。前 2 万名购书读者凭订单截图联系小助手，立领 50 元无门槛代金券，可用于李锐主讲的 35 套付费视频课程中的任意一套（部分课程券后 0 元学）。仅需一本书的价格，即可获得"纸质图书 + 案例文件 + 视频课程"三重知识礼包，职场技能加速超车！（补贴总价值 =50 元 / 人 ×20000 人，余量实时递减。）

课程均为永久有效的体系化录播课，含配套课件，支持手机 / 电脑多端学习，购课后可随时回看复习。

4. 勘误与支持

在阅读本书的过程中，如果你发现有需要订正之处或者其他修改建议，请发送邮件至 7484201@qq.com。如果你在学习中遇到问题，可通过服务号菜单选择"已购课程"→"联系小助手"进行一对一咨询。

致谢

本书的顺利完成离不开众多支持者的无私帮助。首先，我要向 10 万余名付费学员致以最诚挚的感谢。正是你们宝贵的实践反馈和分享的真实痛点，为本书案例的设计提供了清晰的方向，使本书内容更加贴近实际需求。其次，感谢机械工业出版社相关工作人员的辛勤付出，他们专业、细致的建议使本书的结构得以优化，行文更加清晰易懂，确保读者能够轻松获取知识。

此外，我还要感谢家人的关怀与陪伴。在本书的编写过程中，是他们的理解与支持给了我坚持下去的力量，使我能够专注于总结经验，倾注心力完成写作。最后，我要向所有在数据领域深耕的同行者致敬。愿本书能为大家的职业生涯增添一份助力，共同推动数据行业的发展。

李　锐

Contents 目 录

前言

第一部分　数据工具的核心应用

第 1 章　如何利用 Excel 高效办公 …… 2

1.1　企业的低效困境与高效办公
　　　解决方案 ………………………… 2
　　1.1.1　企业的低效困境 ……………… 2
　　1.1.2　高效办公解决方案 …………… 2
1.2　Excel 数据工具的作用与优势 …… 3
　　1.2.1　一键删除重复数据 …………… 3
　　1.2.2　一键标注重复数据 …………… 4
　　1.2.3　禁止输入重复数据 …………… 4
1.3　Excel 函数公式的作用与优势 …… 5
　　1.3.1　封装复杂的计算过程 ………… 5
　　1.3.2　按条件合并同类项 …………… 5
　　1.3.3　从多张报表中查询数据 ……… 6
　　1.3.4　从多张工作表中查询数据 …… 6
1.4　Excel 数据透视表的作用与优势 … 8
　　1.4.1　海量数据快速汇总 …………… 8
　　1.4.2　报表布局灵活变换 …………… 8
　　1.4.3　动态交互统计计算 …………… 9

第 2 章　删除重复值 ……………… 10

2.1　按单条件删除重复值 ……………… 11
2.2　按多条件删除重复值 ……………… 12
2.3　从下向上删除重复值 ……………… 13

第 3 章　数据验证 ………………… 16

3.1　让报表智能提示输入信息 ………… 17
3.2　禁止在报表内输入
　　　不规范数据 ………………………… 19
3.3　禁止在表格中输入重复值 ………… 21
3.4　创建下拉菜单 ……………………… 22
3.5　创建二级下拉菜单 ………………… 27
3.6　批量圈释无效数据 ………………… 34

第 4 章 快速填充 36
- 4.1 快速提取出生日期 37
- 4.2 快速拆分数据 40
- 4.3 快速合并多列数据 41
- 4.4 快速提取地址信息 42
- 4.5 分段显示数据 43
- 4.6 对数据进行加密显示 44

第 5 章 条件格式 48
- 5.1 突出显示重复数据 50
- 5.2 突出显示高于平均值的数据 52
- 5.3 利用数据条对报表进行可视化显示 54
- 5.4 利用色阶对报表进行可视化显示 56
- 5.5 利用图标集对报表进行可视化显示 58
- 5.6 自助对整行目标数据标记颜色 61

第二部分 基于函数公式的数据管理

第 6 章 逻辑判断类数据管理 66
- 6.1 按条件返回结果 66
- 6.2 按多级条件进行嵌套计算 69
- 6.3 多条件同时满足的判断 70
  - 6.3.1 且关系多条件判断：使用 IF+AND 函数 70
  - 6.3.2 且关系多条件判断：使用 IF 函数 + 乘号（*） 72
- 6.4 多条件任意满足的判断 72
  - 6.4.1 或关系多条件判断：使用 IF+OR 函数 73
  - 6.4.2 或关系多条件判断：使用 IF 函数 + 加号（+） 74
- 6.5 复杂多条件的判断 75
  - 6.5.1 复杂多条件判断的思路解析 75
  - 6.5.2 方案 1：使用 IF+AND+OR 函数 75
  - 6.5.3 方案 2：使用 IF 函数 + 乘号（*）+加号（+） 76
- 6.6 判断数据是否为数值格式 77
- 6.7 规避公式返回的错误值 78
- 6.8 使用 IFS 函数进行多条件判断 79
- 6.9 灵活匹配数据 80
- 6.10 简化公式结构 83
- 6.11 自定义封装数据 86

第 7 章 文本处理类数据管理 89
- 7.1 按要求提取数据 89
  - 7.1.1 常用的文本提取函数 89
  - 7.1.2 文本提取函数示例 91
- 7.2 按要求合并数据 93

7.3 按要求定位数据 ·················· 94
    7.3.1 FIND 函数和 SEARCH 函数的用法 ·················· 94
    7.3.2 文本定位函数示例 ·················· 95
7.4 按要求替换数据 ·················· 96
    7.4.1 SUBSTITUTE 函数的用法 ·················· 96
    7.4.2 REPLACE 函数的用法 ·················· 97
    7.4.3 SUBSTITUTE 函数和 REPLACE 函数的区别 ·················· 98
    7.4.4 REPLACEB 函数的用法 ·················· 98
7.5 按要求转换数据 ·················· 98
    7.5.1 TEXT 函数的用法 ·················· 98
    7.5.2 TEXT 函数示例 ·················· 99
7.6 按区域合并数据 ·················· 101
7.7 加分隔符合并数据 ·················· 102
    7.7.1 TEXTJOIN 函数的用法 ·················· 102
    7.7.2 示例 1：合并单元格区域数据 ·················· 103
    7.7.3 示例 2：合并函数返回的内存数组 ·················· 103
7.8 按分隔符拆分数据 ·················· 104
    7.8.1 TEXTSPLIT 函数的用法 ·················· 104
    7.8.2 将数据拆分到多列和多行 ·················· 105

第 8 章 日期时间类数据管理 ·················· 106

8.1 提取年、月、日数据 ·················· 107
8.2 提取小时、分钟、秒数据 ·················· 108
8.3 合并日期和时间数据 ·················· 109
    8.3.1 DATE 函数的用法 ·················· 109
    8.3.2 TIME 函数的用法 ·················· 110
8.4 按要求计算星期相关数据 ·················· 111
    8.4.1 WEEKDAY 函数的用法 ·················· 111
    8.4.2 WEEKNUM 函数的用法 ·················· 112
8.5 按要求推算日期 ·················· 113
    8.5.1 EDATE 函数的用法 ·················· 113
    8.5.2 EOMONTH 函数的用法 ·················· 114
8.6 按要求计算工作日 ·················· 115
    8.6.1 WORKDAY.INTL 函数的用法 ·················· 115
    8.6.2 NETWORKDAYS.INTL 函数的用法 ·················· 117
    8.6.3 示例：复杂排班下的工作日计算 ·················· 117
8.7 按要求统计日期间隔 ·················· 119
    8.7.1 DATEDIF 函数的用法 ·················· 119
    8.7.2 示例：根据入职日期精确统计工龄 ·················· 120

第 9 章 查找引用类数据管理 ·················· 122

9.1 查找数据 ·················· 122
    9.1.1 VLOOKUP 函数的用法 ·················· 122
    9.1.2 示例 1：按照员工编号查询业绩 ·················· 124
    9.1.3 示例 2：按照姓名查询所有科目成绩 ·················· 124
    9.1.4 注意事项 ·················· 125
9.2 按位置引用数据 ·················· 126
    9.2.1 INDEX 函数的用法 ·················· 126

9.2.2 示例1：从列/行数据中按行号/列号引用数据 ... 127
9.2.3 示例2：从多行多列区域中引用数据 ... 127
9.2.4 示例3：从多个不连续区域中引用数据 ... 127

9.3 按条件定位数据位置 ... 128
9.3.1 MATCH函数的用法 ... 128
9.3.2 示例1：精确查找数据 ... 129
9.3.3 示例2：在升序区域中进行近似查找 ... 129
9.3.4 示例3：在降序区域中进行近似查找 ... 129

9.4 组合查找数据 ... 130
9.4.1 INDEX+MATCH函数组合查找的原理 ... 130
9.4.2 示例1：在列/行区域中按条件查找数据 ... 130
9.4.3 示例2：在多行多列区域中按条件查找数据 ... 131
9.4.4 示例3：在多个不连续区域中按条件查找数据 ... 131

9.5 偏移引用数据 ... 133
9.5.1 OFFSET函数的用法 ... 133
9.5.2 示例1：偏移引用单个/多个数据 ... 134
9.5.3 示例2：偏移引用区域数据 ... 135

9.6 跨表引用数据 ... 135
9.6.1 INDIRECT函数的用法 ... 135
9.6.2 示例1：按A1引用样式引用数据 ... 136
9.6.3 示例2：按R1C1引用样式引用数据 ... 136
9.6.4 示例3：动态引用数据 ... 137
9.6.5 示例4：跨表引用数据 ... 138

9.7 灵活查找数据 ... 140
9.7.1 XLOOKUP函数的用法 ... 140
9.7.2 示例1：纵向/横向查找数据 ... 140
9.7.3 示例2：容错查找数据 ... 141
9.7.4 示例3：查找多列数据 ... 141
9.7.5 示例4：从下向上查找数据 ... 142

9.8 按条件筛选数据 ... 142
9.8.1 FILTER函数的用法 ... 142
9.8.2 示例1：按单条件筛选数据 ... 143
9.8.3 示例2：按多条件筛选数据 ... 143

9.9 提取不重复数据 ... 144
9.9.1 UNIQUE函数的用法 ... 144
9.9.2 示例1：纵向/横向提取不重复数据 ... 145
9.9.3 示例2：提取只出现过一次的数据 ... 145

9.10 按要求排列数据 ... 145
9.10.1 SORTBY函数的用法 ... 145

9.10.2 示例1：升序/降序排列表格……146

9.10.3 示例2：按多条件排列表格……146

第10章 统计计算类数据管理……148

10.1 按要求进行舍入计算……148
10.1.1 常用的Excel舍入函数……148

10.1.2 示例1：将利润值保留两位小数……150

10.1.3 示例2：计算计费小时数……150

10.1.4 示例3：将结算金额舍入到百位……150

10.2 按要求统计数据……150
10.2.1 常用的Excel统计函数……150

10.2.2 平均值和中值……152

10.2.3 示例：计算多重统计值……152

10.3 按条件求和统计……153
10.3.1 SUMIFS函数的用法……153

10.3.2 示例1：按单条件进行求和……154

10.3.3 示例2：按多条件进行求和……154

10.4 统计计算……155
10.4.1 SUMPRODUCT函数的用法……155

10.4.2 示例1：简化计算过程……155

10.4.3 示例2：按条件进行计数……156

10.4.4 示例3：按条件进行求和……156

10.4.5 示例4：按权重进行加权计算……157

10.4.6 注意事项……158

10.5 按条件进行计数统计……158
10.5.1 COUNTIFS函数的用法……158

10.5.2 示例1：按单条件进行计数统计……159

10.5.3 示例2：按多条件进行计数统计……159

10.5.4 示例3：按关键词进行计数统计……159

10.6 分段统计……160
10.6.1 FREQUENCY函数的用法……160

10.6.2 优势与局限……162

10.7 排除隐藏行统计……162
10.7.1 SUBTOTAL函数的用法……162

10.7.2 示例1：排除筛选隐藏行后进行统计……163

10.7.3 示例2：排除手动隐藏行后进行统计……164

10.8 忽略错误值后进行统计……165
10.8.1 AGGREGATE函数的用法……165

10.8.2 示例1：忽略错误值后进行统计……167

10.8.3 示例2：忽略隐藏行和错误值后进行统计……167

10.8.4 扩展说明……167

10.9 按条件计算极值……168

10.9.1 MAXIFS 和 MINIFS 函数的用法 ················ 168

10.9.2 示例：按单/多条件筛选值 ················ 168

第三部分　数据透视与数据分析

第 11 章　数据透视表的创建方法 ······ 172

11.1　数据透视表的数据管理规范 ········172

11.1.1　对数据源的规范性要求 ········172

11.1.2　示例 1：补全列标题不完整的表格 ················173

11.1.3　示例 2：批量删除表格中的多余空行 ················174

11.1.4　示例 3：将文本数字批量转换为规范数值 ············175

11.1.5　示例 4：对不规范日期数据进行批量转换 ············178

11.1.6　示例 5：清除合并单元格并智能填充 ················178

11.2　数据透视表的 3 种常用创建方法 ················183

11.2.1　插入默认的数据透视表 ········183

11.2.2　插入推荐的数据透视表 ········185

11.2.3　插入数据透视图和数据透视表 ················185

11.3　通过多重合并计算数据区域创建数据透视表 ················186

11.4　利用超级表创建动态数据透视表 ················189

11.4.1　将普通表格转换为超级表 ····189

11.4.2　使用超级表创建动态数据透视表 ················190

11.4.3　检查动态数据透视表是否支持增加行/列 ············192

11.4.4　刷新数据透视表的两种方式 ··························194

11.5　通过定义名称创建动态数据透视表 ················195

11.5.1　通过定义名称动态引用数据源区域 ············195

11.5.2　将名称作为数据透视表的数据源 ················196

第 12 章　数据透视表的布局变换 ···· 198

12.1　行列布局变换 ························198

12.1.1　示例 1：按区域分类汇总销售额 ··················198

12.1.2　示例 2：按渠道分类汇总销售额 ··················199

12.1.3　示例 3：按区域和渠道分类汇总销售额 ············199

12.1.4　示例 4：按区域和渠道分级汇总销售额 ············201

12.2　页筛选布局变换 ······················202

12.2.1　单字段页筛选布局变换 ······202

12.2.2　多字段页筛选布局变换·········203
12.3　报表布局的整体变换··············204
　　12.3.1　以压缩形式显示·············205
　　12.3.2　以大纲形式显示·············206
　　12.3.3　以表格形式显示·············206
　　12.3.4　设置是否重复项目标签·······207
12.4　分类汇总设置····················209
　　12.4.1　设置是否显示分类
　　　　　　汇总行······················209
　　12.4.2　设置分类汇总行的
　　　　　　显示位置····················211
12.5　数据透视表的空行设置············212
　　12.5.1　在每个项目后插入空行······212
　　12.5.2　删除每个项目后的空行······212
12.6　数据透视表的移动、复制和
　　　全选····························213
　　12.6.1　移动数据透视表·············213
　　12.6.2　复制数据透视表·············214
　　12.6.3　全选数据透视表·············215

第13章　数据透视表的数据排序····216

13.1　手动排序························216
13.2　自动排序························216
13.3　自定义个性化排序················218
13.4　扩展说明························221

第14章　数据透视表的数据筛选····222

14.1　字段筛选························222
14.2　标签筛选························222
14.3　模糊筛选························223

第15章　数据透视表的统计计算····226

15.1　设置值汇总依据··················226
15.2　设置值显示方式··················229
15.3　计算同比增长····················230
15.4　计算环比增长····················233

第16章　数据透视图··············237

16.1　数据透视图的作用与优势··········237
16.2　由表格直接创建数据透视图········238
16.3　由数据透视表创建数据
　　　透视图··························239
16.4　使用切片器灵活筛选数据
　　　透视图··························242
16.5　使用切片器的注意事项············244
16.6　获取更多学习资料的方法··········246

第一部分 *Part 1*

数据工具的核心应用

- 第 1 章　如何利用 Excel 高效办公
- 第 2 章　删除重复值
- 第 3 章　数据验证
- 第 4 章　快速填充
- 第 5 章　条件格式

Chapter 1 第 1 章

如何利用 Excel 高效办公

作为一款功能强大的电子表格软件，Excel 已成为众多企业人士进行数据分析、财务建模、报告生成等工作的首选工具。本章将分析企业的低效困境，并给出相应的高效办公解决方案。

1.1 企业的低效困境与高效办公解决方案

在日常运营和管理中，数据处理与分析是企业不可或缺的一部分。然而，尽管 Office 办公软件已存在 30 多年，许多企业在实际数据管理中仍面临着低效的困境。

1.1.1 企业的低效困境

企业的低效困境主要表现为以下 3 类问题。

1）**重复性工作过多，耗时费力**。在常规工作中，大量重复性任务和不规范数据需要手动排查与清除，这不仅浪费时间，还会耗费大量精力。

2）**结果准确性差，效率低下**。缺乏自动化模板和公式，导致数据更新依赖手动操作。一旦数据源或需求发生变化，就需要重新制作报表，效率低下且容易出错。

3）**大规模数据处理能力不足**。面对 10 万行以上的数据时，大多数员工难以高效处理，无法快速生成动态报表或进行复杂数据分析，影响决策效率。

1.1.2 高效办公解决方案

对于上述问题，以下是基于 Excel 高效办公的具体解决方案。

1）**利用 Excel 数据工具快速处理重复和不规范的数据**。Excel 提供了多种数据工具，可快速处理重复和不规范的数据，提高数据处理效率。

2）**利用 Excel 函数建模，自动化计算和更新数据**。通过 Excel 函数建模，可以自动化计算和更新数据，减少手动操作，确保结果的准确性。

3）**利用数据透视表处理海量数据，自动生成动态报表进行复杂数据分析**。借助 Excel 中强大的数据分析工具——数据透视表，能够快速汇总和分析大量数据，并生成动态报表，提升数据分析效率。

通过这些高效办公的解决方案，企业可以有效解决低效办公问题，极大地提升数据处理和分析效率，从而提高整体数据管理与运营效率。

为了让读者更好地理解 Excel 高效办公的作用和优势，下面结合示例简要说明。

1.2　Excel 数据工具的作用与优势

无论是在日常的数据清洗、统计分析中，还是在复杂的数据建模和可视化过程中，都离不开 Excel 数据工具的高效支持。下面结合 3 个示例简要说明其作用与优势。

1.2.1　一键删除重复数据

Excel 中的删除重复值功能可以帮助用户快速识别并清除数据集中的重复记录（见图 1-1），确保数据的唯一性和准确性。这一功能在数据清洗过程中扮演着重要的角色，有助于避免统计错误，提升数据分析质量。第 2 章会详细讲解该功能。

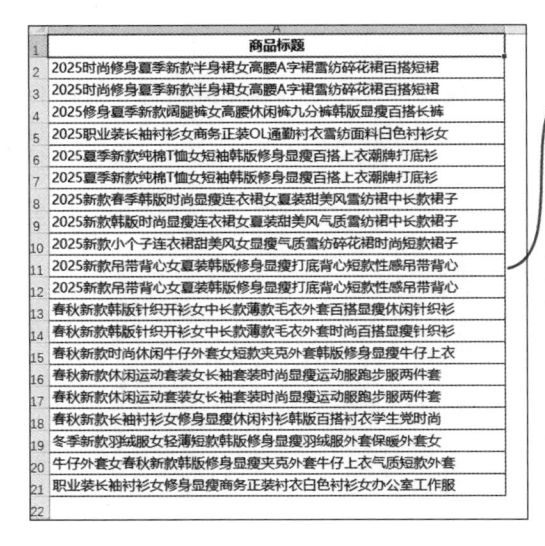

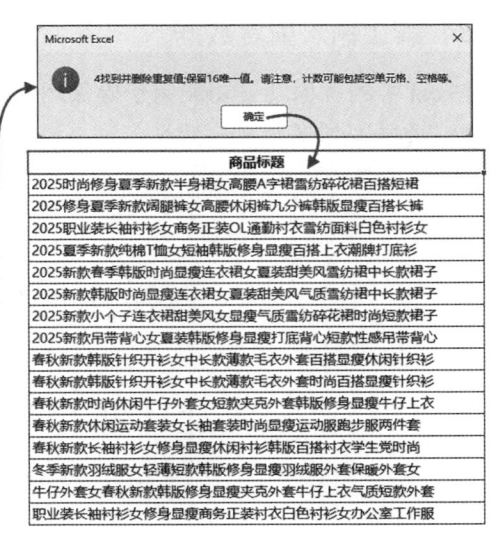

图 1-1　一键删除重复数据

1.2.2 一键标注重复数据

Excel中的条件格式功能可以根据用户设定的条件，自动改变单元格的格式（见图1-2），如字体颜色、单元格背景色等。这有助于突出显示关键数据，提升数据可视化效果。第5章会详细讲解该功能。

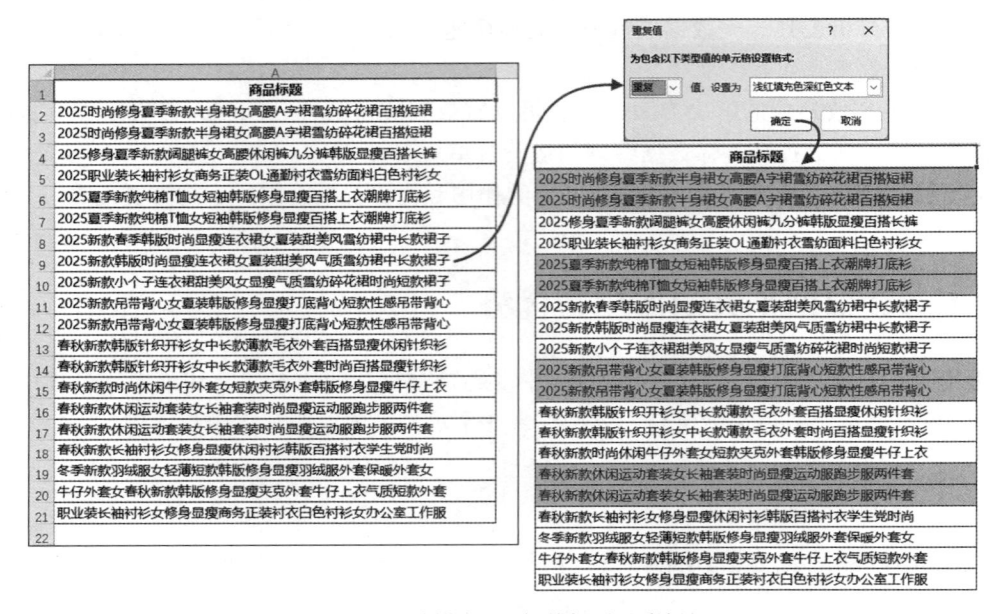

图 1-2 一键标注重复数据（见彩插）

1.2.3 禁止输入重复数据

Excel中的数据验证功能用于确保用户输入的数据符合特定的规则或条件（见图1-3），从而提高数据的准确性和一致性。第3章会详细讲解该功能。

图 1-3 禁止输入重复数据

1.3 Excel 函数公式的作用与优势

函数公式是 Excel 中非常强大的功能之一，它提供了丰富的计算、分析和数据处理能力，不但可以满足用户在条件判定、文本处理、日期和时间管理、查找和引用以及统计计算等方面的需求，而且还涵盖了财务、数学和工程等多个领域，为完成各类统计分析和计算任务提供了丰富的工具。Excel 函数库在"公式"选项卡下的"函数库"组中，用户可以按照分类选择和调用对应函数，如图 1-4 所示。

图 1-4　Excel 函数库所在位置

Excel 的函数公式在数据管理工作中扮演着举足轻重的角色，是因为它们同时具备以下 4 种非常重要的特性。

1）准确性：避免人为输入的错误和重复烦琐的操作。
2）高效性：根据数据自动更新结果，节省了时间，提高了工作效率。
3）灵活性：支持单独或组合嵌套使用，同时支持内存数组操作和多维引用。
4）扩展性：支持跨工作表引用，利用函数建模处理复杂的计算。

下面通过 4 个示例简要说明 Excel 函数公式的作用与优势。

1.3.1 封装复杂的计算过程

Excel 的函数公式允许用户将复杂的计算过程进行封装简化，如图 1-5 所示。例如，如果需要从字符串中提取数值，原本可能需要使用高级数组公式或编程解决，但是经过封装简化后，用户只需输入公式"= 提取数值 (B2)"即可轻松解决这一复杂问题。第 6 章会详细讲解该功能。

1.3.2 按条件合并同类项

Excel 的函数公式可以按条件自动合并同类项（见图 1-6），数据源更改后，公式结果支持自动更新。第 7 章会详细讲解该功能。

图 1-5　封装简化复杂的公式计算过程

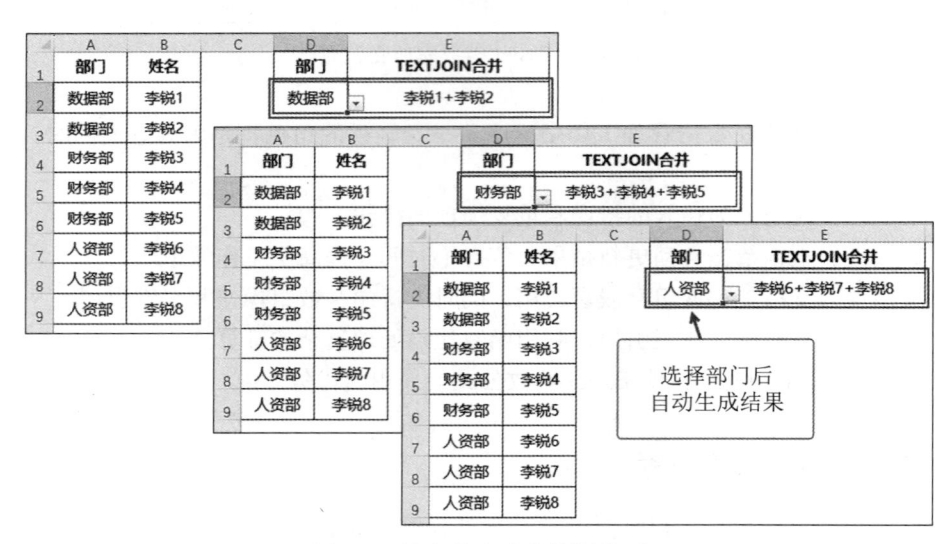

图 1-6　按条件自动合并同类项

1.3.3　从多张报表中查询数据

Excel 支持从多张报表中查询数据，如图 1-7 所示。第 9 章会详细讲解该功能。

1.3.4　从多张工作表中查询数据

Excel 的函数公式支持从多张工作表中查询数据，如图 1-8 所示。第 9 章会详细讲解该功能。

计划	产品A	产品B	产品C
1月	421	413	751
2月	891	454	299
3月	384	945	780
4月	224	142	753
5月	927	676	269
6月	867	345	612
7月	421	719	184
8月	652	362	773
9月	957	749	898
10月	527	535	694
11月	512	203	599
12月	582	970	179

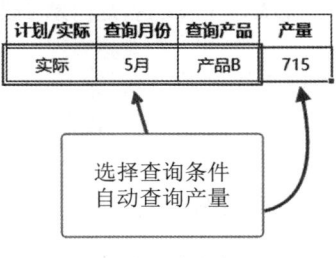

a）排产计划表

实际	产品A	产品B	产品C
1月	864	996	444
2月	521	770	112
3月	447	377	905
4月	239	166	237
5月	742	715	722
6月	180	745	925
7月	140	258	209
8月	524	277	821
9月	187	618	281
10月	614	865	484
11月	738	834	560
12月	256	306	878

b）实际产量表

计划/实际	查询月份	查询产品	产量
实际	5月	产品B	715

选择查询条件自动查询产量

c）自动查询

图 1-7　从多张报表中查询数据

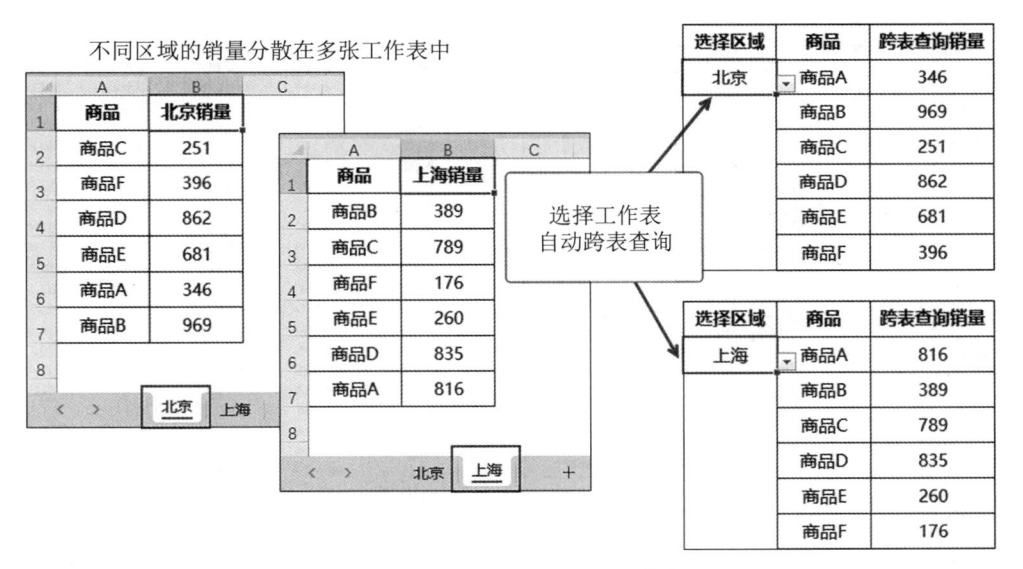

图 1-8　从多张工作表中查询数据

Excel 的函数公式不但具备上述强大功能，而且拥有极其广泛的应用场景。它们不仅可以在表格中直接呈现计算结果，还可以在 Excel 其他工具的输入框中利用公式实现复杂计算和引用需求。这一特性突破了 Excel 内置菜单功能的局限，极大地扩展了这些板块的功能，让它们如虎添翼。具体介绍如下。

1）自定义名称：让名称可以自动扩展，从而动态引用数据区域。
2）数据验证：用自定义公式设置复杂的验证条件。

3）条件格式：利用公式实现更丰富的可视化显示效果。
4）数据透视表：通过计算字段实现复杂的计算需求。
5）图表：引用函数公式动态地获取数据源，使图表能够实时反映数据的变化。

1.4　Excel 数据透视表的作用与优势

Excel 数据透视表是一种强大的数据分析工具，广泛应用于数据汇总、数据分析和决策支持。下面通过 3 个示例简要说明其作用与优势。

1.4.1　海量数据快速汇总

数据透视表能够对大量数据进行高效分类汇总和统计（见图 1-9），以提取有价值的信息。第 11 章会详细讲解该功能。

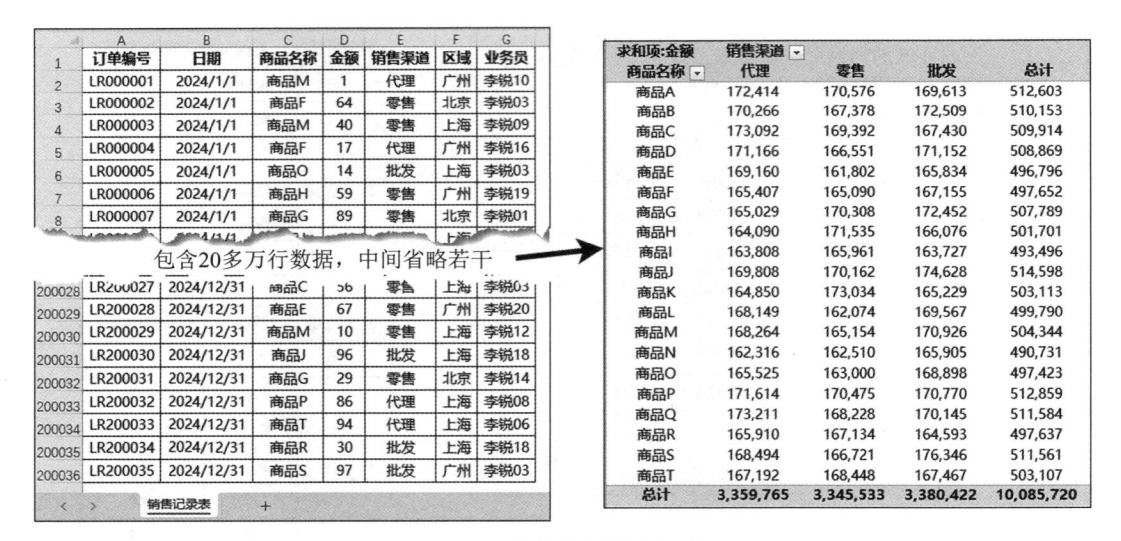

图 1-9　海量数据快速汇总

1.4.2　报表布局灵活变换

数据透视表能够根据用户需求对报表布局灵活变换，如图 1-10 所示。数据透视表支持用户从不同角度查看数据，并通过交叉表格分析不同层面的信息。这种灵活性使得用户可以根据需求调整数据的展示方式，从而更直观地理解数据之间的关系。第 12 章会详细讲解该功能。

求和项:金额	季度(日期)				
业务员	第一季	第二季	第三季	第四季	总计
李锐01	115,256	120,130	125,673	129,941	491,000
李锐02	127,526	128,528	118,843	133,057	507,954
李锐03	124,826	125,955	121,925	125,503	498,209
李锐04	123,335	124,430	132,120	133,120	513,005
李锐05	121,936	125,535	128,723	125,424	501,618
李锐06	126,839	127,296	125,711	130,184	510,030
李锐07	125,713	131,132	126,928	122,336	506,109
李锐08	126,705	125,995	124,680	126,710	504,090
李锐09	123,628	123,171	126,491	128,204	501,494
李锐10	122,264	128,148	123,417	127,413	501,242
李锐11	123,448	124,298	127,236	126,076	501,058
李锐12	123,151	127,544	131,509	126,077	508,281
李锐13	123,646	123,877	123,397	126,984	497,904
李锐14	127,922	124,083	129,503	125,421	506,929
李锐15	127,464	125,770	125,448	122,189	500,871
李锐16	125,074	125,813	128,396	131,033	510,316
李锐17	125,533	125,999	131,841	127,405	510,778
李锐18	128,400	125,580	128,740	123,732	506,452
李锐19	121,083	131,155	125,064	129,097	506,399
李锐20	122,652	119,584	130,886	128,859	501,981
总计	2,486,401	2,514,023	2,536,531	2,548,765	10,085,720

a）布局1

区域	销售渠道	求和项:金额
⊟北京	代理	1,119,084
	零售	1,110,218
	批发	1,121,278
北京 汇总		3,350,580
⊟广州	代理	1,112,071
	零售	1,116,024
	批发	1,140,411
广州 汇总		3,368,506
⊟上海	代理	1,128,610
	零售	1,119,291
	批发	1,118,733
上海 汇总		3,366,634
总计		10,085,720

b）布局2

销售渠道	区域	求和项:金额
⊟代理	北京	1,119,084
	广州	1,112,071
	上海	1,128,610
代理 汇总		3,359,765
⊟零售	北京	1,110,218
	广州	1,116,024
	上海	1,119,291
零售 汇总		3,345,533
⊟批发	北京	1,121,278
	广州	1,140,411
	上海	1,118,733
批发 汇总		3,380,422
总计		10,085,720

c）布局3

图 1-10　报表布局灵活变换

1.4.3　动态交互统计计算

数据透视表具备动态交互统计计算功能，允许用户根据不同的条件和时间维度进行灵活的多维度分析，从而更方便地探索和揭示数据的深层关系，如图 1-11 所示。第 15 章会详细讲解该功能。

求和项:金额	区域			
月(日期)	北京	广州	上海	总计
1月	281,949	286,007	284,162	852,118
2月	257,007	261,525	250,961	769,493
3月	287,091	290,370	287,329	864,790
4月	275,787	273,716	283,716	833,219
5月	282,662	284,440	281,622	848,724
6月	279,532	273,441	279,107	832,080
7月	288,266	287,424	281,172	856,862
8月	283,411	286,661	288,068	858,140
9月	266,633	275,075	279,821	821,529
10月	290,422	283,394	289,884	863,700
11月	273,422	280,155	276,825	830,402
12月	284,398	286,298	283,967	854,663
总计	3,350,580	3,368,506	3,366,634	10,085,720

a）按月求和

求和项:金额		区域			
季度(日期)	月(日期)	北京	广州	上海	总计
⊟第一季	1月	281,949	286,007	284,162	852,118
	2月	257,007	261,525	250,961	769,493
	3月	287,091	290,370	287,329	864,790
第一季 汇总		826,047	837,902	822,452	2,486,401
⊟第二季	4月	275,787	273,716	283,716	833,219
	5月	282,662	284,440	281,622	848,724
	6月	279,532	273,441	279,107	832,080
第二季 汇总		837,981	831,597	844,445	2,514,023
⊟第三季	7月	288,266	287,424	281,172	856,862
	8月	283,411	286,661	288,068	858,140
	9月	266,633	275,075	279,821	821,529
第三季 汇总		838,310	849,160	849,061	2,536,531
⊟第四季	10月	290,422	283,394	289,884	863,700
	11月	273,422	280,155	276,825	830,402
	12月	284,398	286,298	283,967	854,663
第四季 汇总		848,242	849,847	850,676	2,548,765
总计		3,350,580	3,368,506	3,366,634	10,085,720

b）按季度求和

图 1-11　动态交互统计计算

Excel 之所以一直被人们广泛用于数据处理和分析，正是因为它内置的一系列丰富的数据工具和强大功能，使得用户可以轻松地进行数据处理、管理和分析。本书的后续章节会循序渐进地对这些工具和功能展开详细介绍。

Chapter 2 第 2 章

删除重复值

在工作中,我们常常需要处理各种类型的数据,这些数据可能并不完全规范,其中重复值就是重要问题之一。数据中存在的重复值可能会给数据分析造成很多困扰,例如导致数据不准确和分析结果出现错误。

Excel 中的删除重复值工具可以很好地解决这类问题,它在"数据"选项卡下的"数据工具"组中,如图 2-1 所示。

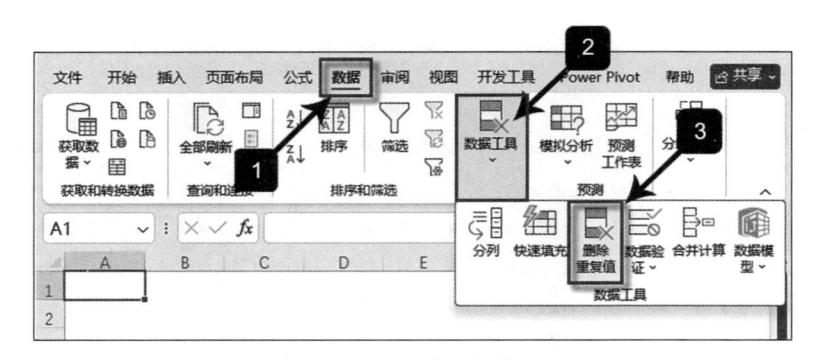

图 2-1 调用删除重复值工具

Excel 中的删除重复值工具可以帮助用户对指定范围内的重复值进行批量删除,其执行过程可以分为以下 3 个操作步骤。

1)**选定数据范围**:选中包含重复值的数据范围。对于拥有连续行列的表格(即没有空行和空列),可以选中其中任意单元格,Excel 会自动扩展至表格的整个区域。

2)**设置删除选项**:根据具体情况勾选包含重复值的列字段。如果表格包含标题行,则应勾选"数据包含标题"选项;如果需要基于多列判断重复性,则一并勾选相关列。

3）**执行删除操作**：单击"确定"按钮，Excel 会自动检查选定的数据范围，从上向下保留第一次出现的数据，并删除下方的重复数据。执行完毕后，Excel 会显示一个对话框，告知用户已删除的重复项数量及保留的数据的概况。

下面结合 3 个实例进行具体讲解，帮助读者更深入地理解并掌握其用法。

2.1 按单条件删除重复值

在表格中如何按单条删除重复值呢？让我们来看一个示例。图 2-2 是某企业的会议签到表，其中 B 列的姓名中可能会包含重复值。

利用 Excel 中的删除重复值工具可以快速删除会议签到表中多余的重复姓名，既方便又快捷。

按单条件删除重复值的操作步骤如下：选中会议签到表中任意单元格（如 A1），单击"数据"→"数据工具"→"删除重复值"选项；在弹出的对话框中仅勾选"姓名"字段，然后单击"确定"按钮，如图 2-3 所示。

图 2-2　包含重复值的会议签到表

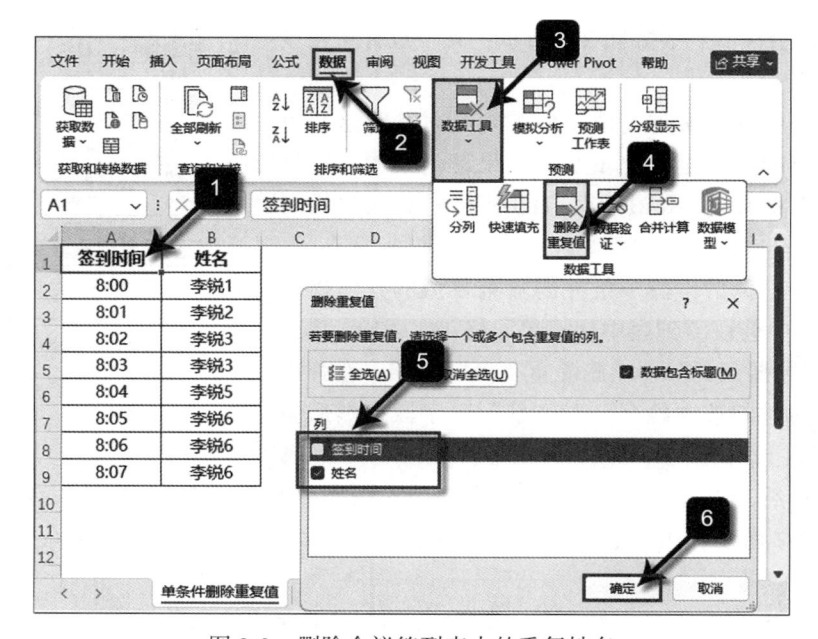

图 2-3　删除会议签到表中的重复姓名

执行完毕后，Excel 会弹出提示，告知用户找到并删除了 3 个重复值，保留 5 个唯一值，如图 2-4 所示。可以看到，会议签到表中第一次出现的姓名保留不变，多余的重复值已被批量删除。

图 2-4　删除重复值后的会议签到表

2.2　按多条件删除重复值

某企业的会议签到表如图 2-5 所示，其中包含重复签到记录。

虽然姓名中有很多重复值，但需要同时判断这些重复姓名所对应的部门是否也重复。如果部门不同，即使姓名相同也不算重复（如最后两行的李锐 6）；仅当姓名和部门同时重复时，才是需要删除的多余重复值。

将清业务逻辑后，按多条件删除重复值的具体操作步骤如下：选中会议签到表中任意单元格（如 A1），单击"数据"→"数据工具"→"删除重复值"选项；在弹出的对话框中同时勾选"姓名"和"部门"字段，然后单击"确定"按钮，如图 2-6 所示。

图 2-5　姓名和部门同时重复的会议签到表

执行完毕后，Excel 会弹出提示，告知用户找到并删除了 2 个重复值，保留了 6 个唯一值。如图 2-7 所示。可以看到，会议签到表中姓名和部门同时重复的多余记录已被批量删除。

在这两个案例中，当在数据中发现重复值时，Excel 的删除重复值工具默认是保留上方首次出现的数据，删除下方的多余数据，这是基于此工具从上向下的扫描方向而定的。

第 2 章　删除重复值　❖　13

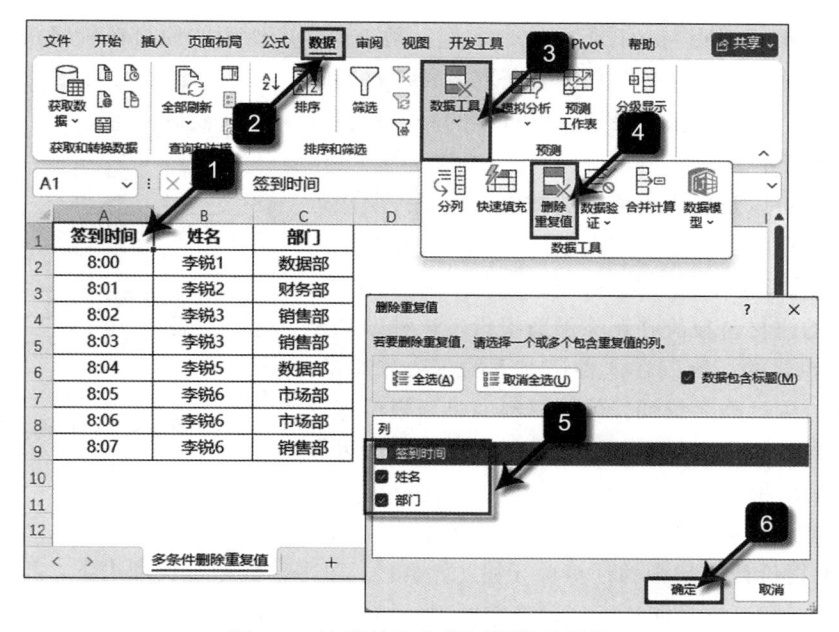

图 2-6　按照姓名和部门删除重复值

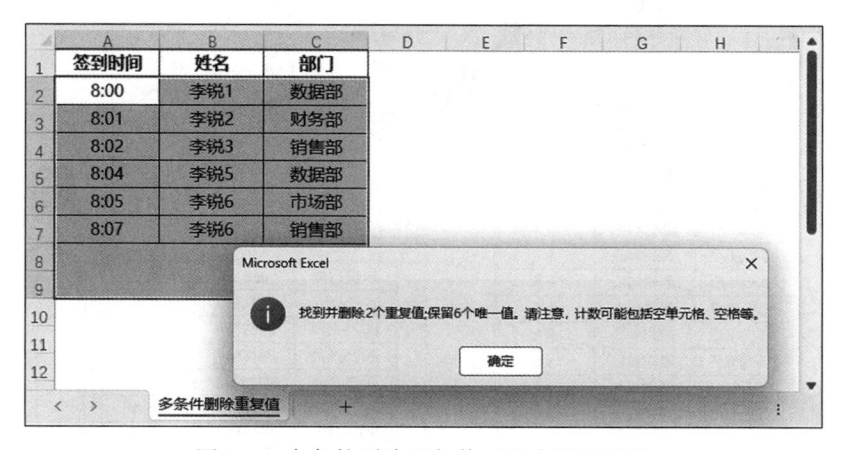

图 2-7　多条件删除重复值后的会议签到表

2.3　从下向上删除重复值

1. 实现方法

工作中有时候需要从反方向删除重复值，在什么情况下会遇到这种需求以及如何实现从下向上删除重复值呢？来看下面这个示例。某企业生产所用的原材料价格跟随市场供需关系而变化，业务人员在采购前需要获取各种原材料的最新市场报价。现有一张记录了不同日期的原材料报价表，如图2-8所示。

通过观察可以发现，表格中的报价日期是按照从远到近的顺序排列的。在这个数据基础上，如果直接使用Excel的删除重复值工具，会默认从上向下扫描重复值，保留最早期的原材料报价并删除最新报价。这种效果显然不是我们想要的。所以在这种情况下的解决方案是：先将日期从近到远降序排列，使原材料的最新报价保持在最上方；然后调用Excel的删除重复值工具，即可保留最上方的最新报价，删除下方多余的早期报价数据了。

图2-8　原材料报价表

捋顺思路后，从下向上删除重复值的操作步骤如下。

1）选中报价日期列中的任意单元格（如A1），单击"数据"选项卡下"排序"组中的"降序"按钮，即可将日期从近到远降序排列，如图2-9所示。

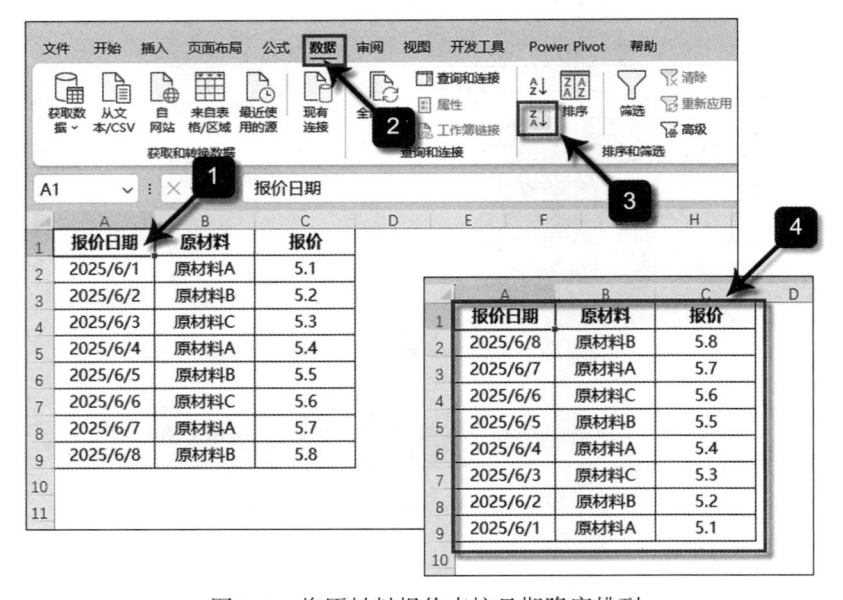

图2-9　将原材料报价表按日期降序排列

2）经过上一步操作，各种原材料的最新报价已经保持在最上方了，可以利用Excel的删除重复值工具删除下方多余的早期报价记录了。具体操作步骤与之前案例相同，此处不再赘述，如图2-10所示。

执行完毕后，原材料报价表中只保留了各种原材料的最新报价，如图2-11所示。

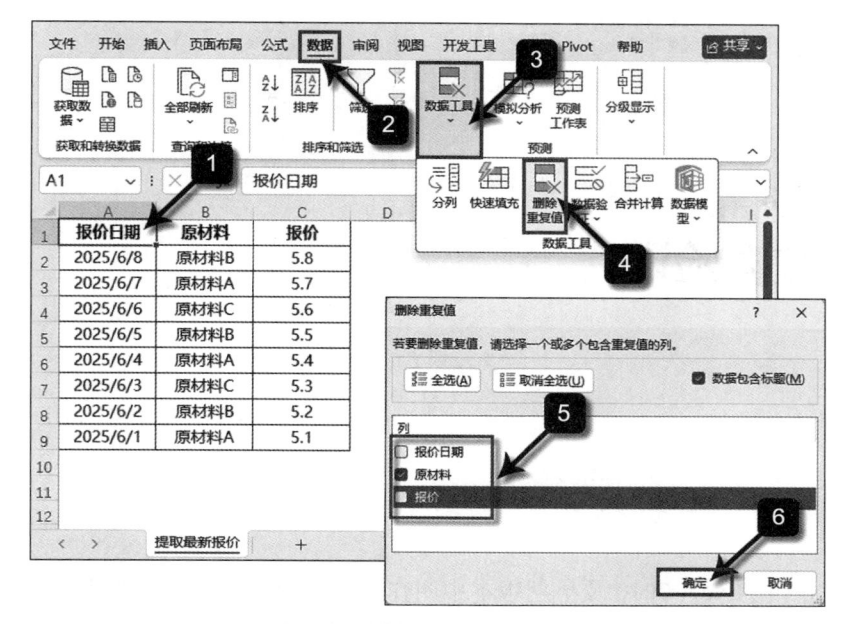

图 2-10　从下向上删除重复值

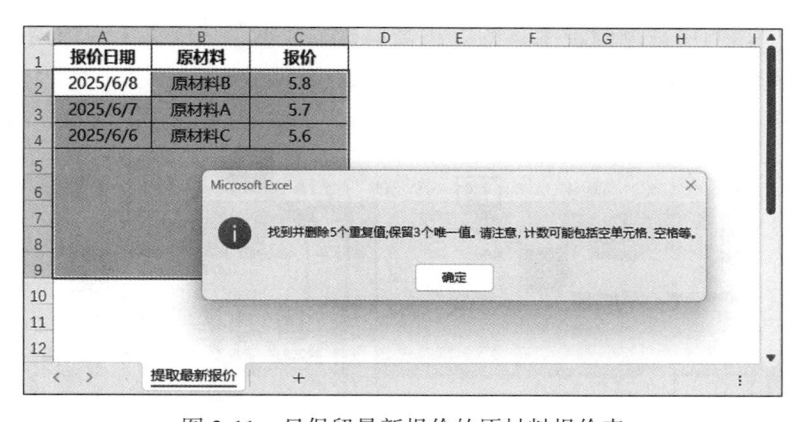

图 2-11　只保留最新报价的原材料报价表

2. 创建辅助列

这里有必要对这种解决方案进行一些说明。在这个案例中，原材料报价表中已有"报价日期"字段可供降序排列，从而顺利反转了原表格记录的顺序。在处理数据时，如果原始表格中没有可用的降序排列字段，但又需要保留最下方数据并删除上方重复值，用户可以创建一个辅助列，从 1 开始编号到 N。选择这个辅助列并降序排列后，原始表格中的记录行会自动反转，原本在最下方的记录会移动到最上方。此时，使用 Excel 的删除重复值工具，就可以实现保留最下方数据并删除上方重复值的目的。

Chapter 3 第 3 章
数据验证

数据验证（在 Excel 2010 及早期版本中叫作数据有效性）可以限制用户输入的数据类型、范围、格式等，帮助用户确保数据输入的准确性和一致性，避免不规范数据的产生，提高数据质量。

在 Excel 中，调用数据验证工具的方法是单击"数据"选项卡下"数据工具"组中的"数据验证"按钮，如图 3-1 所示。

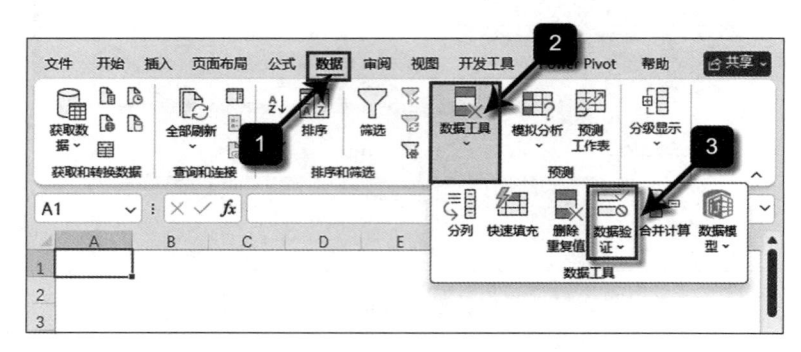

图 3-1　数据验证工具的调用方法

Excel 中的数据验证工具在职场办公中的主要作用分为以下 3 种。
1）让报表智能提示输入信息。
2）禁止用户输入不规范数据。
3）创建下拉菜单，提升输入效率。

为了让读者更深入地理解并应用 Excel 的数据验证工具，下面结合几个案例进行讲解。

3.1　让报表智能提示输入信息

在确保报表数据准确无误及维护数据有效性方面，Excel 的数据验证工具发挥着重要作用。以下是一个示例：某玩具店计划在 2025 年国庆节期间（2025 年 10 月 1 日至 2025 年 10 月 8 日）举办现场抽奖活动。如图 3-2 所示，为了防止工作人员在登记奖品发放表时输入无效数据，该店管理人员希望报表能够提供以下两种智能提示。

1）当工作人员将鼠标定位在表格 A 列区域的单元格时，提示"注意：请输入 2025-10-1 至 2025-10-8 内的日期"。

2）当工作人员将鼠标定位在表格 C 列区域的单元格时，提示"注意：请输入 1～999 之间的整数"。

想让表格根据工作人员选择的不同位置分别弹出所需的提示文字（见图 3-2），可以利用 Excel 中的数据验证工具实现。

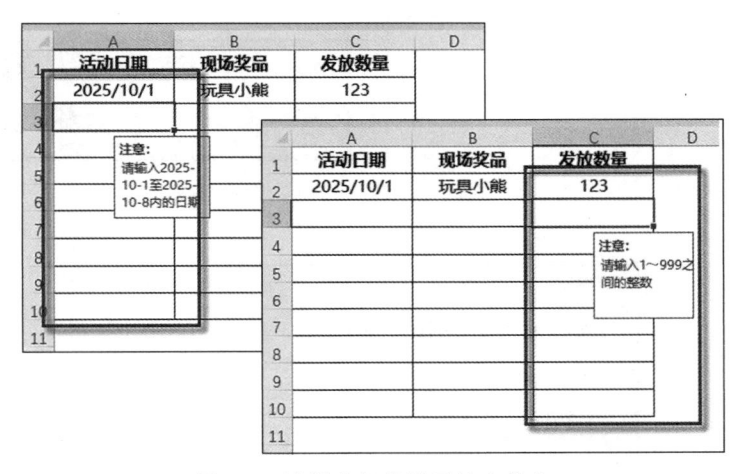

图 3-2　让报表智能提示输入信息

1. 操作步骤

让报表智能提示输入信息的具体操作步骤如下：选中要设置日期提示信息的区域（如 A2:A10 单元格区域），调用"数据验证"工具；在"数据验证"对话框中单击"输入信息"选项卡，在下方的输入框中分别输入标题和信息；单击"确定"按钮，如图 3-3 所示。

C 列的发放数量自动提示信息设置方法同理，仅需将最后一步中的提示信息调整为数量的输入范围即可，如图 3-4 所示。

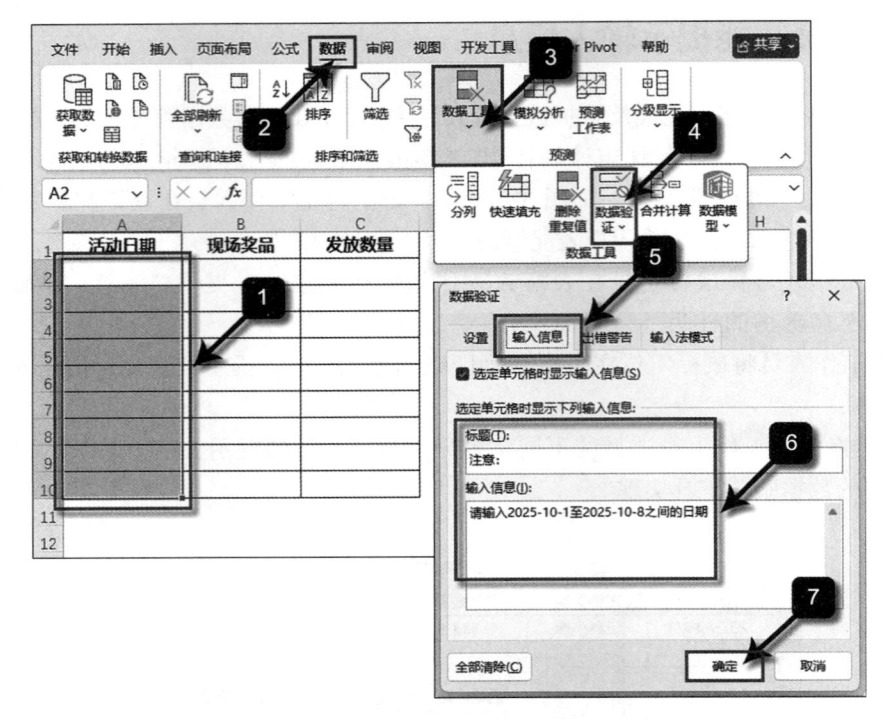

18 ❖ Excel 数据管理与数据透视

图 3-3 自动提示输入信息的设置步骤

图 3-4 设置发放数量的自动提示信息

至此，就完成了奖品发放表不同区域的自动提示输入信息。

2. 扩展说明

在本案例中，我们讨论了在两个不同区域输入数据时如何设置自动提示信息。实际上，如果用户有更多区域需要设置自动提示信息，可以按照类似的方法进行操作。具体来说，用户需要分别选中每个区域，然后设置对应的提示信息。

需要注意的是，尽管在表格中设置输入提示信息可以使表格智能地提示用户，但它并不能完全禁止用户输入无效数据。如果用户无视提示并强行输入了无效数据，仍然会导致数据错误。因此，在此基础上，我们还可以继续设置表格中允许输入的数据类型。这样，当发现无效数据时，系统可以强制打断用户的错误输入，并要求其重新输入，从而确保数据的有效性。3.2 节将具体讲解如何实现这一功能。

3.2 禁止在报表内输入不规范数据

如何禁止用户在报表内输入不规范的数据呢？我们以 3.1 节的案例为例继续说明。为了保证在输入奖品发放表时的数据准确无误，希望当工作人员输入不符合规范的数据时，Excel 能强制打断错误输入让其重试。比如当在 A3 单元格输入 "2025-10-9" 时弹出提示框，如图 3-5 所示；当工作人员单击 "重试" 按钮时，可以重新输入。

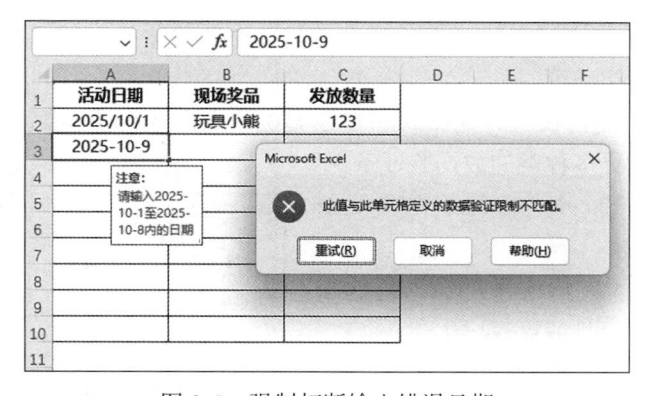

图 3-5 强制打断输入错误日期

1. 操作步骤

禁止在报表内输入不规范数据的设置方法如下：打开 "数据验证" 对话框后，将 "允许" 类型选为 "日期"，按照允许输入的日期范围输入 "开始日期" 和 "结束日期"，单击 "确定" 按钮，如图 3-6 所示。

用同样的方式设置 C 列的发放数量，将验证条件设置为 1～999 之间的整数，如图 3-7 所示。

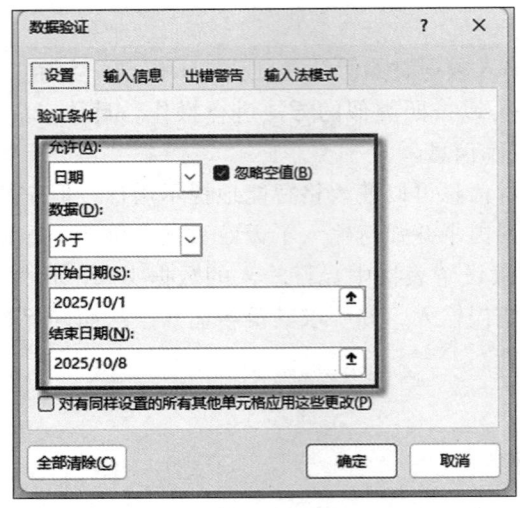

图 3-6　设置允许输入的日期范围

图 3-7　设置发放数量的允许范围

这样就进一步完善了表格的输入限制，能够禁止在表格中输入不规范的数据。用户必须确保输入的数据符合规范，才能完成输入操作。

2. 扩展说明

如果要清除单元格中已有的数据验证，只需选中需清除的区域，然后单击图 3-7 左下角的"全部清除"按钮即可。

上述案例的场景需求仅对日期格式和整数类型的数据进行了设置。在实际工作中，用户可以根据需求设置更多种类的数据验证条件。

如图 3-8 所示，Excel 支持的数据验证条件可以分为以下 3 种。

1）数据类型：可以限制用户输入的数据类型，如数字、文本、日期等。

2）数据范围：可以限制用户输入的数据范围，如最小值、最大值、介于两个值之间等。

3）数据格式：可以限制用户输入的数据格式，如货币、百分比、分数等。

在"数据验证"对话框"允许"下拉列表的最下方有一个选项叫作"自定义"，它允许用户在 Excel 的数据验证条件中使用 Excel 函数公式。这一点非常重要，因为它极大地扩

图 3-8　数据验证条件的允许类型

展了 Excel 数据验证功能的使用范围。用户在遇到一些复杂问题时，可以利用自定义公式来解决。为了让读者更深入地理解这一点，并能在实际工作中应用该功能，3.3 节将结合实例来讲解如何使用自定义公式进行数据验证。

3.3　禁止在表格中输入重复值

当用户遇到一些复杂的问题时，例如在确保表格数据唯一性的场景中，需要先检查用户要输入的内容是否在表格中已经存在，然后再执行禁止输入重复值的操作。以某服饰电商企业为例，为了提高客户满意度，该企业承诺提供七天无理由退货；客户在收到商品并试穿后，如果对商品不满意可以退回；工作人员收到退货后，会按照订单号对退回的商品进行检查。如果确认退回的商品不影响二次销售，会在退货登记表中记录商品信息并转交财务部门，如图 3-9 所示；财务人员将会为该笔订单办理退款。

	A	B	C	D	E
1	日期	订单号	退回商品	备注说明	
2	2025/6/1	DD123	连衣裙	L0567款	
3	2025/6/1	DD124	衬衣	C2930款	
4	2025/6/1	DD125	T恤	T9018款	
5	2025/6/2	DD126	风衣	F3514款	
6	2025/6/2				
7	2025/6/2				
8	2025/6/3				
9	2025/6/3				
10					
11					

图 3-9　某服饰电商企业退货登记表

为了避免在退货登记表中输入重复的订单号导致重复退款的情况，可以利用 Excel 的数据验证工具对表格进行设置，以禁止用户在 B 列中输入重复值。

1. 操作步骤

禁止在表格中输入重复值的具体设置步骤如下：单击 B 列列标，以便选中整个 B 列；然后依次单击“数据”→“数据工具”→“数据验证”选项，在弹出的“数据验证”对话框中选择“自定义”选项；输入 Excel 公式后单击“确定”按钮，如图 3-10 所示。

2. 公式解析

在“数据验证”对话框中输入的自定义公式为

```
=COUNTIF(B:B,B1)=1
```

该公式的作用是判断 B1 单元格（用户选定范围时的当前单元格）中的值是否仅在 B 列中出现一次。如果满足条件，则允许输入；如果不满足条件，则说明输入的订单号存在重复，应禁止输入。

3. 扩展说明

COUNTIF 函数是工作中常用的 Excel 统计函数，语法结构为：

```
COUNTIF（统计区域，统计条件）
```

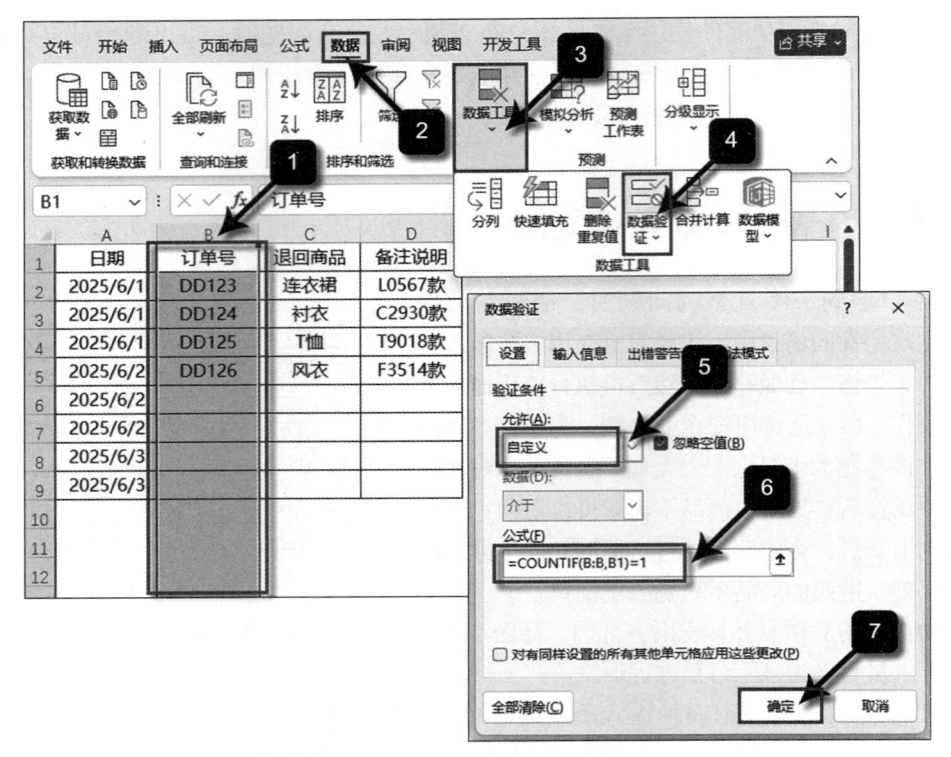

图 3-10　禁止输入重复订单号的设置方法

COUNTIF(B:B,B1) 的含义是统计 B1 单元格的值在整个 B 列中出现的次数。如果该结果为 1，则说明输入的订单号是首次出现，与之前登记的订单号不存在重复，满足 Excel 数据验证条件，应允许用户输入。

本案例旨在帮助读者理解自定义公式在 Excel 数据验证工具中的扩展应用，更多的 Excel 函数公式应用会在第 4 章中详细讲解。

3.4　创建下拉菜单

在 Excel 表格中，如何创建下拉菜单进行自助输入呢？来看下面的示例，某生鲜水果店为了准确核对库存和计算成本，每天都需要记录商品损耗表，如图 3-11 所示。在这个表格中，工作人员会登记因水分流失和分拣作业导致的商品损耗数量。

由于店内的商品种类繁多，为了提高工作效率，减少输入错误，工作人员希望在输入数据时能够使用下拉

图 3-11　某水果店的商品损耗表

菜单来选择商品，从而实现自助输入。

1. 操作步骤

在表格中创建下拉菜单的操作步骤如下：选中需要创建下拉菜单的区域（如整个 B 列），调用 Excel 数据验证工具，在"数据验证"对话框中的验证条件"允许"列表中选择"序列"，在"来源"输入框中输入"砂糖橘,芦柑,脐橙"，如图 3-12 所示。

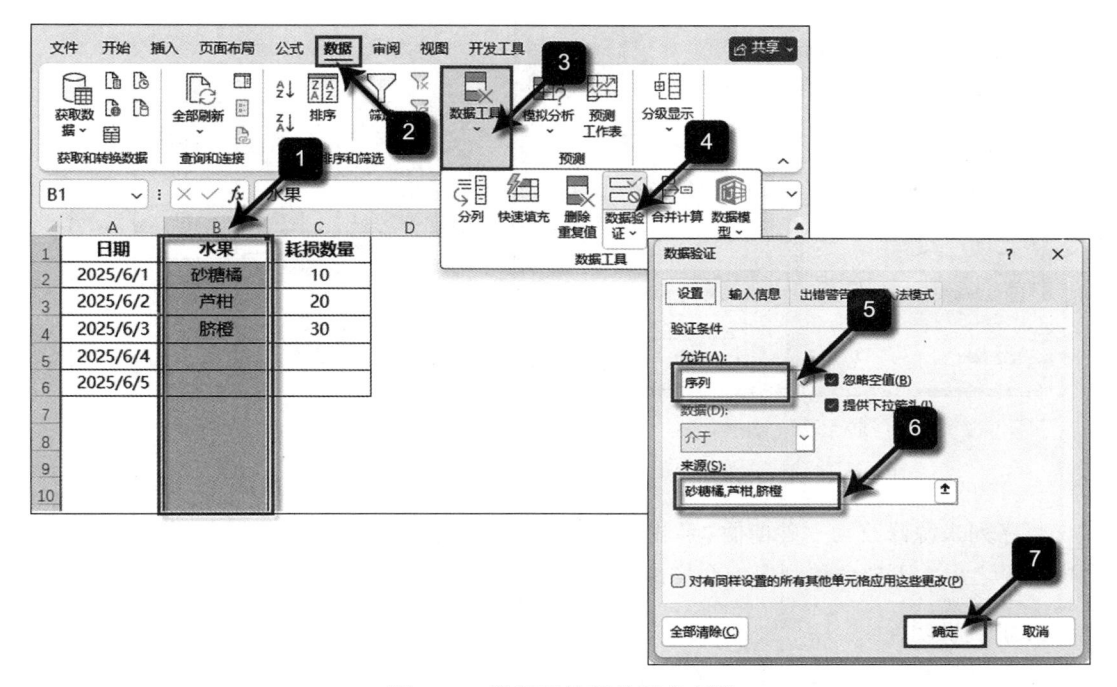

图 3-12　设置下拉菜单列表来源

设置完成后，用户选中 B 列单元格（如 B5 单元格）时，单元格右侧会出现下拉按钮。单击按钮即可展开下拉菜单，如图 3-13 所示。

图 3-13　设置好的下拉菜单列表样式

下拉菜单列表中的选项可以根据需要添加或编辑。仅需在数据验证条件的序列来源中添加选项，用英文逗号分隔即可，如图 3-14 所示。

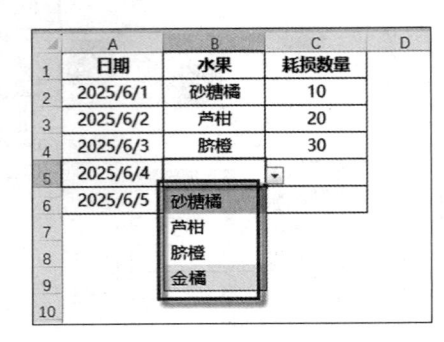

a）添加"金橘"　　　　　　　　　　　b）表中已出现"金橘"

图 3-14　在下拉列表中添加选项

将序列来源修改为"砂糖橘,芦柑,脐橙,金橘"（务必用英文逗号间隔，使用中文逗号会报错）之后，下拉菜单列表中会增加"金橘"选项。

2. 扩展说明

在实际工作中，如果下拉菜单需要设置的选项较多，且添加新选项较为频繁，可以采用自动扩展式下拉菜单。这种下拉菜单将各选项所在区域定义为表，并在序列来源中引用该表区域，利用表区域的自动扩展功能来实现下拉菜单的自动扩展。

自动扩展式下拉菜单的设置方法为：在 H1:H3 单元格区域输入下拉菜单列表中需要显示的选项（如砂糖橘、芦柑、脐橙），然后单击"插入"选项卡下的"表格"按钮，在弹出的"创建表"对话框中保持自动输入的来源，单击"确定"按钮，如图 3-15 所示。

设置完成后，定义好的"表 1"可以在"公式"选项卡下的"名称管理器"中查看其引用范围，如图 3-16 所示。

由于"表 1"具备自动扩展的特性，当在其引用位置下方连续输入数据时，表的引用范围即可同步自动扩展。因此，只需将序列来源设置为"表 1"的引用区域，就可以将表的自动扩展特性赋予下拉菜单，具体操作步骤如下：选中需要创建下拉菜单的单元格区域（如 B2:B9 单元格），调用 Excel 数据验证工具，在序列来源中输入"=$H$2:$H$4"，如图 3-17 所示。

第 3 章　数据验证　◆　25

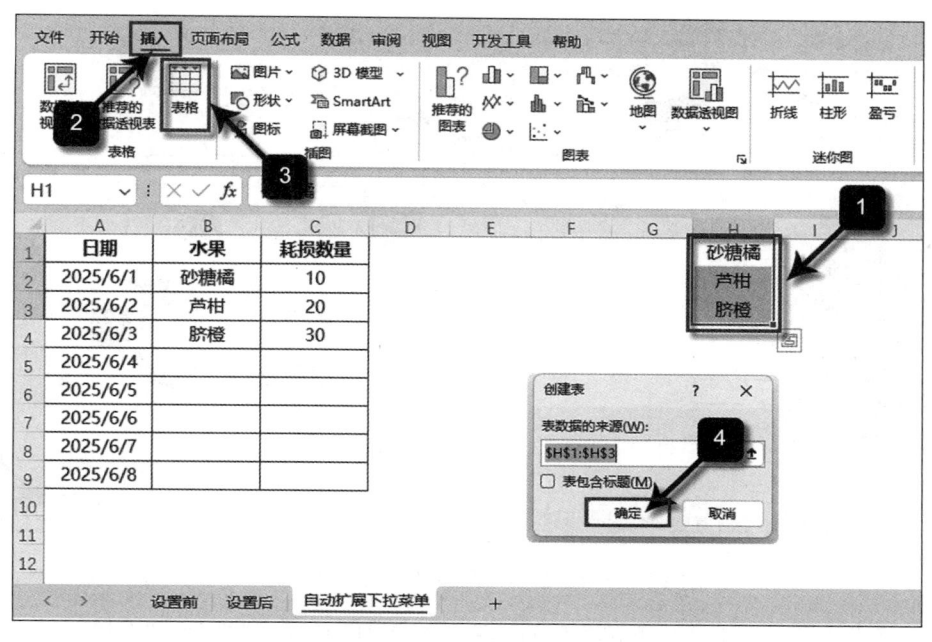

图 3-15　将下拉列表选项所在区域创建为表

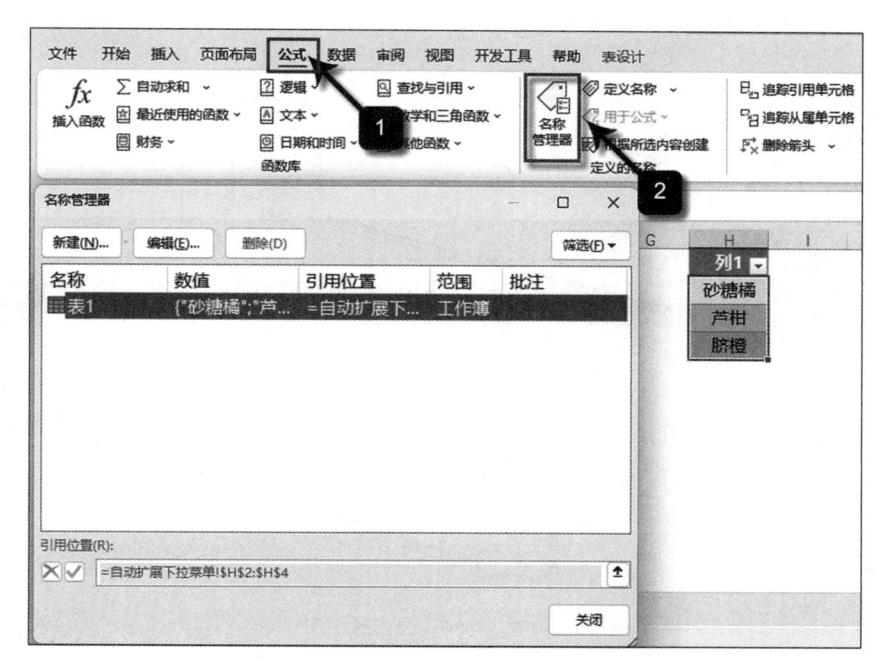

图 3-16　在"名称管理器"中查看"表 1"的引用范围

Excel 数据管理与数据透视

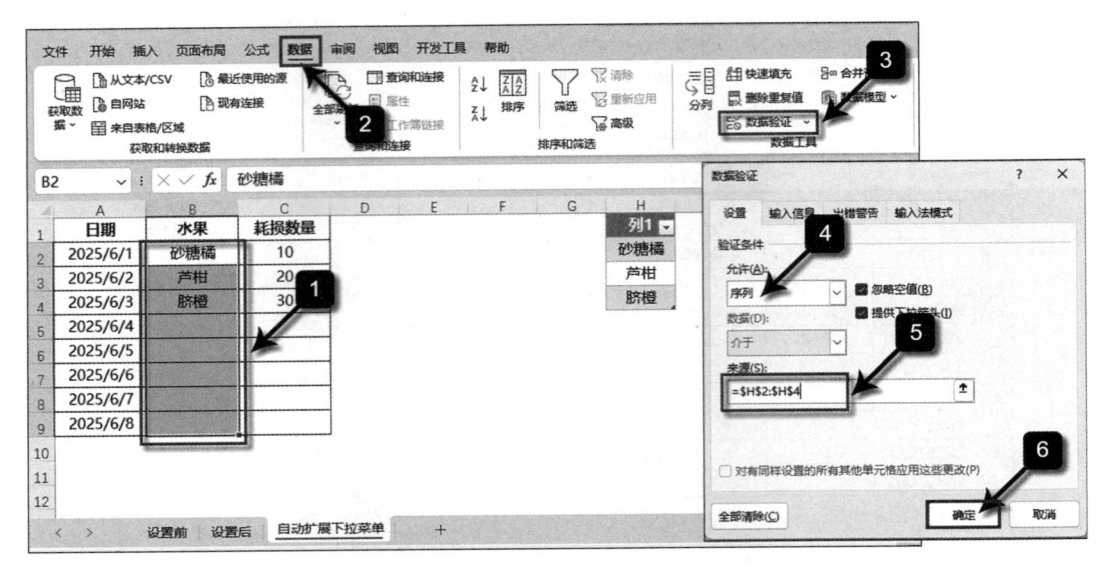

图 3-17 将表区域设置为序列来源

这样就完成了自动扩展式下拉菜单的设置。当在 H5 单元格中输入"金橘"时,下拉菜单列表中会同步增加"金橘"选项;当在 H6 单元格中输入"丑橘"时,下拉菜单列表中也会同步增加"丑橘"选项,如图 3-18 所示。

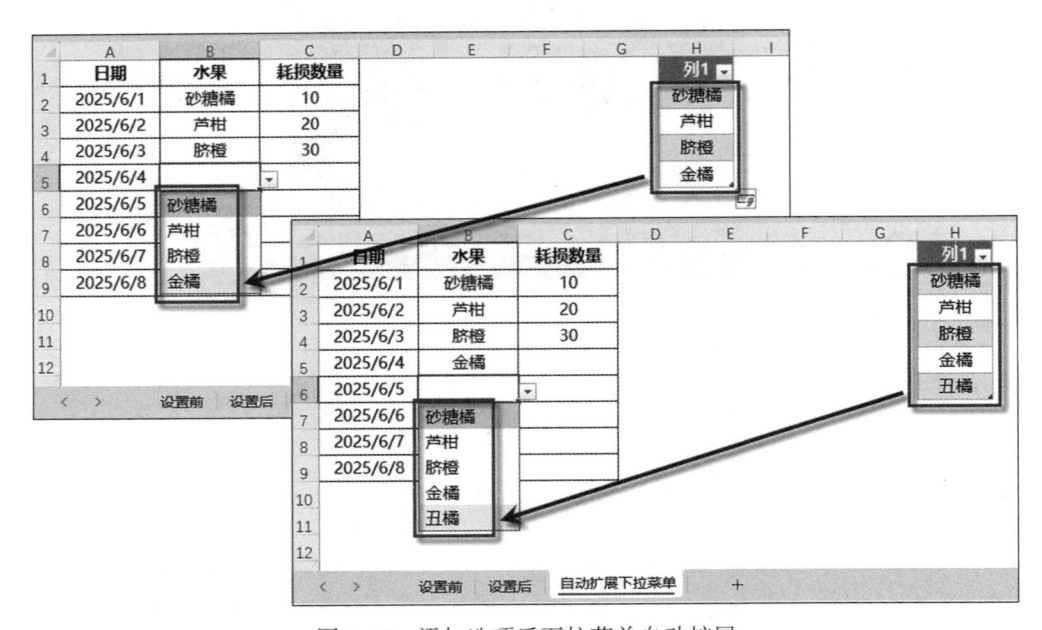

图 3-18 添加选项后下拉菜单自动扩展

在不需要更改下拉菜单列表选项时,可以将 H 列隐藏。这样做不会影响已设置好的下拉菜单，同时还能保持表格界面整洁，并起到保护下拉菜单序列来源的作用。

除了创建一级下拉菜单，还可以使用 Excel 的数据验证功能创建二级下拉菜单（也称为级联下拉菜单）。这种功能可以帮助用户在需要根据上一层菜单的选择来限制下一层菜单选项的情况下智能输入，特别适用于数据输入时需要遵循逻辑顺序或层级关系的场景。在 3.5 节中，我们将结合案例具体讲解如何创建二级下拉菜单。

3.5　创建二级下拉菜单

如何创建二级下拉菜单呢？让我们来看一个示例：为了快速提升销量，某家具品牌积极参加全国各地的家装博览会。通过这些大型一站式营销采购平台，该品牌成功签订了数单大额合同。合同签订后，品牌指定专人记录合同信息，并进行持续跟进。图 3-19 展示了该品牌的合同记录表（A:D 列）以及已签约的省市（G:J 列）。

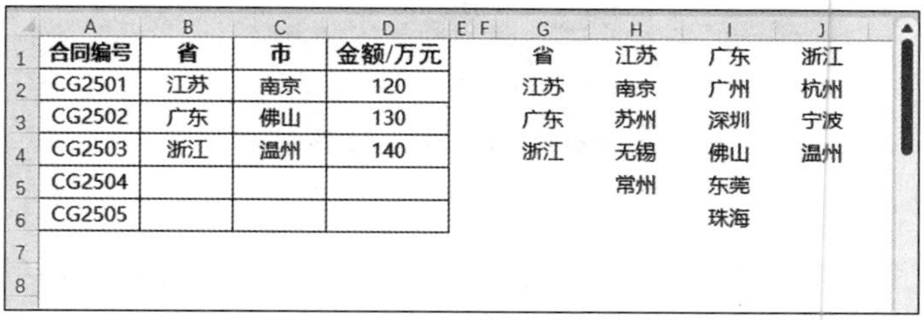

	A	B	C	D	E	F	G	H	I	J
1	合同编号	省	市	金额/万元			省	江苏	广东	浙江
2	CG2501	江苏	南京	120			江苏	南京	广州	杭州
3	CG2502	广东	佛山	130			广东	苏州	深圳	宁波
4	CG2503	浙江	温州	140			浙江	无锡	佛山	温州
5	CG2504							常州	东莞	
6	CG2505								珠海	
7										
8										

图 3-19　某家具品牌的合同记录表及已签约省市

由于涉及的省市较多，且在开展期间合同信息会持续增加，为了提高输入效率，避免错误，该家具品牌希望在表格的 B:C 列设置二级下拉菜单。这样，当工作人员在 B 列选择某个已参展的省份时，C 列的下拉菜单会自动显示该省份对应的城市列表。这种智能输入方式将大大提高数据录入的准确性和效率。

这个案例中的问题可以利用 Excel 数据验证 + 自定义名称 +INDIRECT 函数的组合方案来解决，其中包含以下 3 个关键点。

1）按照省市所在区域为其创建相应的自定义名称。

2）将一级下拉菜单的序列来源设置为已参展省份的名称。

3）将二级下拉菜单的序列来源设置为 INDIRECT 函数引用的省份，以自动引用该省份所对应的城市。

1. 操作步骤

明确思路和关键点后，创建下拉菜单的具体操作步骤如下。

1）选中已签约的省市（如 G1:J6 单元格区域），按“Ctrl+G”组合键或 F5 功能键弹出“定位”对话框；单击“定位条件”按钮，打开“定位条件”对话框；单击“常量”复选框，再单击"确定"按钮，如图 3-20 所示。这一步的目的是批量选中包含已签约省市的单元格（不包含空单元格）。

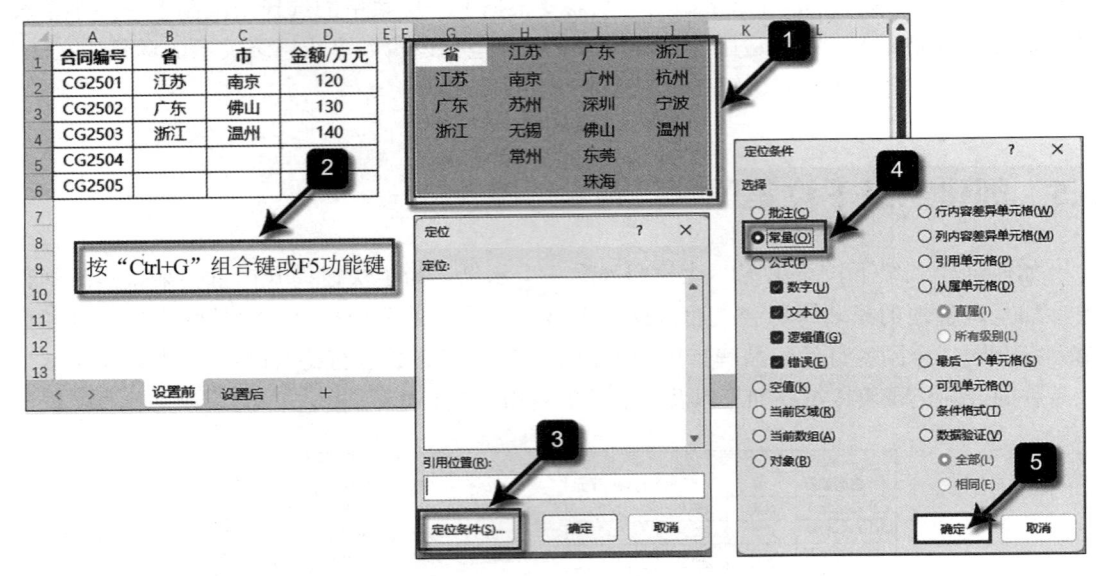

图 3-20　选中已签约省市

2）单击"公式"选项卡，选择"根据所选内容创建"；在弹出的对话框中确保"首行"复选框被勾选，然后单击"确定"按钮，如图 3-21 所示。

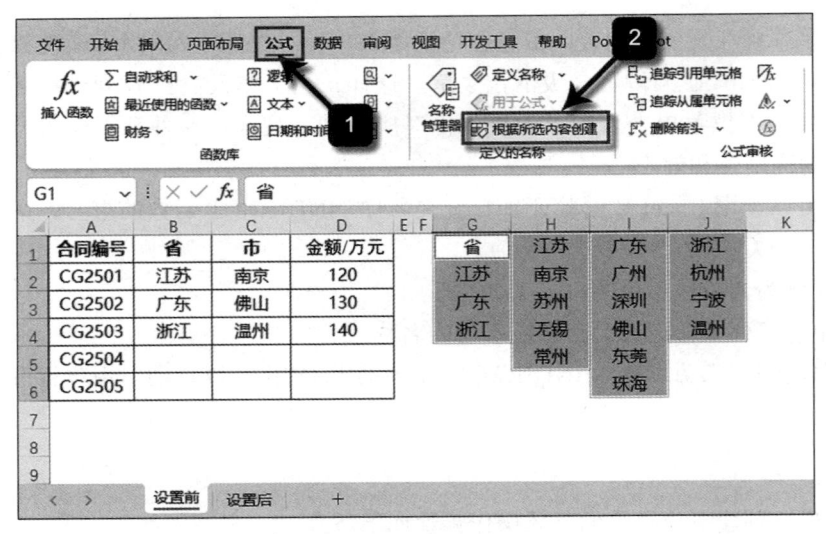

a）选择"根据所选内容创建"　　　　　　　　b）勾选"首行"复选框

图 3-21　按照省市所在区域创建相应的自定义名称

这步操作的作用是将 G1:J1（首行位置）的省名称定义为对应的区域名称。
① 名称"省"将引用 G2:G4 单元格区域。
② 名称"广东"将引用 I2:I6 单元格区域。
③ 名称"江苏"将引用 H2:H5 单元格区域。
④ 名称"浙江"将引用 J2:J4 单元格区域。

在"公式"选项卡下的"名称管理器"中可以查看这些定义好的名称，并检查它们的引用位置是否正确，如图 3-22 所示。当进行这类多步操作时，应该及时检查关键步骤的达成效果。这是数据处理工作中应该养成的良好工作习惯，可以及时纠错并避免时间和算力损失。

图 3-22　在"名称管理器"中检查已定义名称的引用位置

3）省名称的引用位置检查无误后，就可以开始创建下拉菜单，并将下拉菜单的序列来源设置为省名称，以便自动关联该省所对应的城市列表。

方法为：选中需要填写省份的区域（如 B2:B6 单元格区域），单击"数据"选项卡，选择"数据验证"选项，打开"数据验证"对话框，将"允许"条件设置为"序列"，在"来源"输入框中输入"= 省"，然后单击"确定"按钮，如图 3-23 所示。

这时可以检查一下设置好的一级下拉菜单是否能够达到想要的效果。选中 B5 单元格，单击其右侧的下拉菜单，可以发现下拉列表中自动出现了省份选项列表，如图 3-24 所示。

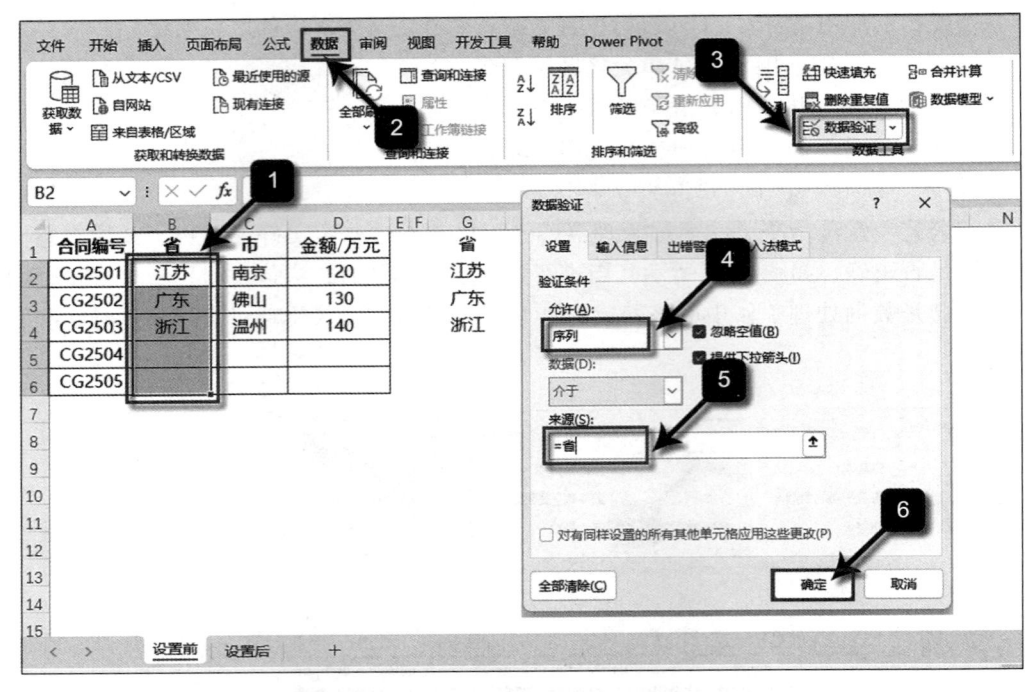

图 3-23　设置一级下拉菜单的序列来源

图 3-24　检查一级下拉菜单的省份选项列表

4）下面继续设置二级下拉菜单的城市序列来源，方法为：选中需要选择城市的区域（如 C2:C6 单元格区域），单击"数据"选项卡，选择"数据验证"选项，打开"数据验证"对话框，将"允许"条件设置为"序列"，在"来源"输入框中输入"=INDIRECT(B2)"，然后单击"确定"按钮，如图 3-25 所示。

2. 公式解析

图 3-25 中出现的公式为：

$$=INDIRECT(B2)$$

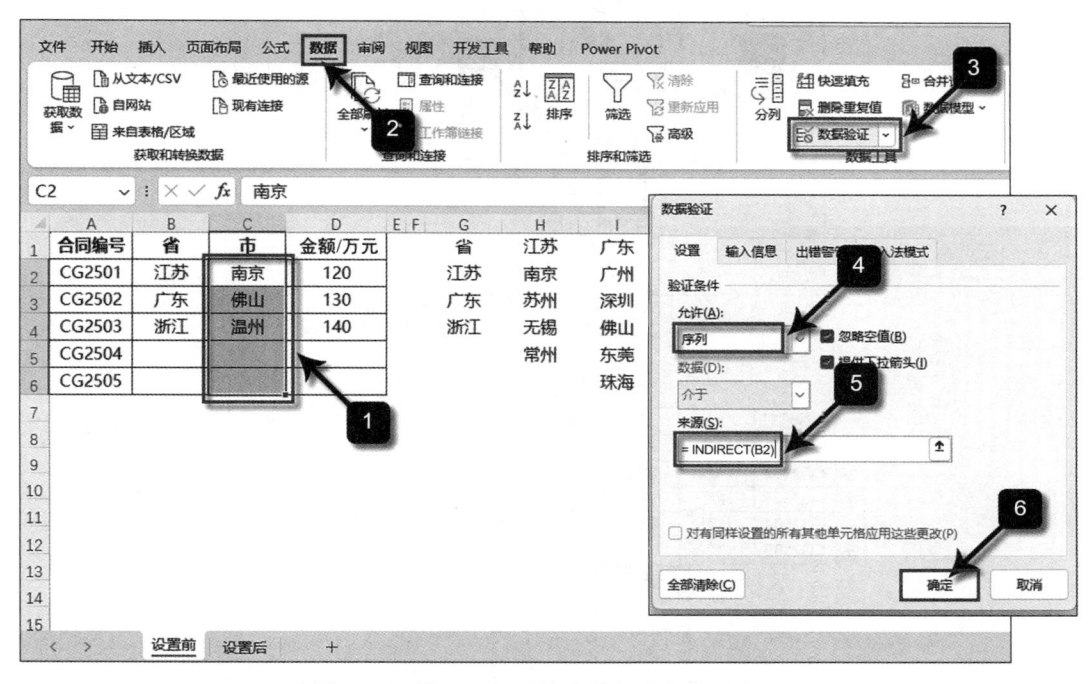

图 3-25 设置二级下拉菜单的城市序列来源

这些常用函数在第 4 章会详细讲解，这里简单解析一下该公式的原理。INDIRECT 函数的引用位置是由选中的区域（C2:C6）决定的。之所以用 B2，是因为当前的活动单元格为 C2（可以通过编辑栏左侧的名称框确认），而在 C2 中输入的市应该归属于 B2 单元格所在的省。INDIRECT(B2) 的作用就是根据 B2 的省份（江苏）引用该省份对应的城市列表区域（H2:H5）。这些省市对应关系可以在图 3-22 的名称管理器中查看。

设置好二级下拉菜单后，再次检查设置效果。先在 B 列中选择省份（如选择江苏），再在 C 列点开二级下拉菜单，查看列表显示的是否为归属江苏省的城市列表，如图 3-26 所示。

> **注意** 这里的操作应该遵循先选省份后选城市的业务逻辑关系。如果用户未在 B 列中选择省份（B5 为空），而直接单击 C 列的二级下拉菜单按钮，是无法展开下拉菜单列表的。

在 B6 单元格更换省份的选择（如选择广东）后，在 C6 单元格单击下拉菜单按钮，即可看到下拉菜单列表已经自动切换至归属广东省的城市列表了，如图 3-27 所示。

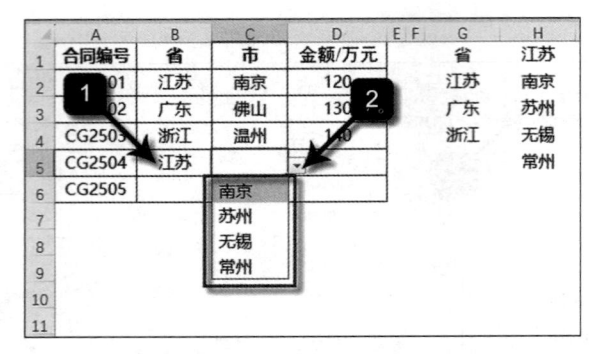

图 3-26　选择江苏省后自动显示归属江苏省的城市

图 3-27　选择广东省后自动显示归属广东省的城市

至此，就完成了二级下拉菜单的全部设置。现在，Excel 能够根据用户选择的省份自动展示该省份对应的城市列表。

3. 扩展说明

在上述案例中，随着该品牌业务的发展，其省份下的城市选项将不断增加，并且随着在更多省市参加家装博览会，签约省市的数量也会相应增加。这种业务增长对二级下拉菜单提出了自助式扩展的需求，即当输入新的省市数据时，这些数据能被已定义好的名称自动纳入其引用范围。

在创建单级自助式下拉菜单时，我们利用表区域的自动扩展特性来实现下拉菜单序列来源的动态扩展。同时，为了使已定义好的名称引用也能自动扩展，我们可以将这些名称引用的区域同样创建为表区域。

具体方法为：先选中省份区域（如 G1:G4 单元格区域），按"Ctrl+T"组合键或单击"插入"选项卡下的"表格"按钮，在弹出的"创建表"对话框中，勾选"表包含标题"复选框，然后单击"确定"按钮，如图 3-28 所示。

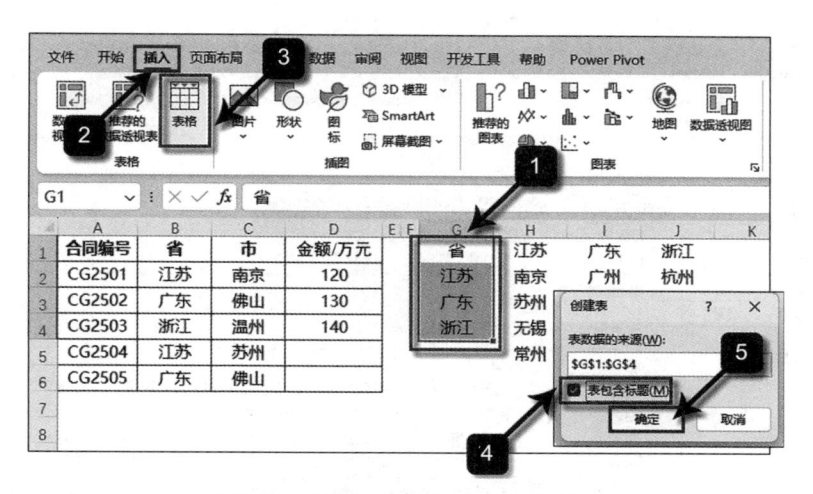

图 3-28　将省份区域转换为表区域

将省份区域创建为表区域后，省份应该具备自动扩展功能了。下面检查达成效果：在 G5 单元格中输入"山东"，在 B6 单元格中单击下拉菜单按钮，可以看到下拉菜单列表选项中已经自动添加了"山东"，如图 3-29 所示。

图 3-29　检查省份区域是否已可以自动扩展

接着用同样的方法将其他省份的名称（如江苏、广东、浙江）也创建为表区域，操作步骤同前，此处不再赘述。

将省份名称创建为表区域后，可以在"名称管理器"中及时检查表区域的引用位置是否正确，如图 3-30 所示。

现在，我们已经成功实现了自助扩展式二级下拉菜单的功能。当用户添加新的省市选项时，一级和二级下拉菜单的列表都能够自动扩展。

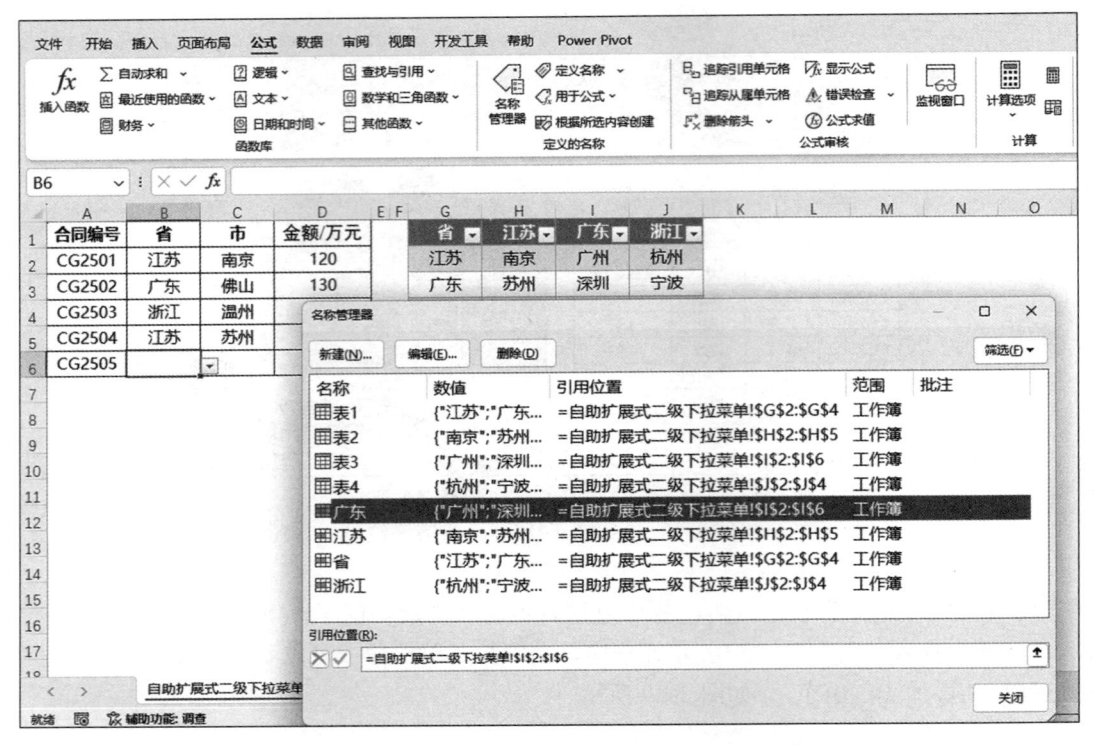

图 3-30 在"名称管理器"中查看表区域的引用位置

3.6 批量圈释无效数据

在实际工作中，数据分析和报告编制前的数据初步清理是至关重要的环节，它可以帮助工作人员及时发现并更正错误，确保数据的准确性和有效性。

Excel 数据验证工具中的"圈释无效数据"功能正是基于此需求应运而生的。下面结合一个案例演示批量圈释无效数据的方法。某企业为了统计 2024 年的销售数据，从系统中导出了订单表（此处仅展示部分），如图 3-31 所示。现在需要将订单表中的无效数据批量圈释出来。

图 3-31 某企业 2024 年的订单表（部分）

在圈释无效数据之前，首先要将无效数据的定义标准告知 Excel。这就需要根据业务逻辑和要求，先在 Excel 数据验证中建立条件约束，比如对 A 列的日期要求是 2024 年内，对 D 列的数量要求是正整数，如图 3-32 所示。

a）对A列日期的要求　　　　　　　　b）对D列数量的要求

图 3-32　根据业务逻辑设置数据验证条件

有了数据验证标准和条件约束，调用 Excel 数据验证工具中的"圈释无效数据"命令，就可以用红色椭圆批量圈释无效数据了，如图 3-33 所示。

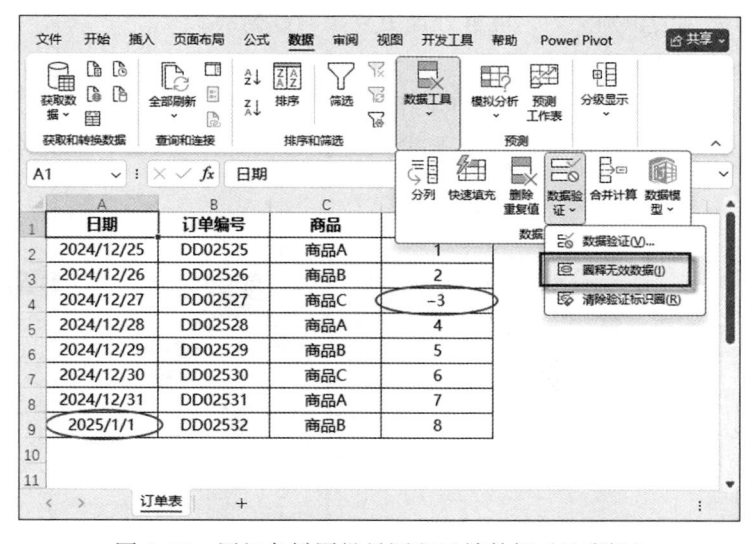

图 3-33　用红色椭圆批量圈释无效数据（见彩插）

当数据修改至符合数据验证标准和条件约束后，红色椭圆会自动消失。当不再需要突出显示时，用户也可以通过图 3-33 中的"清除验证标识圈"按钮来撤销圈释。

第 4 章

快速填充

Excel 中的快速填充功能是一个强大的智能化工具,它能够根据用户提供的示例数据或现有数据模式智能地识别并推断出用户期望的数据填充规律。通过这种智能分析,快速填充能够自动填充相邻单元格,完成数据合并、拆分、添加以及替换等多种操作,显著提升数据处理效率。

快速填充功能最早在 Excel 2013 版本中被引入。随着 Excel 版本的更新,快速填充工具新增了更多智能化的识别能力,能够处理更复杂的数据模式。

调用该工具的方法有两种。

1)快捷键法:"Ctrl+E"组合键(同时按 Ctrl 键和 E 键)。

2)菜单按钮:在"数据"选项卡下的"数据工具"组中单击"快速填充"按钮,如图 4-1 所示。

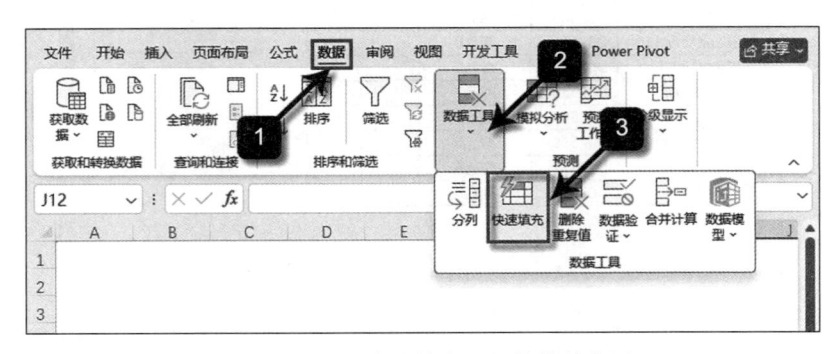

图 4-1 Excel 快速填充工具的菜单位置

为了高效地使用 Excel 快速填充工具,建议大家优先使用快捷键操作。具体方法是:用右手操作鼠标，选中需要填充的数据区域；然后用左手按“Ctrl+E”组合键，即可快速完成数据填充。这种操作方式不仅动作连贯，而且避免了鼠标在数据区域和菜单功能区之间多次往返，极大地提高了工作效率。

Excel 快速填充工具的功能远不止快速填充数据那么简单。它可以根据已有数据自动完成数据的提取、拆分、合并，甚至构建出用户期望的目标数据。为了帮助大家更好地掌握这一强大工具，4.1 节将结合 6 个实际案例，详细讲解如何使用 Excel 的快速填充工具。

4.1　快速提取出生日期

在工作中，我们经常需要处理员工的出生日期信息⊖。例如，某企业需要在员工信息表中根据员工的身份证号码快速提取出生日期，如图 4-2 所示。我们可以通过 Excel 的快速填充工具来实现这一目的。

	A	B	C	D
1	员工编号	身份证号码	出生日期	
2	YG001	110101200403182114		
3	YG002	330109200501252122		
4	YG003	330109200504212118		
5	YG004	330109200506102123		
6	YG005	330109200507312122		
7	YG006	330109200502142128		
8	YG007	12010120041004212X		
9				
10				

图 4-2　某企业的员工信息表

利用 Excel 快速填充数据的过程可以分为以下 3 步。

1）找出想要的结果和原始数据之间的关联规律并将其告知 Excel。这一步需要用户手动输入第一个（复杂情况时需要多个）数据作为标杆，告知 Excel 以何种规律对数据进行填充。

2）选中需要填充的位置，按“Ctrl+E”组合键执行快速填充。

3）检查快速填充结果是否正确。如果不符合要求，应撤销操作，增加标杆数据的个数，再执行快速填充或手动纠错。

在这个案例中，通过观察，我们可以发现身份证号码共有 18 位。其中，前 6 位是地址码，第 7 ～ 14 位是出生日期码，第 15 ～ 17 位是顺序码，第 18 位是校验码。因此，我们需要的“出生日期”信息实际上就隐藏在身份证号码的第 7 ～ 14 位。

1. 操作步骤

找出关联规律后，提取出生日期的具体操作步骤如下：在 C2 单元格中输入标杆数据（如“20040318”），然后用鼠标选中 C3 单元格，按“Ctrl+E”组合键即可进行快速填充，如图 4-3 所示。

⊖　本书涉及的个人信息均为生成，如姓名、身份证号、手机号等。

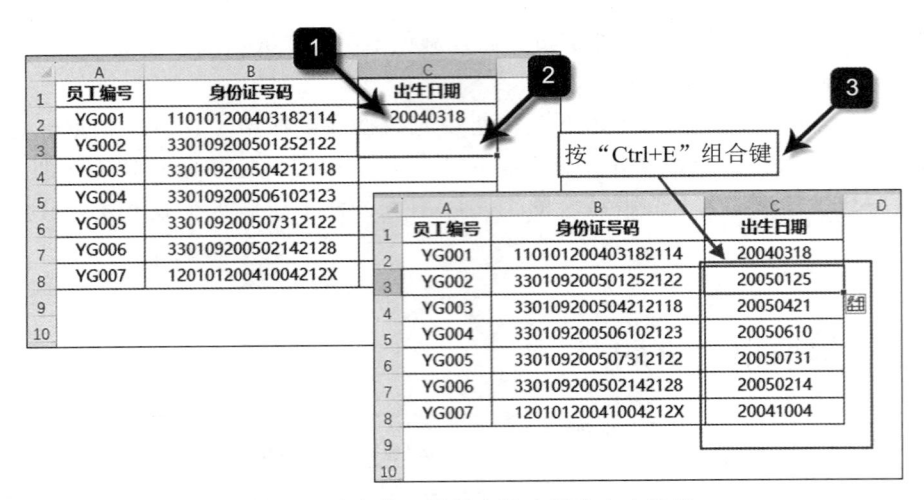

图 4-3　从身份证号码中快速提取出生日期

2. 扩展说明

得到快速填充结果后，及时检查结果是否符合要求是非常重要的。这是因为，在处理一些较为复杂的情况（比如条件判断分支较多或原始数据的规律性较弱）时，用户仅输入一个标杆数据可能无法让 Excel 准确理解用户希望得到的结果与原始数据之间的关联规律。这可能会导致 Excel 快速填充的结果中包含错误。下面通过一个案例进行说明。

在图 4-2 所示的案例中，我们使用相同的员工信息表作为原始数据，但增加了返回结果的难度。具体要求是将出生日期从之前的"20040318"字符串格式改为"2004/3/18"的标准日期格式，操作步骤与之前相同，这里不再赘述。Excel 自动返回的结果如图 4-4 所示。

通过检查可以发现，Excel 自动填充的结果中只有年份是正确的，月份和日期都发生了错误。这是由于 Excel 无法只通过一个标杆数据（C2 单元格）完全理解用户的需求。我们再多输入 2 个标杆数据，测试一下效果，如图 4-5 所示。

从结果可以看到，用户输入 3 个标杆数据（C2:C4 单元格区域）后，Excel 执行快速填充的效果比之前好很多，大部分结果符合要求，只有最后一行出生日期中的月份出现了错误。通过观察可以发现，这是因为前面给出的标杆数据都是单个数字表示的月（简称单月，如 1～9 月），而最后一行的出生日期是两个数字表示的月（简称双月，如 10 月），导致 Excel 没有从标杆数据中获取到提取两位数月份的要求。这种零星错误可以手动修改一下。

我们继续来通过一个案例进行深入测试。在图 4-6 所示的案例中，使用双月日期作为前两行标杆数据（C2:C3 单元格区域），然后再按"Ctrl+E"组合键执行快速填充，得到的结果如图 4-6 所示。

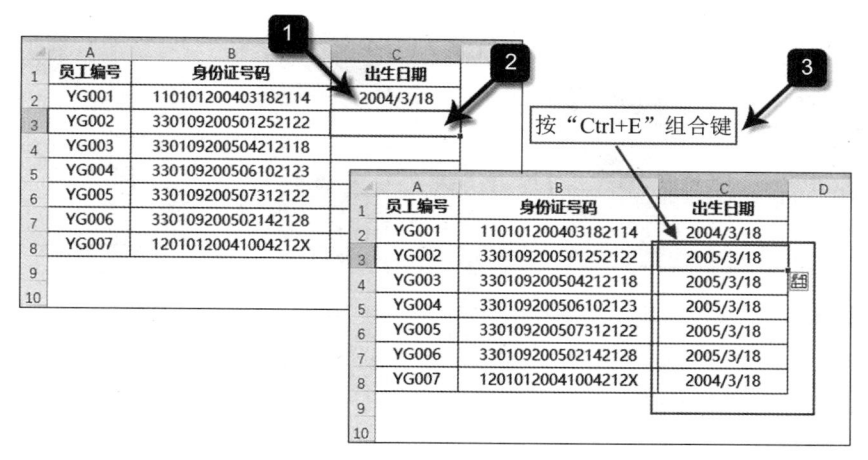

图 4-4　Excel 自动返回的结果

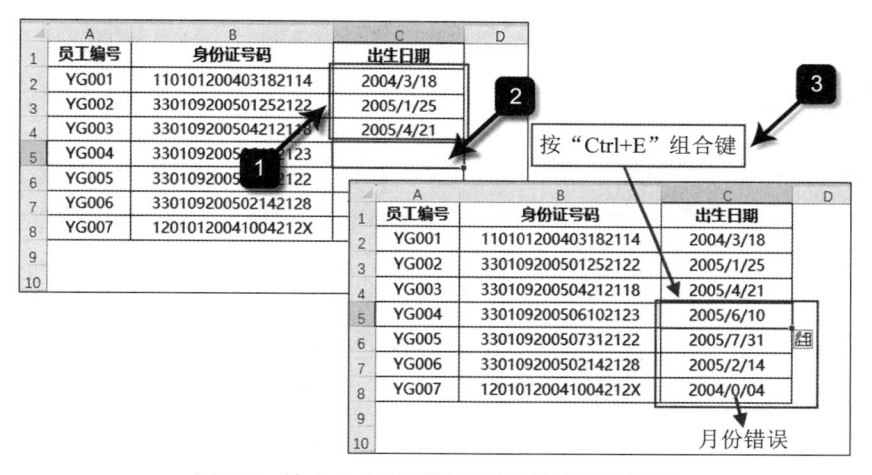

图 4-5　输入 3 个标杆数据后的快速填充结果

通过检查可以发现，这次的结果完全符合要求。

通过对比和分析上述几个案例的效果可以知道，Excel 快速填充功能的准确性直接受到原始数据规律性强弱和用户输入标杆数据数量多少的影响。因此，在完成操作后，及时检查结果是否正确是非常重要的。如果无法达到预期效果，可以考虑使用其他解决方案，例如 Excel 函数公式或 Power Query 等工具（具体可参考笔者的其他图书或者在线视频内容）。

尽管 Excel 快速填充有时可能会返回有瑕疵的结果，但这并不意味着它功能不够强大。任何工具都有优缺点，没有绝对的好坏之分，再优秀的工具也无法做到完美无缺。因此，根据具体情况选择合适的工具，以更高性价比的方式解决问题才是关键。

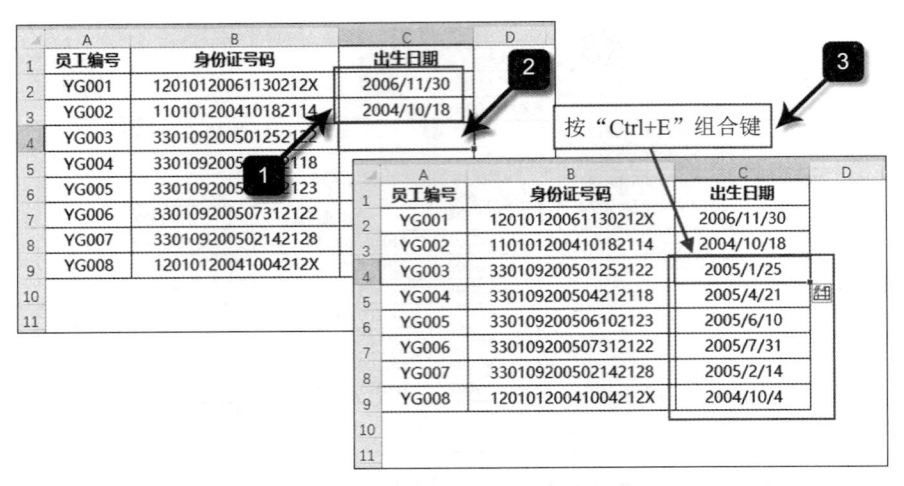

图 4-6　前两行使用双月日期作为标杆数据

4.2　快速拆分数据

快速拆分数据是工作中经常会遇到的需求，我们可以利用 Excel 快速填充工具轻松解决。让我们来看下面的案例：在某企业系统导出的客户通讯簿中，姓名和手机号（虚构）放置在同一列中，如图 4-7 所示。现在需要从中拆分出姓名、手机号并分列放置。

图 4-7　某企业系统导出的客户通讯簿

利用 Excel 的快速填充功能从表格中快速拆分出姓名、手机号的具体操作步骤如下：先手动输入第一行数据作为标杆（B2:C2 单元格区域），然后选中 B3 单元格，按"Ctrl+E"组合键快速填充姓名；再选中 C3 单元格，按"Ctrl+E"组合键快速填充手机号，如图 4-8 所示。

操作完毕后，应该及时检查结果是否正确。在这个案例中，我们可以发现所有填充结果都完全符合要求。

第 4 章　快速填充　◆　41

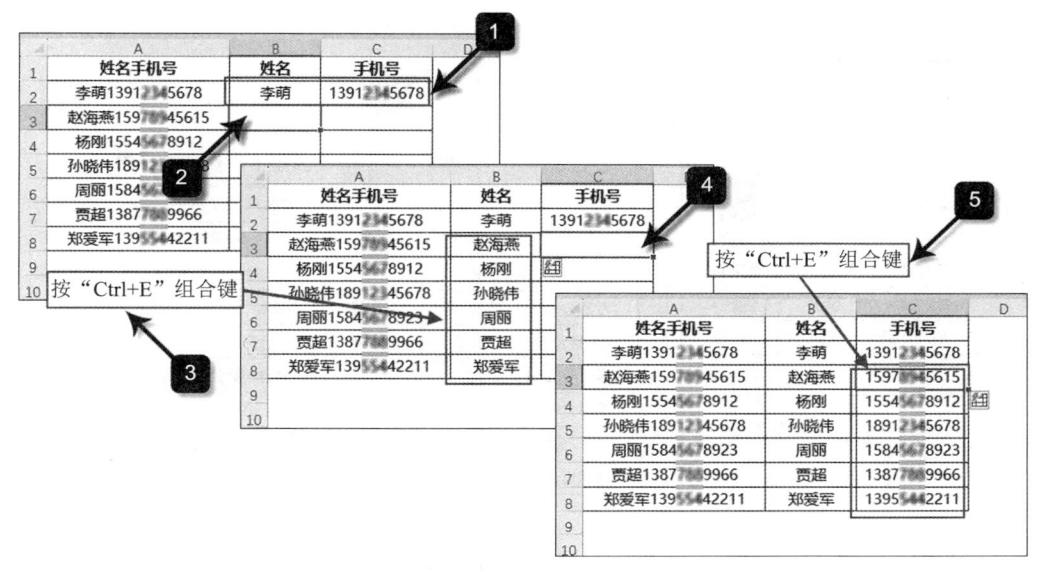

图 4-8　从客户通讯簿中拆分出姓名、手机号

4.3　快速合并多列数据

如何快速合并多列数据呢？让我们来看下面这个案例：某企业的联系人单位及部门信息表如图 4-9 所示，要求将 A ～ C 列中的单位、部门、姓名等多列数据合并在一起，并在部门名称（如"财务"）后添加"部"字（如"财务部"）。

图 4-9　某企业的联系人单位及部门信息表

利用 Excel 的快速填充功能合并多列数据的具体操作步骤如下：先按照要求在第一行（如 D2 单元格）输入标杆数据（如"大地公司财务部张萌"），然后选中 D3 单元格，按"Ctrl+E"组合键即可将这 3 列数据合并，如图 4-10 所示。

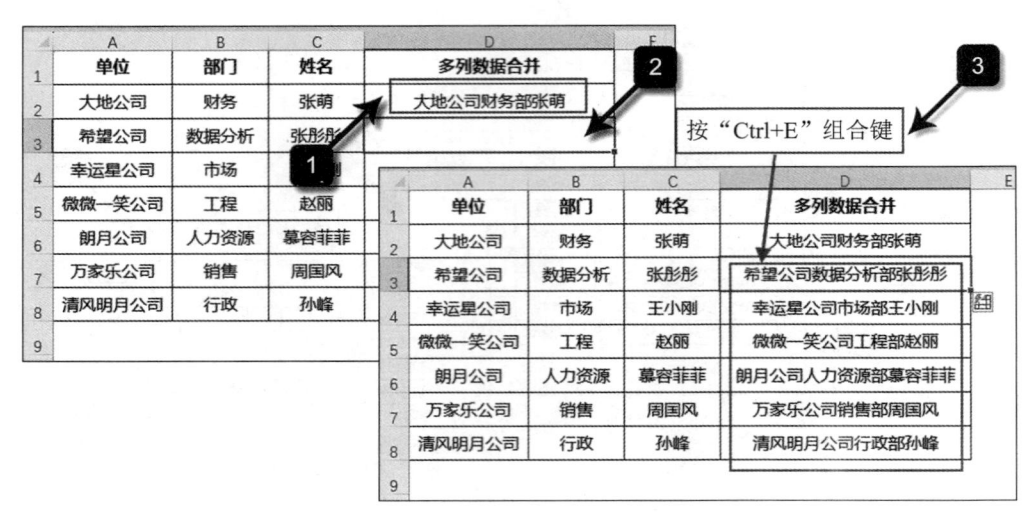

图 4-10　将单位、部门、姓名多列数据合并

操作完毕后，应该及时检查填充结果是否正确。在这个案例中，我们可以看到所有结果都是正确的。

4.4　快速提取地址信息

如何从一列数据中按需要提取多种信息呢？让我们来看这个快速提取地址信息的案例：某快递公司系统中导出的收件人详细地址表如图 4-11 所示，要求将其中的市、区、路号地址分别提取出来并分列放置。

图 4-11　某快递公司的收件人详细地址表

利用 Excel 的快速填充功能快速提取市、区、路号地址的具体操作步骤如下：先根据要求输入第一行数据（B2:D2 单元格区域）作为标杆，然后分别选中 B3、C3、D3 单元格，按"Ctrl+E"组合键即可提取地址信息并分列放置，如图 4-12 所示。

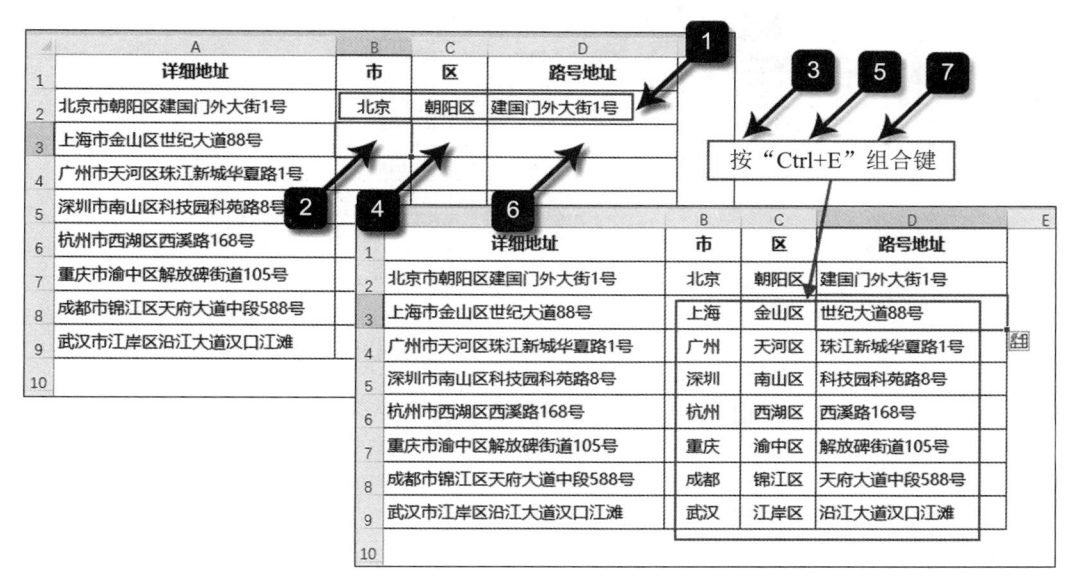

图 4-12　从详细地址表中提取市、区、路号地址并分列放置

经过检查，可以确认快速填充的结果完全正确。

4.5　分段显示数据

如何以自定义格式显示数据呢？比如表格中的长串连续数字容易导致读表人误读，所以希望能够将其分段显示，以便读表人清晰查看和读数。

现有一张包含手机号（虚构）的信息表，如图 4-13 所示，需要将 A 列的 11 位手机号数字按照 3、4、4 的格式分 3 段显示。

图 4-13　需要分段显示的手机号信息表

利用 Excel 的快速填充功能将手机号分 3 段显示的具体操作步骤如下：按要求在第一行（B2 单元格）中输入标杆数据（如"139 1234 5678"），选中 B3 单元格后按"Ctrl+E"组合键，即可实现手机号的分段显示，如图 4-14 所示。

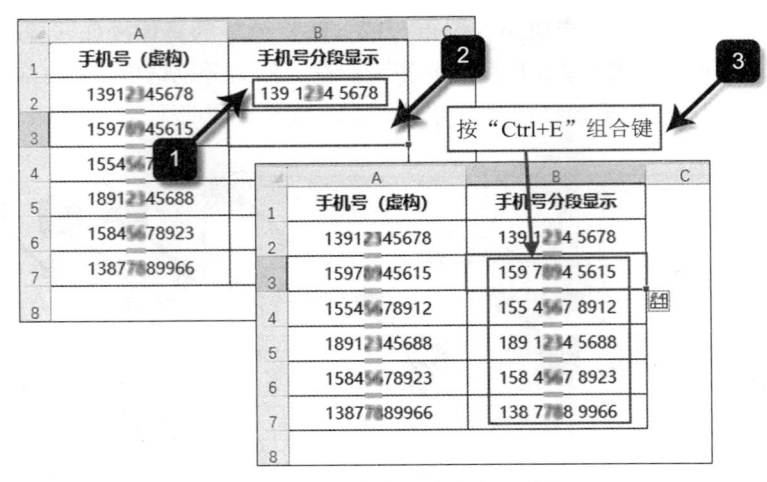

图 4-14 将手机号分段显示

操作完毕后，应该及时检查快速填充结果是否正确。经检查，确认结果无误。

4.6 对数据进行加密显示

在数据管理工作中，数据安全是不可或缺的一环。重要数据的泄露会给企业带来一系列不可预期的后果，所以掌握数据加密显示技术是非常必要的。使用 Excel 快速填充工具就可以实现数据加密显示。让我们来看下面这个案例：某公司的大客户信息表（见图 4-15）中包含一些重要信息，其中大客户的联系方式需要严格保密，希望能对其加密显示。

图 4-15 某公司的大客户信息表

1. 操作步骤

利用 Excel 的快速填充功能对数据进行加密显示的具体操作步骤如下：根据加密显示需求，在第一行（D2 单元格）中输入标杆数据（如"139****5678"），然后选中 D3 单元格，按住"Ctrl+E"组合键快速填充数据，如图 4-16 所示。

操作完毕后，应该及时检查加密结果是否符合要求。在此案例中，全部结果都符合要求。

为了对大客户的联系方式进行严格保密，在加密显示后可以将原联系方式所在列（如 C 列）隐藏起来，操作步骤如图 4-17 所示。

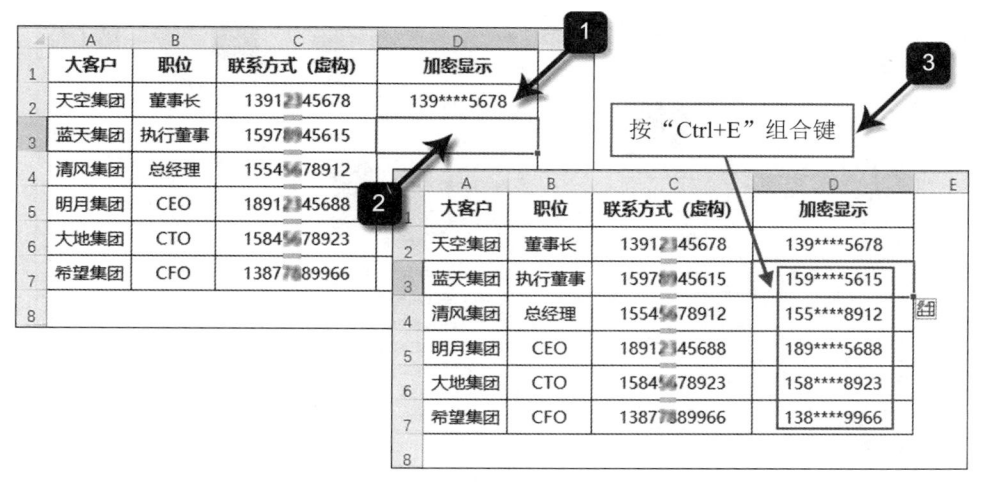

图 4-16　对大客户联系方式进行加密显示

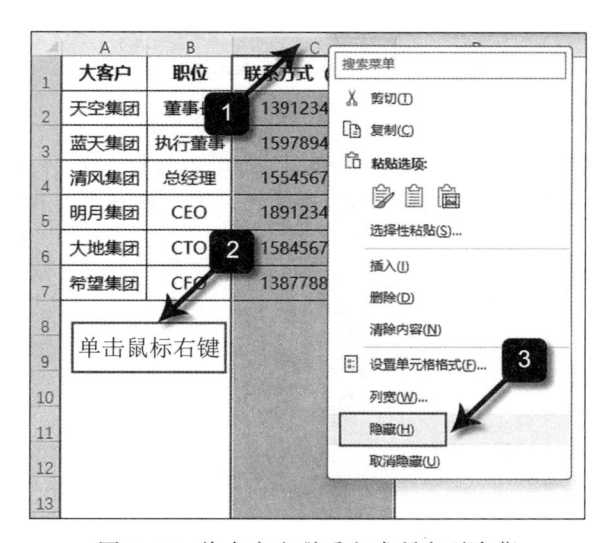

图 4-17　将大客户联系方式所在列隐藏

2. 扩展说明

当仅隐藏包含大客户联系方式的列时，了解数据存放位置的人仍可以通过"取消隐藏"的操作来重新显示这些数据。因此，为了增强安全性，我们需要为这个操作设置密码保护，确保只有输入正确密码的人才能解锁并查看隐藏的数据。

设置密码保护的步骤如下。

1）单击"审阅"选项卡下的"保护工作表"按钮，在弹出的"保护工作表"对话框中输入密码（连续两次输入同样的密码才可保存），然后单击"确定"按钮，如图 4-18 所示。

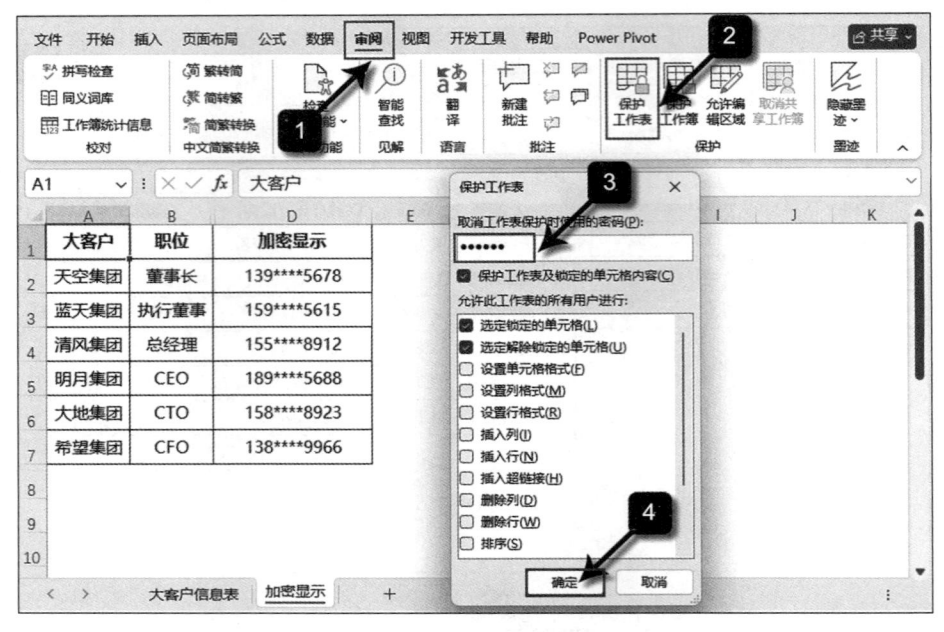

图 4-18 设置密码保护

2）执行工作表保护后，选中包含隐藏列的位置（如 B:D 列）后单击鼠标右键，在弹出的快捷菜单中，"取消隐藏"命令是灰色的，无法执行相应操作，如图 4-19 所示。

图 4-19 保护工作表后无法取消隐藏列

只有知道工作表密码的人，才能解锁工作表。工作表解锁后，才允许执行"取消隐藏"列等操作。

解锁工作表的操作步骤如下：单击"审阅"选项卡下的"撤销工作表保护"按钮，在弹出的"撤销工作表保护"对话框中输入密码（如错误则禁止），然后单击"确定"按钮，如图 4-20 所示。

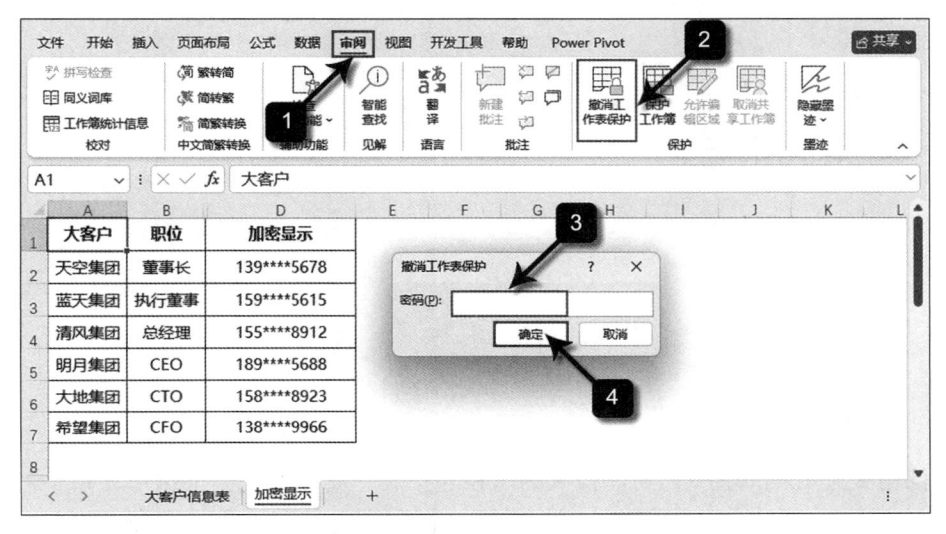

图 4-20　撤销工作表保护的方法

至此，就可以实现既对大客户联系方式进行加密显示，又能对原始的完整信息进行加密保存。只有有权限的人员才知道工作表密码，拥有查看权限。

第 5 章 条件格式

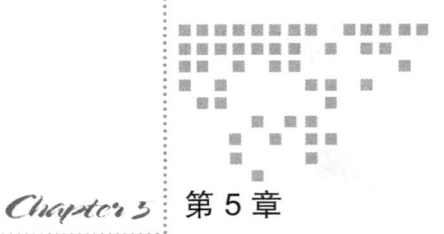

条件格式是 Excel 中一个功能强大的可视化工具，它允许用户根据单元格中的值或其他条件自动设置单元格的格式。这个工具可以用来突出显示特定数据、添加数据条、应用颜色刻度或图标集以及执行其他格式化操作，从而便于数据的可视化和分析。

条件格式工具的调用方法是单击"开始"选项卡下的"条件格式"按钮，展开的下级菜单中提供了丰富的功能选项，如图 5-1 所示。

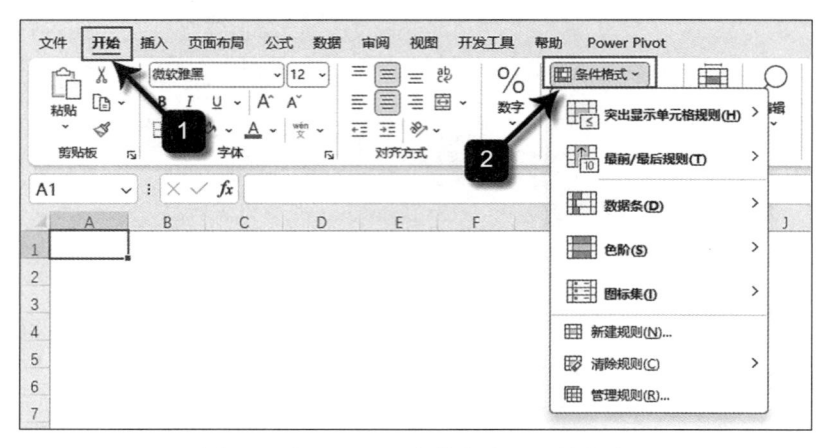

图 5-1　调用 Excel 条件格式工具的方法

每项分级菜单下面还扩展提供了多种用于突出显示目标数据的可视化工具，如图 5-2 所示。

第 5 章　条件格式 ❖ 49

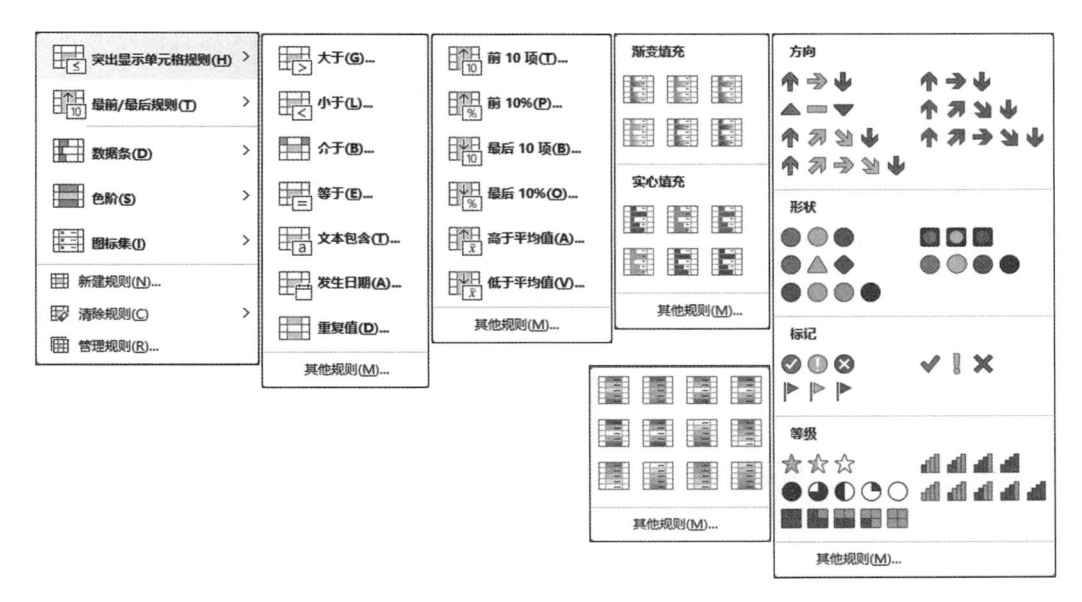

图 5-2　丰富的可视化工具（见彩插）

除了这些可以直接使用的内置工具以外，条件格式工具还支持使用函数公式进行自定义设置。使用 Excel 公式自定义设置条件格式的调用方法如图 5-3 所示。

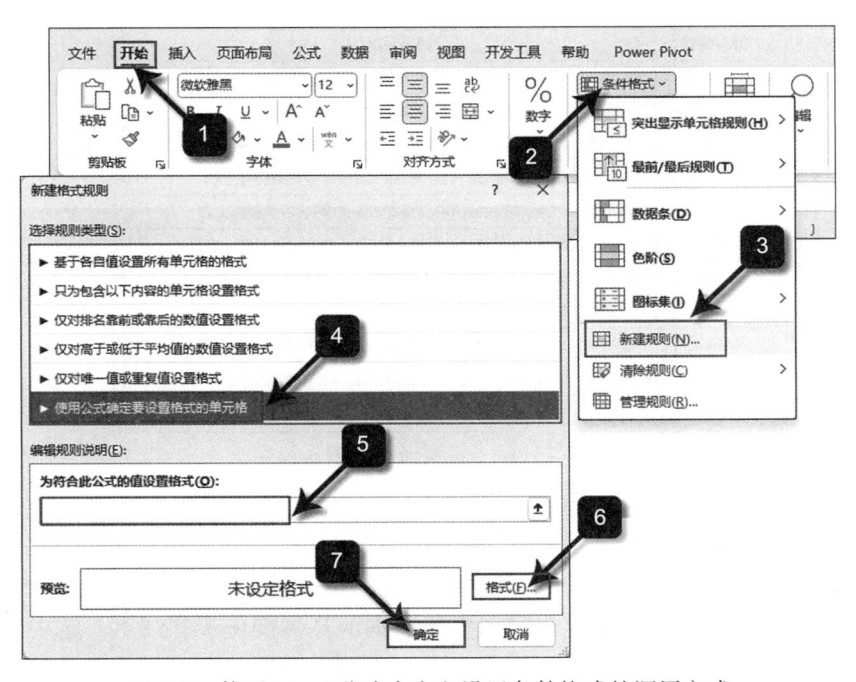

图 5-3　使用 Excel 公式自定义设置条件格式的调用方式

这个功能可以极大扩展条件格式的应用场景，解决很多内置工具无法直接解决的复杂问题。本章后面会结合实际案例介绍该功能。

当用户需要清除 Excel 中已设置的条件格式时，可以在"开始"选项卡下单击"条件格式"按钮，然后在展开的下级菜单中选择"清除规则"，根据需要选择按所选区域清除或整个工作表区域清除等方式，如图 5-4 所示。

下面结合实际案例介绍几种 Excel 条件格式的经典应用技巧。

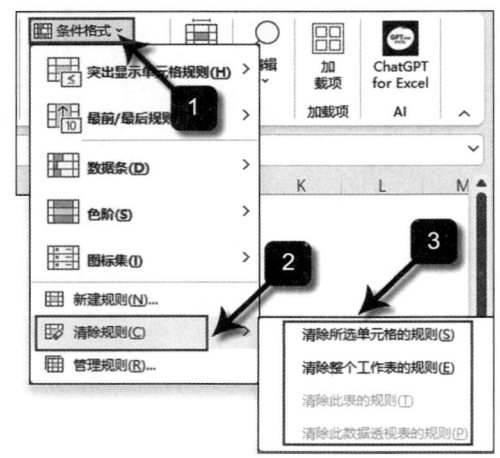

图 5-4　清除条件格式的方法

5.1　突出显示重复数据

如何突出显示重复数据呢？让我们来看一个示例：某女装品牌为了提升商品在电商平台的搜索权重，指定专人负责根据市场需求和当下热词制作商品标题表，如图 5-5 所示，以便快速优化品牌中对应商品的标题。

	A	B
1	SKU编码	商品标题
2	Dr0135	【热销爆款】优雅气质长裙女夏2025新款仙气飘逸大摆裙子
3	Dr0260	【热销爆款】气质优雅蕾丝连衣裙女夏2025新款修身显瘦裙子
4	T30934	【特惠抢购】韩版休闲百搭短袖T恤女夏2025新款宽松显瘦上衣
5	T30935	【特惠抢购】时尚简约圆领T恤女夏2025新款修身显瘦百搭上衣
6	T15766	【特惠抢购】气质优雅长袖衬衫女夏2025新款韩版修身百搭上衣
7	T30937	【特惠抢购】韩版休闲百搭短袖T恤女夏2025新款宽松显瘦上衣
8	S39420	【明星同款】优雅气质百搭蕾丝上衣女夏2025新款修身显瘦蕾丝衫
9	N99421	【潮流前线】时尚百搭破洞牛仔裤女夏2025新款显瘦高腰小脚裤
10	N89422	【特惠抢购】时尚百搭破洞牛仔裤女夏2025新款显瘦高腰小脚裤
11	Dr0985	【新品上市】时尚百搭修身显瘦连衣裙女夏2025新款韩版气质裙子
12		

图 5-5　某电商公司的商品标题表

为了避免误操作，需要检查商品标题中是否存在重复数据。遇到这种需要大量数据比对的情况时，千万不要靠肉眼去识别，利用 Excel 的条件格式工具可以轻松解决。

利用 Excel 的条件格式功能突出显示重复数据的具体操作步骤如下：选中商品标题所在区域（如 B2:B11 单元格区域），单击"开始"选项卡下的"条件格式"按钮，选择"突出显示单元格规则"；然后单击"重复值"按钮，在弹出的"重复值"对话框中，保持"重复"值的选项设置为"浅红填充色深红色文本"，单击"确定"按钮，如图 5-6 所示。

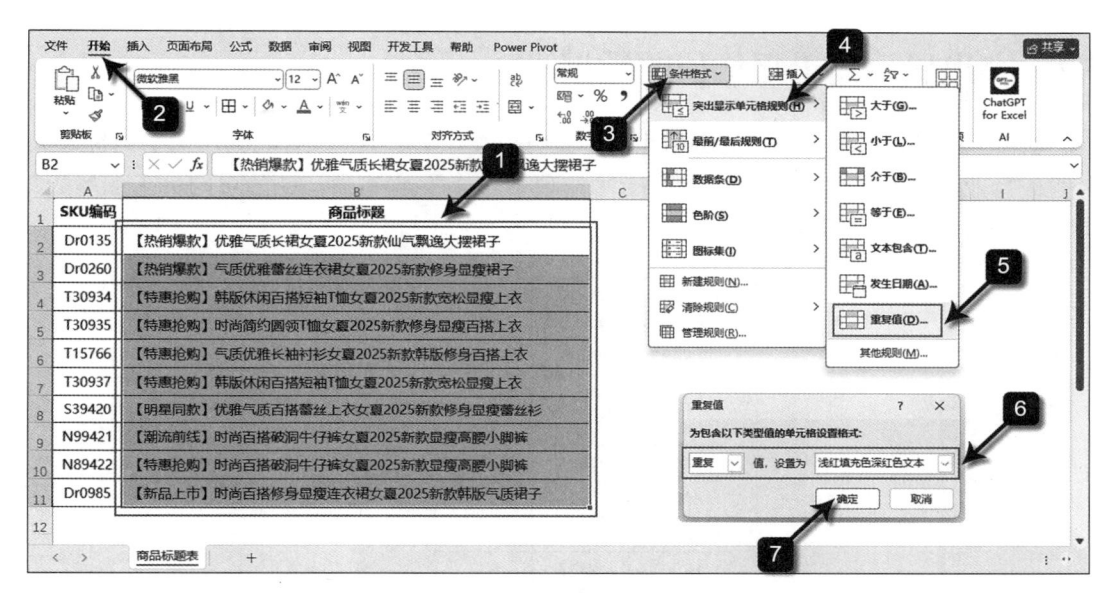

图 5-6　突出显示重复数据的设置步骤

设置完成后，商品标题中的重复数据会自动突出显示，如图 5-7 所示。

图 5-7　突出显示商品标题中的重复数据（见彩插）

本示例中，重复数据的突出显示颜色是默认的红色。在实际工作中，用户也可以选择其他颜色来自定义设置重复数据的突出显示效果。除了可以突出显示重复值，Excel 还支持突出显示唯一值，仅需将图 5-6 中第 6 步中的"重复"选项从下拉列表中改为"唯一"即可。

5.2 突出显示高于平均值的数据

如何突出显示高于平均值的数据呢？让我们来看一个示例：某公司为了激励销售人员，定期进行业绩统计和评比，对业绩高于平均值的员工发放奖励。该公司的员工业绩表如图 5-8 所示。

员工编号	员工姓名	业绩
LR001	李锐1	231
LR002	李锐2	302
LR003	李锐3	981
LR004	李锐4	210
LR005	李锐5	653
LR006	李锐6	389
LR007	李锐7	927
LR008	李锐8	279
LR009	李锐9	400

图 5-8 某公司的员工业绩表

这类问题的常规解决方案分为以下 3 步。
1）统计所有员工业绩的平均值。
2）将每个员工的业绩与平均值进行比较。
3）标识出高于平均值的员工的业绩。

利用 Excel 的条件格式工具，用户仅需单击几下鼠标，即可轻松解决该问题。

利用 Excel 的条件格式功能突出显示高于平均值数据的具体操作步骤如下：选中员工业绩所在区域（如 C2:C10 单元格区域），单击"开始"选项卡下的"条件格式"按钮，选择"最前/最后规则"，在弹出的菜单中单击"高于平均值"按钮；在弹出的"高于平均值"对话框中，保持"浅红填充色深红色文本"的默认选项，单击"确定"按钮，如图 5-9 所示。

设置完毕后，高于平均值的员工的业绩会自动突出显示，如图 5-10 所示。

在这个示例中，高于平均值的数据被设置为默认的红色进行突出显示。在实际工作中，用户可以根据需要或习惯自定义更改突出显示的颜色。

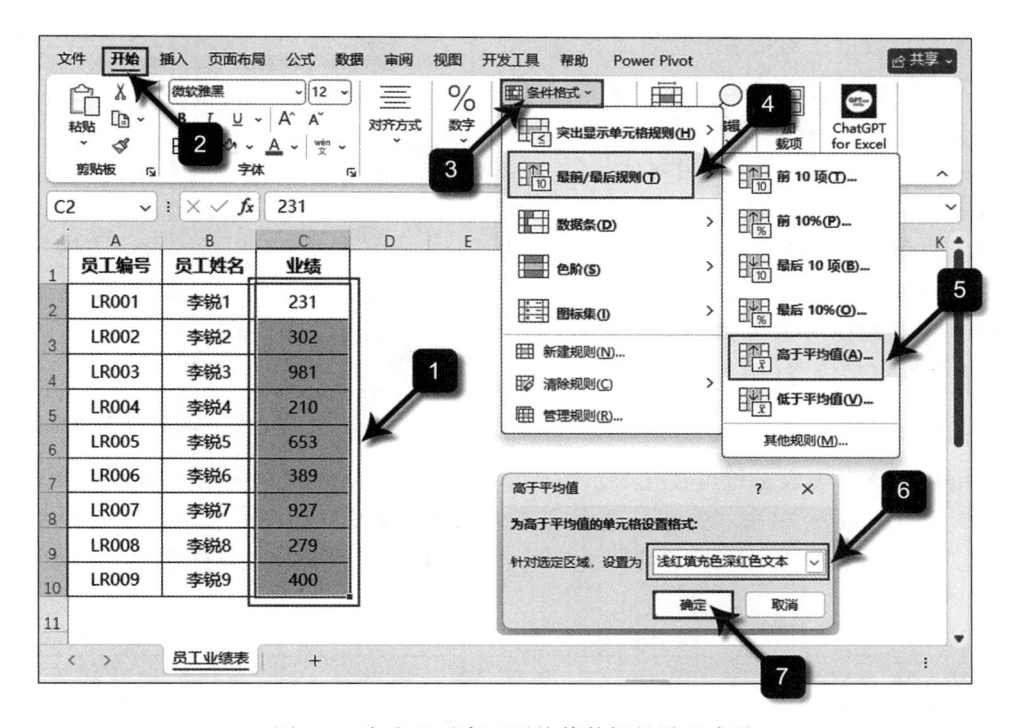

图 5-9　突出显示高于平均值数据的设置步骤

图 5-10　在表格中突出显示高于平均值的数据（见彩插）

5.3 利用数据条对报表进行可视化显示

如何利用数据条对报表进行可视化显示呢？让我们来看一个示例：某公司的项目收入利润表如图 5-11 所示，其中包含各项目的收入和利润数据。为了方便工作人员进行对比分析，需要在表格中增加可视化显示功能。

对报表增加可视化显示功能的方法有很多，这里先介绍利用数据条快速实现可视化的方法，其他的可视化解决方案具体可参考笔者的其他图书或者在线视频内容。

项目名称	项目收入/万元	项目利润/万元
项目1	301	45
项目2	251	34
项目3	466	80
项目4	725	69
项目5	613	90
项目6	420	73
项目7	214	33
项目8	512	58

图 5-11　某公司的项目收入利润表

1．操作步骤

利用数据条对报表进行可视化显示的操作步骤如下所示：选中项目收入所在区域（如 B2:B9 单元格区域），单击"开始"选项卡下的"条件格式"按钮，在弹出的菜单中选择"数据条"选项，再在展开的"渐变填充"选项中选择数据条的颜色和样式（如浅蓝色数据条），如图 5-12 所示。

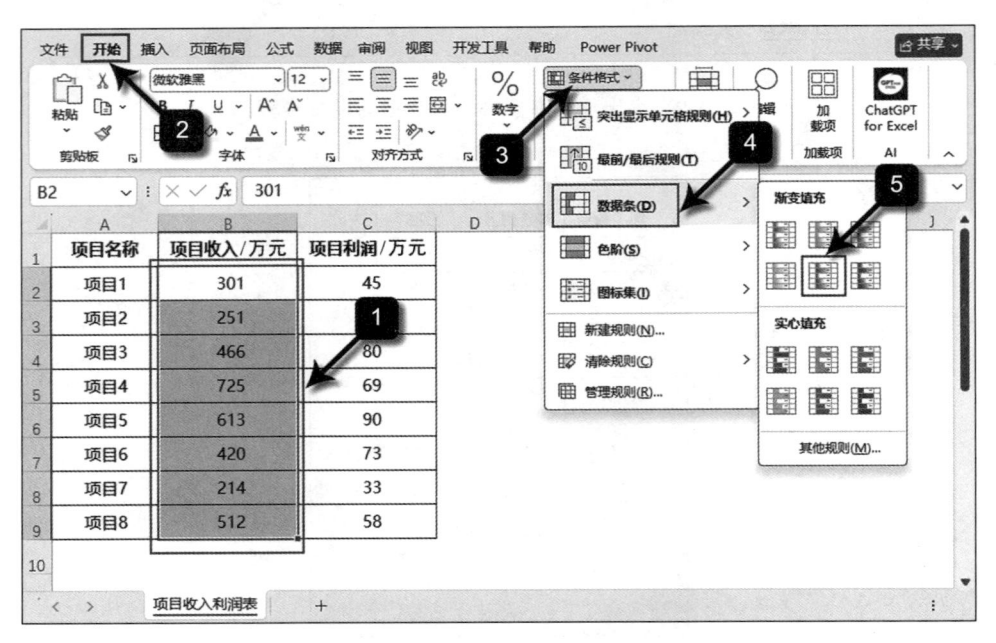

图 5-12　利用数据条实现可视化显示

设置完成后，项目收入的可视化显示效果如图 5-13 所示。

设置项目利润可视化的方法与此相同，此处不再赘述。设置完成后的可视化效果如图 5-14 所示。

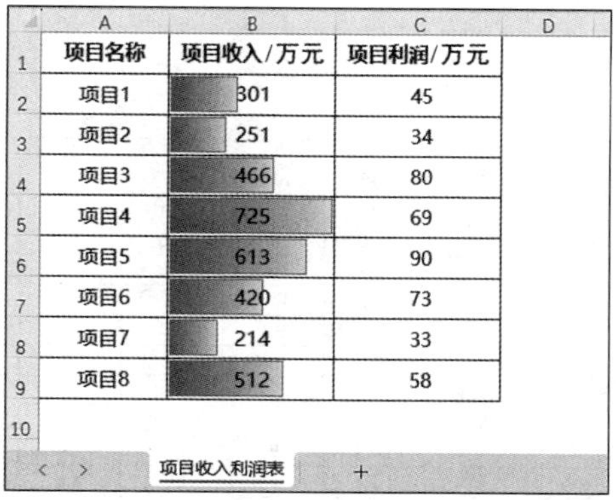

图 5-13　项目收入的可视化显示效果　　　　图 5-14　项目利润的可视化显示效果

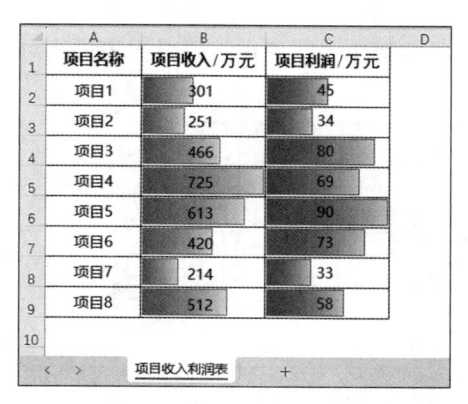

2. 扩展说明

Excel 数据条在使用时需要注意以下两点。

1）对于数量级不同的数据（如 B 列数据为几百，C 列数据为几十），应该分别选中区域后独立设置数据条。如果一起选中（如 B2:C9 单元格区域）来设置数据条，会导致 C 列的数据条很短，影响可视化效果。

2）数据条的长短取决于其所在位置的列宽，应该微调列宽，从而优化数据条的展示效果。

此案例中的数据条默认长度较短，调整 B 列和 C 列的列宽后，数据条可视化效果会更加美观，如图 5-15 所示。

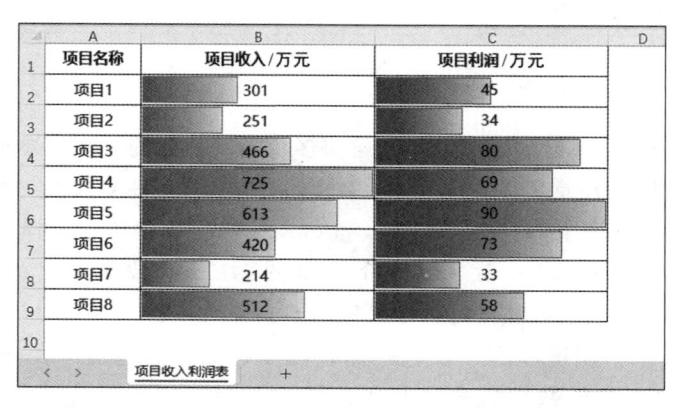

图 5-15　调整列宽后的数据条可视化效果（见彩插）

5.4 利用色阶对报表进行可视化显示

如何利用色阶对报表进行可视化显示呢？让我们来看一个示例：图 5-16 所示为各城市全年温度变化表，现在需要对报表进行可视化显示。

城市	1月	2月	3月	4月	5月	6月	7月	8月	9月	10月	11月	12月
北京	-4.5	-0.1	8.1	15.2	21.3	26.4	27.5	26.4	20.2	14.2	7.1	-1
天津	-5.6	-0.8	7.3	14.5	20.8	26	27.2	25.9	19.9	14.6	6.8	-1.6
石家庄	-2.8	1.5	9.6	16.3	21.5	27.4	28.5	26	19.7	15.1	7.6	-1
太原	-7.6	-0.3	4.3	13.5	18.4	23.7	24.1	22.7	16.2	11.7	5.6	-3.2
呼和浩特	-13.5	-3.7	0.1	9.3	15.3	22.9	23.1	23.6	15.3	9.1	1.3	-8.1
沈阳	-17.6	-5.8	0.9	9.2	17.4	21.4	25	24.1	16.6	10.4	0.5	-10.2
长春	-21.7	-7.9	-2.1	7.7	15.3	20.9	24.3	22.9	15.5	9.7	-1.8	-13.1
哈尔滨	-25.8	-10	-3.1	7.6	14.8	21.6	24.5	22.7	15	8.9	-3.5	-14.1
上海	-29.9	-12.1	9.3	16	21.6	24.3	30	27.9	24.3	19.1	16.7	6.5
南京	-34	-14.2	9.4	17	22.3	24.6	28.1	27	23.2	17.6	14.7	4.2
杭州	-38.1	-16.3	10	17.3	22.2	24.9	30.2	28.5	24.5	18.6	15.9	6.3
合肥	-42.2	-18.4	9.9	18	22.6	25	28.3	27.1	23	17.9	14.1	3.9
福州	-46.3	-20.5	12.7	19.4	22	28.8	29.3	29.2	26.7	21.9	19.9	12.7
南昌	-50.4	-22.6	11.6	19.6	23.2	25.9	30.2	29.3	25.2	19.7	17.6	7.4
济南	-54.5	-24.7	8.7	17.5	20.9	27.2	27.5	24.9	19.5	16	9.1	0.2
郑州	-58.6	-26.8	10.2	17.4	21.9	28.1	29.1	25.5	19.1	16.1	9.7	2.2
武汉	-62.7	-28.9	10.3	18.3	22	25.1	28.9	27.1	22.4	17.2	13.4	4.5
长沙	-66.8	-31	10.9	19	22.9	26.1	30.5	28.5	24	18.7	16.1	7
广州	-70.9	-33.1	15.8	22.7	24.9	28	28.4	28.9	26.7	22.8	21.1	13.8
南宁	-75	-35.2	13.9	21.9	24.8	28.2	28.6	27.8	26.3	21.7	20.6	12.5
海口	-79.1	-37.3	17.7	23.4	26.9	28.3	28.5	28.3	27.5	25.4	23.2	18
重庆	-83.2	-39.4	12.5	19.2	23.6	26.5	29.1	30.9	24.4	18.7	16.4	8.8
成都	-87.3	-41.5	9.4	17.6	20.7	24.2	24.6	25.9	20.8	16.8	14.2	6.9
贵阳	-91.4	-43.6	6.8	14.5	19	21.3	23.3	23.7	20.2	15.1	14.3	3.6
昆明	-95.5	-45.7	12.2	17.3	19	21.1	20.9	20.1	19.1	15.5	10.9	8.8
拉萨	-99.6	-47.8	6.2	9.6	13.4	17	16.2	16.1	15.8	10.1	3.3	1.8
西安	-103.7	-49.9	8.4	17.5	20.3	25.9	26.7	24.5	18.6	15	9.4	1.6
兰州	-107.8	-52	-0.1	11.6	15	20.4	20.8	20.6	13.8	8.5	2.7	-7.5
西宁	-111.9	-54.1	-1.3	9	11.9	16.5	16.8	16.6	11.9	6.7	0.9	-7.1
银川	-116	-56.2	1.8	13.8	17.5	24.3	24.7	23.6	15.6	10.5	4	-5.7
乌鲁木齐	-120.1	-58.3	-5.2	13.2	17.1	23.1	24.6	23.2	18	9.9	0.2	-9.1

图 5-16 各城市全年温度变化表

Excel 条件格式中的色阶功能可以批量解决多个渐变数据的可视化显示需求，具体操作步骤如下：选中表格中任意单元格（如 A1 单元格），按"Ctrl+A"组合键全选表格所在区域；单击"开始"选项卡下的"条件格式"按钮，在弹出的菜单中选择"色阶"选项，再在展开的色阶选项中选择"红–黄–绿色阶"，如图 5-17 所示。

设置完成后，温度表的可视化显示效果如图 5-18 所示。

在温度变化表中，温度越高，红色越深；温度越低，绿色越深；中间过渡渐变色是黄色。即使表格中包含的数据较多，利用色阶工具也可以批量完成渐变数据的可视化显示。

第 5 章　条件格式　❖　57

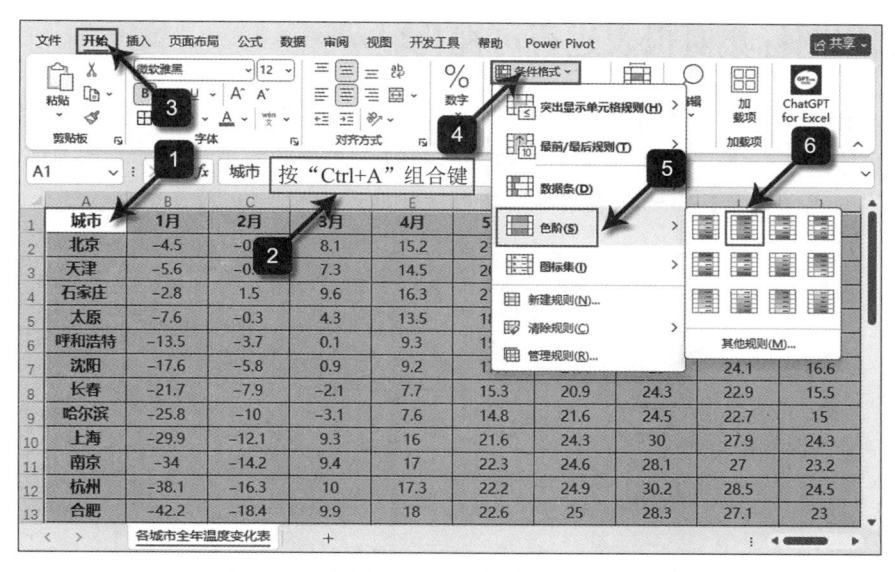

图 5-17　利用色阶实现可视化显示（见彩插）

城市	1月	2月	3月	4月	5月	6月	7月	8月	9月	10月	11月	12月
北京	-4.5	-0.1	8.1	15.2	21.3	26.4	27.5	26.4	20.2	14.2	7.1	-1
天津	-5.6	-0.8	7.3	14.5	20.8	26	27.2	25.9	19.9	14.6	6.8	-1.6
石家庄	-2.8	1.5	9.6	16.3	21.5	27.4	28.5	26	19.7	15.1	7.6	-1
太原	-7.6	-0.3	4.3	13.5	18.4	23.7	24.1	22.7	16.2	11.7	5.6	-3.2
呼和浩特	-13.5	-3.7	0.1	9.3	15.3	22.9	23.1	23.6	15.3	9.1	1.3	-8.1
沈阳	-17.6	-5.8	0.9	9.2	17.4	21.4	25	24.1	16.6	10.4	0.5	-10.2
长春	-21.7	-7.9	-2.1	7.7	15.3	20.9	24.3	22.9	15.5	9.7	-1.8	-13.1
哈尔滨	-25.8	-10	-3.1	7.6	14.8	21.6	24.5	22.7	15	8.9	-3.5	-14.1
上海	-29.9	-12.1	9.3	16	21.6	24.3	30	27.9	24.3	19.1	16.7	6.5
南京	-34	-14.2	9.4	17	22.3	24.6	28.1	27	23.2	17.6	14.7	4.2
杭州	-38.1	-16.3	10	17.3	22.2	24.9	30.2	28.5	24.5	18.6	15.9	6.3
合肥	-42.2	-18.4	9.9	18	22.6	25	28.3	27.1	23	17.9	14.1	3.9
福州	-46.3	-20.5	12.7	19.4	22	28.8	29.3	29.2	26.7	21.9	19.9	12.7
南昌	-50.4	-22.6	11.6	19.6	23.2	25.9	30.2	29.3	25.2	19.7	17.6	7.4
济南	-54.5	-24.7	8.7	15.5	20.9	27.2	27.5	24.9	19.5	16	9.1	0.2
郑州	-58.6	-26.8	10.2	17.4	21.9	28.1	29.1	25.5	19.1	16.1	9.7	2.2
武汉	-62.7	-28.9	10.3	18.3	22	25.1	28.9	27.1	22.4	17.2	13.4	4.5
长沙	-66.8	-31	10.9	19	22.9	26.1	30.5	28.5	24	18.7	16.1	7
广州	-70.9	-33.1	15.8	22.7	24.9	28	28.4	28.9	26.7	22.8	21.1	13.8
南宁	-75	-35.2	13.9	21.9	24.8	28.2	28.6	27.8	26.3	21.7	20.6	12.5
海口	-79.1	-37.3	17.7	23.4	26.9	28.3	28.5	28.3	27.5	25.4	23.2	18
重庆	-83.2	-39.4	12.5	19.2	23.6	26.5	29.1	30.9	24.4	18.7	16.4	8.8
成都	-87.3	-41.5	9.4	17.6	20.7	24.2	24.6	25	20.8	16.8	14.2	6.9
贵阳	-91.4	-43.6	6.8	14.5	19	21.3	23.3	23.7	20.2	15.1	14.3	3.6
昆明	-95.5	-45.7	12.2	17.3	19.2	21.1	20.9	20.1	19.1	15.5	10.9	8.8
拉萨	-99.6	-47.8	6.2	9.6	13.4	17	16.2	16.1	15.8	10.1	3.3	1.8
西安	-103.7	-49.9	8.4	17.5	20.3	25.9	26.7	24.5	18.6	15.1	9.4	1.6
兰州	-107.8	-52	-0.1	11.6	15	20.4	20.8	20.6	13.8	8.5	2.7	-7.5
西宁	-111.9	-54.1	-1.3	9	11.9	16.5	16.8	16.6	11.9	6.7	0.9	-7.1
银川	-116	-56.2	1.8	13.8	17.5	24.3	24.7	23.6	15.6	10.5	4	-5.7
乌鲁木齐	-120.1	-58.3	-5.2	13.2	17.1	23.1	24.6	23.2	18	9.9	0.2	-9.1

图 5-18　温度表的可视化显示效果（见彩插）

5.5　利用图标集对报表进行可视化显示

如何利用图标集对报表进行可视化显示呢？让我们来看一个示例：某班级的学生成绩表（部分）如图 5-19 所示。由于学生人数和科目较多产生的数据量很大，为了方便老师直观查看学生的成绩情况，需要在表格中增加可视化显示功能。

图 5-19　某班级的学生成绩表（部分）

利用 Excel 条件格式中的图标集功能对报表进行可视化显示的具体操作步骤如下：选中需要设置图标集的区域（如 B2:F8 单元格区域），单击"开始"选项卡下的"条件格式"按钮，在弹出的菜单中选择"图标集"选项，再在展开的图标集下级菜单中选择显示样式（如图 5-20 中所示的 3 个符号），如图 5-20 所示。

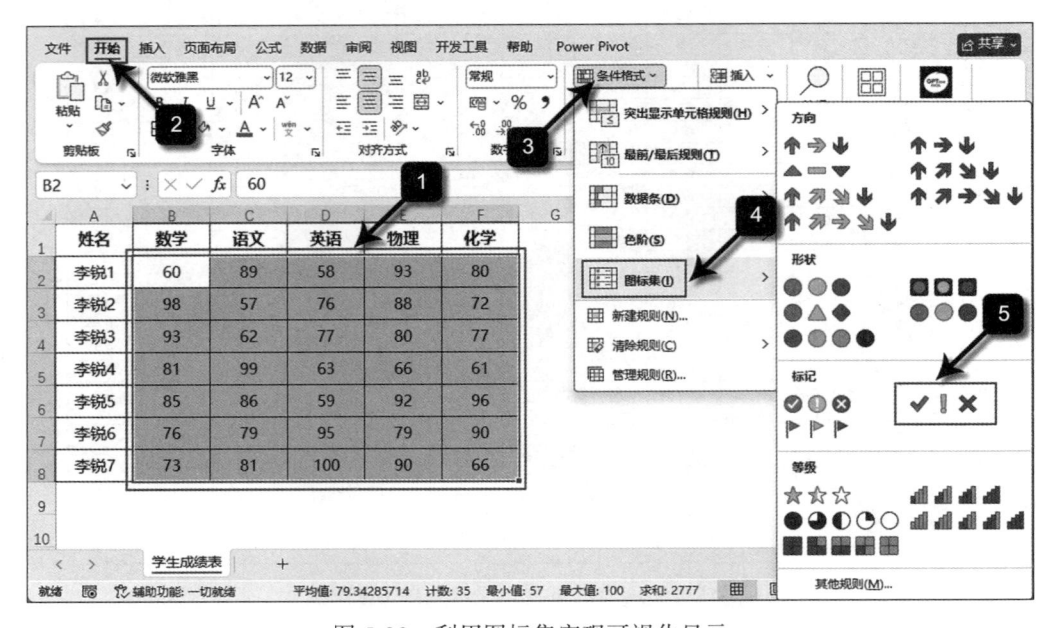

图 5-20　利用图标集实现可视化显示

这步操作完成后，表格会按照图标集的默认设置条件进行数据可视化显示，如图 5-21 所示。

通过观察可以发现，表格中 60 ～ 66 分的成绩都被显示成 × 符号，并不符合实际要求。当默认效果无法满足要求时，用户可以在条件格式中设置自定义条件。以当前案例为例，我们希望按照以下 3 个等级进行可视化显示。

1）大于或等于 80 分且小于 100 分的成绩显示对勾（√）。

2）大于或等于 60 分且小于 80 分的成绩显示感叹号（！）。

3）小于 60 分的成绩显示叉号（ × ）。

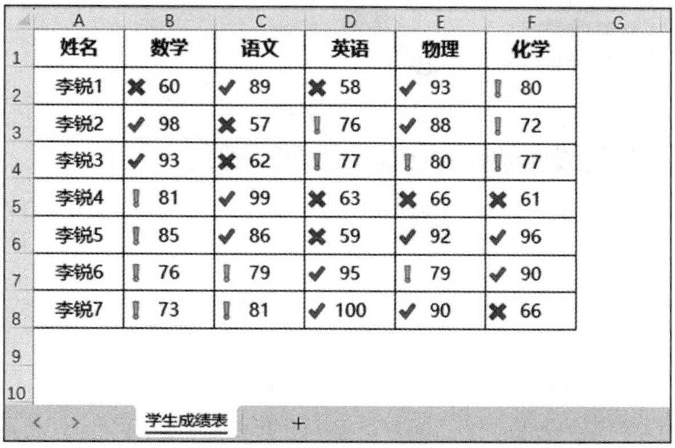

姓名	数学	语文	英语	物理	化学
李锐1	60	89	58	93	80
李锐2	98	57	76	88	72
李锐3	93	62	77	80	77
李锐4	81	99	63	66	61
李锐5	85	86	59	92	96
李锐6	76	79	95	79	90
李锐7	73	81	100	90	66

图 5-21 图标集默认的可视化显示效果（见彩插）

设置自定义条件的操作步骤如下。

1）选中已设置图标集的任意位置（如 B2 单元格），单击“开始”选项卡下的“条件格式”按钮，在弹出的菜单中选择“管理规则”选项，再在弹出的“条件格式规则管理器”对话框中选中要编辑的条件格式（如图 5-21 中所示的 3 个符号），然后单击“编辑规则”按钮，如图 5-22 所示。

2）在弹出的“编辑格式规则”对话框中，根据用户的具体需求对条件和参数进行调整或修改。完成自定义编辑后，单击“确定”按钮，如图 5-23 所示。

设置完成后，成绩表中的图标集即可按照用户的自定义需求进行可视化显示，如图 5-24 所示。

在这个示例中，我们是将学生成绩表按照 3 种等级进行划分并添加图标标记的。在实际工作中，用户可以根据需要设置更多的等级划分，也可以选择其他图标集样式进行标记显示。

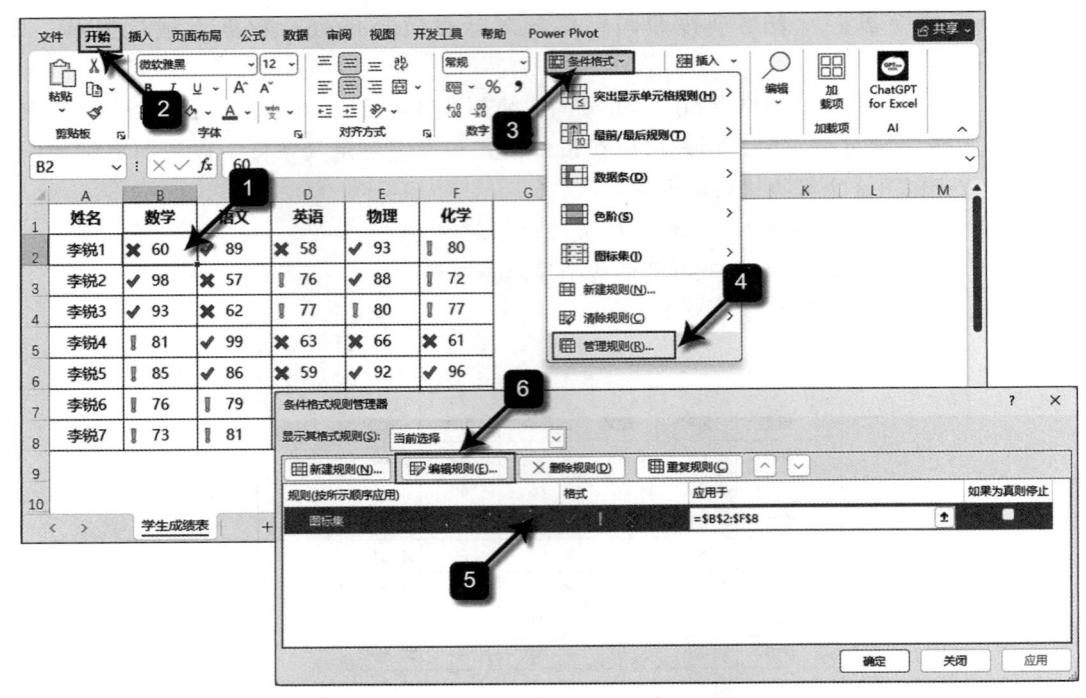

60 ❖ Excel 数据管理与数据透视

图 5-22 按照用户的自定义需求进行可视化显示

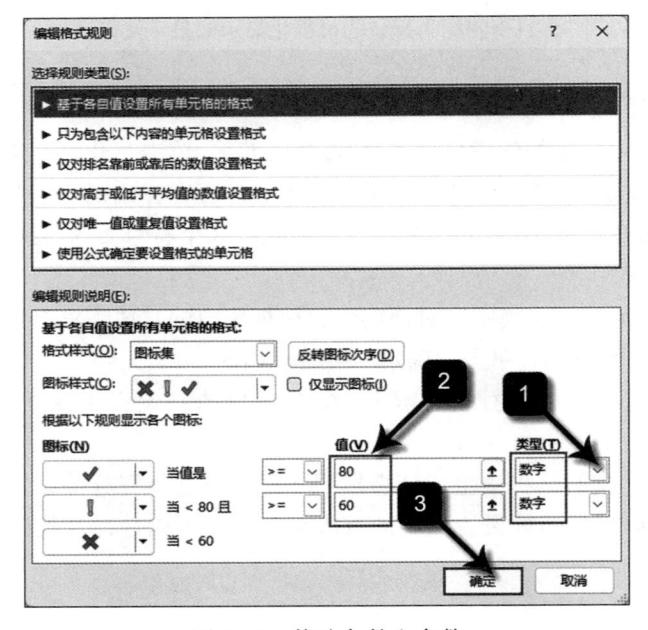

图 5-23 修改条件和参数

姓名	数学	语文	英语	物理	化学
李锐1	! 60	✔ 89	✖ 58	✔ 93	✔ 80
李锐2	✔ 98	✖ 57	! 76	✔ 88	! 72
李锐3	✔ 93	! 62	! 77	✔ 80	! 77
李锐4	✔ 81	✔ 99	! 63	! 66	! 61
李锐5	✔ 85	✔ 86	✖ 59	✔ 92	✔ 96
李锐6	! 76	! 79	✔ 95	! 79	✔ 90
李锐7	! 73	✔ 81	✔ 100	✔ 90	! 66

学生成绩表

图 5-24　自定义设置后的图标集可视化显示效果（见彩插）

5.6　自助对整行目标数据标记颜色

当在工作中遇到 Excel 条件格式功能无法满足的复杂需求（例如需要自动对整行目标数据标记颜色）时，可以借助 Excel 公式扩展功能实现。让我们来看一个示例：某公司的项目状态表（部分）如图 5-25 所示，用于跟进和对接单位合作项目的信息和状态（包括待开始、进行中、已暂停）。为了保证所有合作项目能够顺利交付并完成验收，需要对已暂停的项目所在行进行突出显示，便于工作人员直观查看。

项目编号	对接单位	对接人	项目金额/万元	项目状态
XM001	喜盈盈公司	李锐1	100	待开始
XM002	福满满公司	李锐2	200	进行中
XM003	靓晶晶公司	李锐3	300	进行中
XM004	红艳艳公司	李锐4	400	进行中
XM005	白茫茫公司	李锐5	500	进行中
XM006	金灿灿公司	李锐6	600	进行中
XM007	云朵朵公司	李锐7	700	进行中

项目状态表

图 5-25　某公司的项目状态表（部分）

1. 操作步骤

利用条件格式 +Excel 公式可以实现自助对整行目标数据标记颜色，具体操作步骤如下。

1）选中包含项目信息的区域（如 A2:E8 单元格区域），单击“开始”选项卡下的“条件格式”按钮，在弹出的菜单中选择“新建规则”选项，如图 5-26 所示。

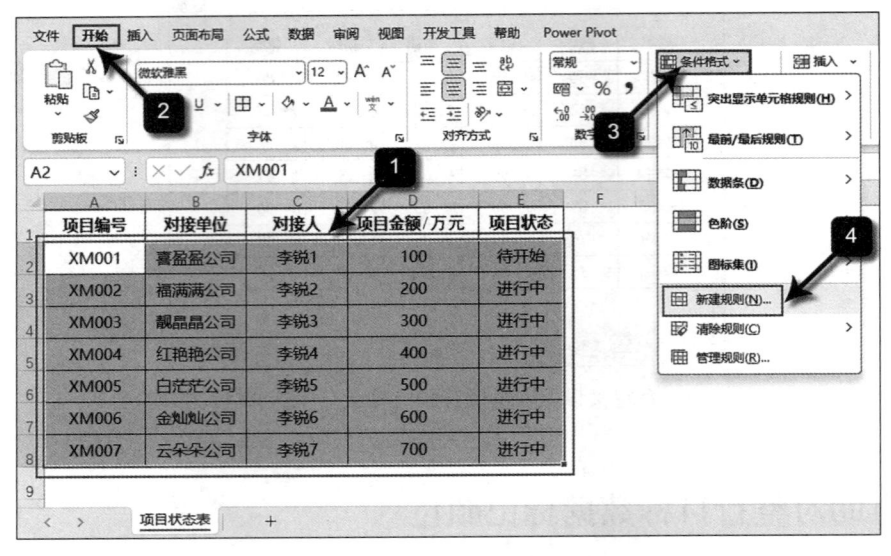

图 5-26　选择"新建规则"选项

2）在打开的"新建格式规则"对话框中，在"选择规则类型"列表中单击"使用公式确定要设置格式的单元格"，在输入框中输入公式"=$E2="已暂停""；单击"格式"按钮，打开"设置单元格格式"对话框，单击"填充"选项卡，将"背景色"设置为"淡绿色"；单击"确定"按钮，返回"新建格式规则"对话框，此时可以在"预览"后的框中看到符合条件的数据格式；单击"确定"按钮完成设置，如图 5-27 所示。

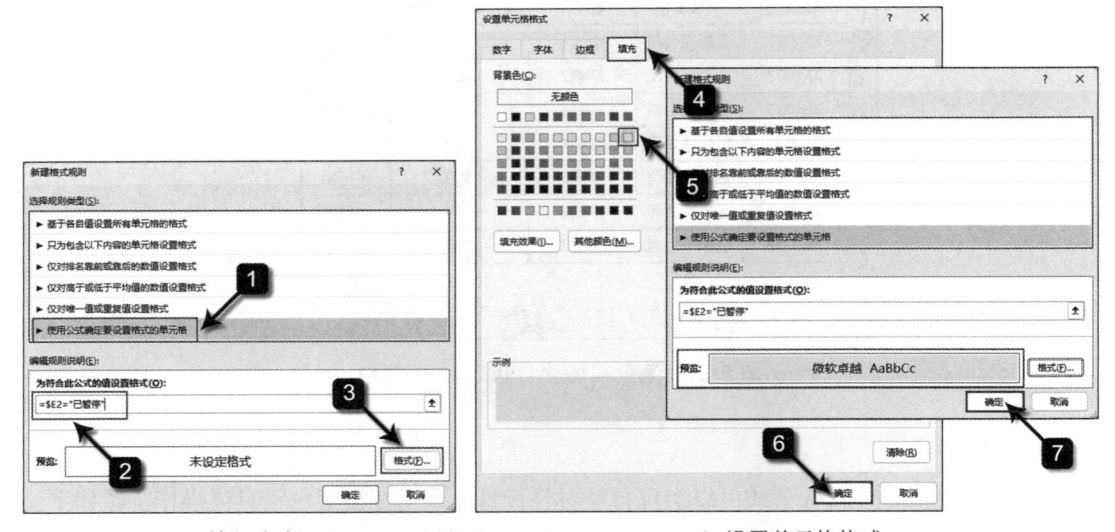

a）输入公式　　　　　　　　　　　　b）设置单元格格式

图 5-27　设置条件格式公式及单元格格式的方法

2. 公式解析

在 Excel 条件格式中用到的公式为：

$$=\$E2="已暂停"$$

该公式用于判断 E 列的项目状态是否为"已暂停"。如果符合条件，则将整行突出显示为设置的格式（如淡绿色）。之所以使用"$E2"这样的引用方式，是因为项目状态在 E 列，通过在 E 前面添加"$"符号达到绝对引用 E 列的目的。

设置完成后，当项目状态表中存在状态为"已暂停"的项目时（如 E3="已暂停"），该项目整行都会自动被突出标记为淡绿色，如图 5-28 所示。

项目编号	对接单位	对接人	项目金额/万元	项目状态
XM001	喜盈盈公司	李锐1	100	待开始
XM002	福满满公司	李锐2	200	已暂停
XM003	靓晶晶公司	李锐3	300	进行中
XM004	红艳艳公司	李锐4	400	进行中
XM005	白茫茫公司	李锐5	500	进行中
XM006	金灿灿公司	李锐6	600	进行中
XM007	云朵朵公司	李锐7	700	进行中

图 5-28　将"已暂停"项目整行突出标记为淡绿色（见彩插）

当该项目状态恢复为"进行中"后，整行记录的突出显示也会同步撤销，从而满足用户从众多项目记录中直观查看"已暂停"项目的需求。

3. 扩展说明

在本案例中，Excel 条件格式中使用的是普通公式，没有涉及 Excel 函数。但是，当用户在实际工作中遇到一些复杂问题时，可以在条件格式中借助 Excel 函数及多函数组合公式，来实现更多分支和条件的综合判断，扩展条件格式的功能。Excel 函数公式在数据管理中的核心技术，后续几章中会结合具体案例详细介绍。

第二部分 *Part 2*

基于函数公式的数据管理

- 第 6 章　逻辑判断类数据管理
- 第 7 章　文本处理类数据管理
- 第 8 章　日期时间类数据管理
- 第 9 章　查找引用类数据管理
- 第 10 章　统计计算类数据管理

第 6 章 逻辑判断类数据管理

逻辑判断类数据管理是各类工作场景中都会遇到的常见需求，它为数据统计和分析提供了筛选和指向功能。在 Excel 中，逻辑判断类函数可以基于特定的条件对数据进行判断，并根据判断结果返回不同的值。这些函数在以下方面发挥着重要的作用。

1）数据筛选：根据条件筛选数据，仅提取满足特定条件的数据。
2）分组处理：根据不同的条件将数据分为不同的组，便于后续处理。
3）组合嵌套：在多步运算间传递数据，支持多个函数相互组合与嵌套。

Excel 中的逻辑判断类函数可以在 Excel 函数库中查看，并获取帮助信息（此截图基于 Excel 2024 版本），如图 6-1 所示。

在实际使用 Excel 函数时，并不需要从函数库中调用，直接在单元格或编辑栏中输入公式即可直接调用。下面将结合工作中的常见需求场景，结合案例具体介绍函数公式的调取和应用方法。

6.1 按条件返回结果

按条件返回结果是工作中经常会遇到的需求。让我们来看一个示例：为了表达对员工的关怀，某企业的人力资源部决定在三八妇女节给所有女性员工发放 200 元节日津贴。员工津贴发放表如图 6-2 所示。

该企业希望根据 B 列的"性别"自动判断 C 列的津贴金额，即如果性别为"女"，则返回 200；否则返回空。这种需求利用 IF 函数可以轻松满足。

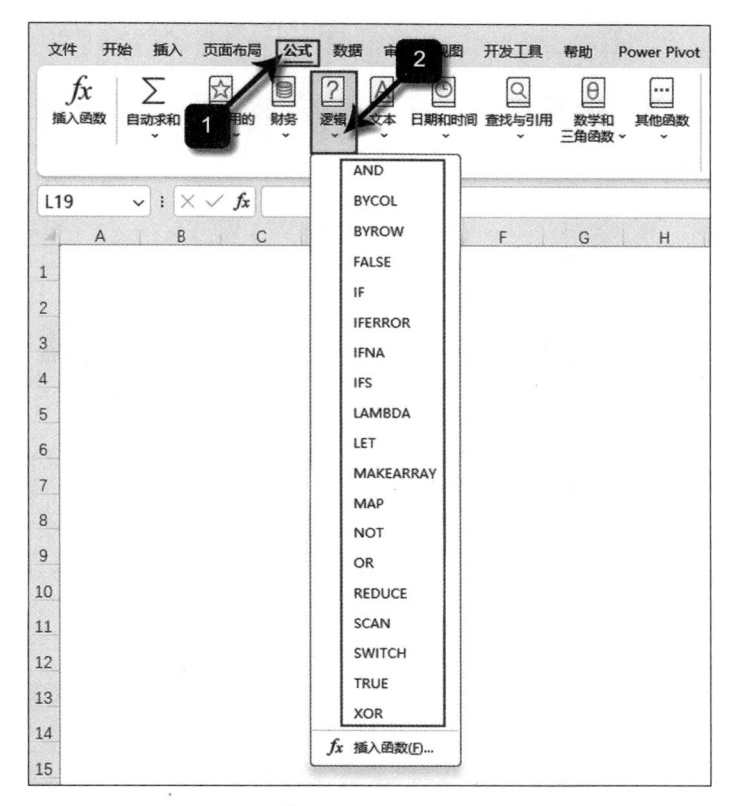

图 6-1　Excel 逻辑判断类函数在函数库中的位置

图 6-2　某企业的员工津贴发放表

1. 按条件返回结果的解决方案

使用 IF 函数按条件自动返回结果的操作步骤如下。

1）选中需要输入公式的单元格（如 C2 单元格），输入如下公式：

=IF(B2=" 女 ",200,"")

2）输入公式后按 Enter 键确认，然后将鼠标移动到包含公式的 C2 单元格右下角的填充柄处，双击鼠标左键（或按住鼠标左键向下拖拽），将公式向下自动填充，如图 6-3 所示。

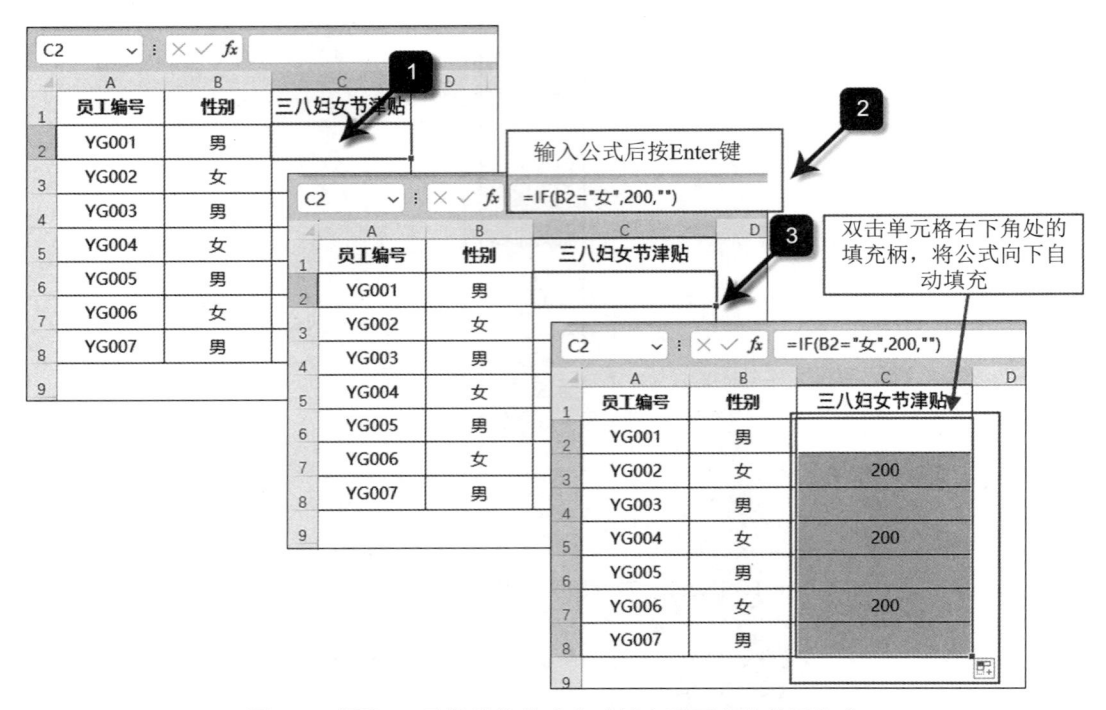

图 6-3　调取 IF 函数并将公式自动填充到下方的单元格中

2. IF 函数的用法

本案例中用到的 IF 函数是处理条件判断问题时常用的逻辑函数，其语法结构如下：

=IF（条件判断表达式，满足条件时返回的结果，不满足条件时返回的结果）

IF 函数会根据第 1 个参数的真假来判断返回哪个结果。第 1 个参数为 TRUE 时，函数会返回第 2 个参数的结果，否则返回第 3 个参数的结果。

现在我们结合本案例对公式 =IF(B2=" 女 ",200,"") 中的每个参数进行解析。

1）第 1 个参数：B2=" 女 "。这个表达式用于判断 B2 单元格的内容是否等于"女"，如果是，则返回逻辑值 TRUE（即满足条件）；如果不是，则返回逻辑值 FALSE（即不满足条件）。

2）第 2 个参数：200。当第 1 个参数返回逻辑值 TRUE（即满足条件）时，函数返回 200。

3）第 3 个参数：""。当第 1 个参数返回逻辑值 FALSE（即不满足条件）时，函数返回一个空字符串（""），即返回结果为空。

6.2　按多级条件进行嵌套计算

如何按照多级条件进行嵌套计算呢？让我们来看一个示例：某班级的学生成绩表如图 6-4 所示，要求按照条件对成绩进行分类。

1）成绩达到 80 分及以上为“良好”等级。

2）成绩达到 60 分至 79 分（含 60 分）为“及格”等级。

3）成绩低于 60 分为“不及格”等级。

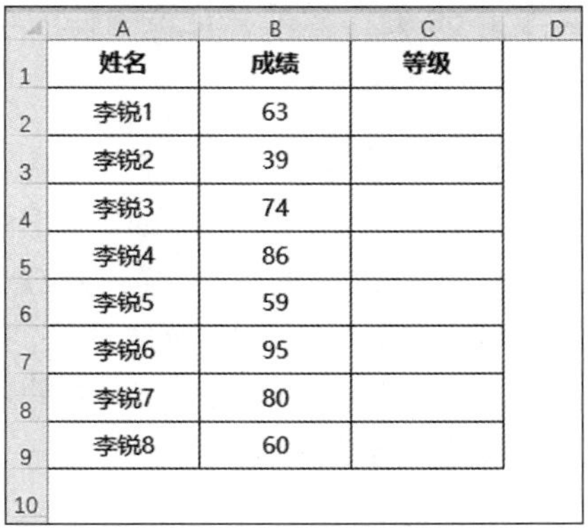

姓名	成绩	等级
李锐1	63	
李锐2	39	
李锐3	74	
李锐4	86	
李锐5	59	
李锐6	95	
李锐7	80	
李锐8	60	

图 6-4　某班级的学生成绩表

1. 解决方案

要实现按照多级条件进行嵌套计算并自动返回结果，操作步骤如下。

1）在 C2 单元格中输入如下公式：

```
=IF(B2>=80,"良好",IF(B2>=60,"及格","不及格"))
```

2）将公式向下自动填充，如图 6-5 所示。

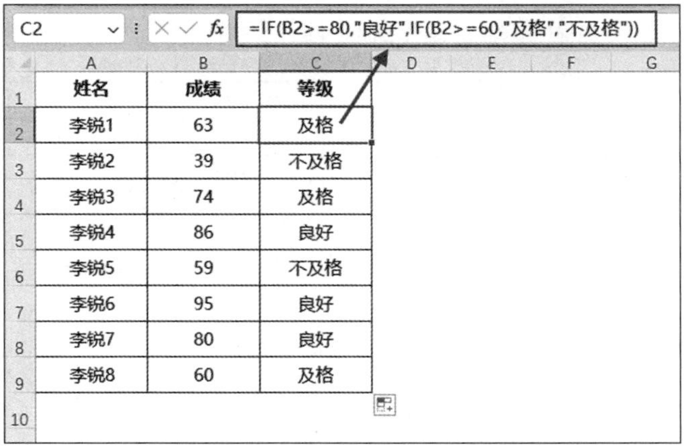

姓名	成绩	等级
李锐1	63	及格
李锐2	39	不及格
李锐3	74	及格
李锐4	86	良好
李锐5	59	不及格
李锐6	95	良好
李锐7	80	良好
李锐8	60	及格

图 6-5　使用 IF 函数进行多级条件嵌套计算

2. 公式解析

图 6-5 中的公式使用了两次 IF 函数进行多级条件嵌套，其运算过程可以分为以下两层。

1）第一层 IF 函数计算：即 =IF(B2>=80,"良好",…，判断成绩是否大于或等于 80 分。如果满足条件，公式返回"良好"；如果不满足条件，则进行第二层 IF 函数的计算。

2）第二层 IF 函数计算：即…,IF(B2>=60,"及格","不及格")，继续判断成绩是否大于或等于 60 分；如果满足该条件（即小于 80 分并且大于或等于 60 分）则返回"及格"，否则返回"不及格"。

3. 扩展说明

在本案例中，IF 函数的嵌套计算只分了两层，这是为了方便读者清晰理解其计算原理。其实 IF 函数支持更深层次的多级嵌套，在 Excel 2010 及之前的版本中，IF 函数最多支持 7 层嵌套；在 Excel 2010 及之后的高级版本中，IF 函数最多支持 64 层嵌套，完全可以满足日常的办公需求。即使用户需要处理超过 64 级的条件判定，还可以使用 IFS 函数解决。6.8 节会具体讲解该函数。

6.3 多条件同时满足的判断

在处理多条件判断时，如何自动得出满足所有条件的结果呢？让我们来看一个示例：某公司按照业务员的业绩金额和 KPI 考核分数决定是否发放奖金。图 6-6 所示为员工奖金发放评定表，只有业绩金额达到 10000 元并且 KPI 考核分数达到 4.5 分的业务员才有资格获得奖金。

对于需要同时满足多个条件自动返回判断结果的需求，下面分别介绍两种工作中常用的 Excel 公式方法。

	A	B	C	D	E
1	业务员	业绩金额	KPI考核	发放奖金	
2	李锐1	6000	4.7		
3	李锐2	7000	4.6		
4	李锐3	8000	4.4		
5	李锐4	9000	4.6		
6	李锐5	10000	4.5		
7	李锐6	11000	4.3		
8	李锐7	12000	4.6		
9	李锐8	13000	4.7		
10					

图 6-6　某公司的员工奖金发放评定表

6.3.1 且关系多条件判断：使用 IF+AND 函数

第一种方法是结合使用 IF+AND 函数进行组合计算，公式如下：

=IF(AND(B2>=10000,C2>=4.5),"发放","")

输入公式后,将公式向下填充到其他单元格即可返回想要的结果,如图 6-7 所示。

业务员	业绩金额	KPI考核	发放奖金
李锐1	6000	4.7	
李锐2	7000	4.6	
李锐3	8000	4.4	
李锐4	9000	4.6	
李锐5	10000	4.5	发放
李锐6	11000	4.3	
李锐7	12000	4.6	发放
李锐8	13000	4.7	发放

D2 单元格公式:=IF(AND(B2>=10000,C2>=4.5),"发放","")

图 6-7 使用 IF+AND 函数

在这个案例中,我们使用 IF+AND 函数组合完成了同时满足两个条件的逻辑判断。

1. AND 函数的用法

AND 函数用于同时根据多个条件判断返回结果,只有当同时满足所有条件时才能返回逻辑值 TRUE,否则返回逻辑值 FALSE。其语法结构如下:

AND(条件判断表达式 1,[条件判断表达式 2],…)

其中第 2 个参数中的 [] 表示可选项。AND 函数支持最少 1 个参数、最多 255 个参数的条件判定。只有当所有参数中的条件全部满足(所有参数计算都返回 TRUE)时,AND 函数才返回逻辑值 TRUE;否则,只要其中任意条件没有满足,AND 函数都会返回逻辑值 FALSE。

2. 公式解析

下面的公式用于在 Excel 中执行且关系(AND 逻辑)多条件判断,即检查两个条件是否同时满足:

=IF(AND(B2>=10000,C2>=4.5),"发放","")

其中,AND(B2>=10000,C2>=4.5) 的作用是当业绩金额达到 10000 元并且 KPI 考核分数达到 4.5 分这两个条件同时满足时,才会返回逻辑值 TRUE。然后,AND 函数将这个结果传递给 IF 函数再次进行判断并返回对应结果。

6.3.2 且关系多条件判断：使用 IF 函数 + 乘号（*）

第二种方法是结合使用 IF 函数 + 乘号（*），公式如下：

=IF(((B2>=10000)*(C2>=4.5)),"发放","")

输入公式后，将公式向下填充到其他单元格即可返回想要的结果，如图 6-8 所示。

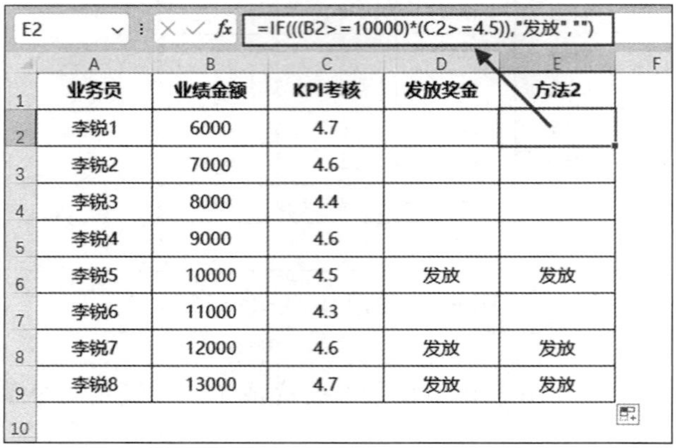

图 6-8　使用 IF 函数 + 乘号（*）

下面的公式用于在 Excel 中执行且关系（AND 逻辑）多条件判断，即检查两个条件是否同时成立：

=IF(((B2>=10000)*(C2>=4.5)),"发放","")

其中，IF 函数的第 1 个参数是 ((B2>=10000)*(C2>=4.5))，作用是根据两个表达式 (B2>=10000) 和 (C2>=4.5) 分别判断"业绩金额"和"KPI 考核"是否满足对应条件，然后将这两个表达式返回的结果相乘。在逻辑值运算中，TRUE 会自动转换为 1，FALSE 会自动转换为 0。只有当两个表达式同时满足条件（返回逻辑值 TRUE）时，计算结果才会返回 1（1×1=1）；当任意表达式不满足条件时（返回逻辑值 FALSE），计算结果都会返回 0（1×0 或 0×1 或 0×0）。最后，这个相乘的结果被传递给 IF 函数进行判断并返回对应结果。

6.4　多条件任意满足的判断

在处理多条件判断时，如何自动得出满足任意条件的结果呢？让我们来看一个示例：某公司为了答谢重要客户的支持，对消费金额达到 1000 元的客户或 VIP 会员发放大额优惠券，如图 6-9 所示。

	A	B	C	D	E
1	客户姓名	消费金额	是否VIP	发放大额优惠券	
2	李锐1	1206	否		
3	李锐2	999	否		
4	李锐3	819	是		
5	李锐4	621	否		
6	李锐5	2760	是		
7	李锐6	975	否		
8	李锐7	2680	是		
9	李锐8	690	否		
10					

图 6-9　某公司的大额优惠券发放评定表

根据此案例的需求，可以拆分出“消费金额”和“是否 VIP”两个条件。任意满足这两个条件其中之一，即可发放大额优惠券。下面提供两种解决方案。

6.4.1　或关系多条件判断：使用 IF+OR 函数

第一种方法是使用 IF+OR 函数组合，公式如下：

```
=IF(OR(B2>=1000,C2=" 是 ")," 发放 ","")
```

将公式向下填充到其他单元格，即可返回想要的结果，如图 6-10 所示。

D2　=IF(OR(B2>=1000,C2="是"),"发放","")

	A	B	C	D	E
1	客户姓名	消费金额	是否VIP	发放大额优惠券	
2	李锐1	1206	否	发放	
3	李锐2	999	否		
4	李锐3	819	是	发放	
5	李锐4	621	否		
6	李锐5	2760	是	发放	
7	李锐6	975	否		
8	李锐7	2680	是	发放	
9	李锐8	690	否		
10					

图 6-10　使用 IF+OR 函数

在这个案例中，我们使用 IF+OR 函数组合完成了任意满足两个条件的逻辑判断。

1. OR 函数的用法

OR 函数用于多个条件判断的场景，任意满足其中的一个条件即可返回逻辑值 TRUE，其语法结构如下：

$$OR（条件判断表达式1,[条件判断表达式2],…）$$

其中，第 2 个参数中的 [] 表示可选项。OR 函数支持最少 1 个参数、最多 255 个参数的条件判定。所有条件都没有满足时，OR 函数才会返回逻辑值 FALSE。

2. 公式解析

下面的公式用于在 Excel 中执行或关系（OR 逻辑）的多条件判断，即检查两个条件中的任意一个是否成立：

$$=IF(OR(B2>=1000,C2="是 ")," 发放 ","")$$

其中，OR(B2>=1000,C2=" 是 ") 的作用是判断消费金额是否大于或等于 1000 以及客户是否是 VIP。这两个条件只要满足其中一个，OR 函数就返回逻辑值 TRUE，并将这个结果传递给 IF 函数再次进行判断并返回对应结果。

6.4.2 或关系多条件判断：使用 IF 函数 + 加号（+）

第二种方法是使用 IF 函数 + 加号（+），公式如下：

$$=IF(((B2>=1000)+(C2="是 "))," 发放 ","")$$

输入公式后，将公式向下填充到其他单元格即可返回想要的结果，如图 6-11 所示。

客户姓名	消费金额	是否VIP	发放大额优惠券	方法2
李锐1	1206	否	发放	发放
李锐2	999	否		
李锐3	819	是	发放	发放
李锐4	621	否		
李锐5	2760	是	发放	发放
李锐6	975	否		
李锐7	2680	是	发放	发放
李锐8	690	否		

图 6-11　使用 IF 函数 + 加号（+）

下面的公式用于在 Excel 中执行或关系（OR 逻辑）的多条件判断，即检查两个条件中的任意一个是否成立：

=IF(((B2>=1000)+(C2=" 是 ")),"发放","")

其中，IF 函数的第 1 个参数是 ((B2>=1000)+(C2=" 是 "))，作用是根据两个表达式（B2>=1000）和（C2=" 是 "）分别判断“消费金额”和“是否 VIP”是否满足条件；然后将这两个表达式返回的结果相加，在逻辑值运算中，TRUE 会自动转换为 1，FALSE 会自动转换为 0。只要满足 OR 函数的任意条件之一，计算结果都会返回大于 0 的值（1+0 或 0+1 或 1+1）；只有当所有条件都不满足时，计算结果才会返回 0（0+0）。最后，这个相加的结果被传递给 IF 函数进行判断，结果大于 0 时返回“发放”，否则返回空。

6.5 复杂多条件的判断

如何进行复杂多条件的判断呢？让我们来看一个示例：某企业需要根据员工性别和年龄自动判断该员工是否已退休。图 6-12 是该企业的员工退休状态表，计算规则为：男性员工 60 岁退休，女性员工 55 岁退休。

	A	B	C	D	E
1	姓名	性别	年龄	退休状态	
2	李锐1	男	60		
3	李锐2	女	55		
4	李锐3	男	59		
5	李锐4	女	30		
6	李锐5	男	56		
7	李锐6	女	40		
8	李锐7	男	56		
9	李锐8	女	41		
10					

图 6-12　某企业的员工退休状态表

6.5.1 复杂多条件判断的思路解析

复杂问题无非就是简单问题的叠加。按照本案例的计算规则，我们可将复杂问题拆分为若干个简单问题，然后逐一解决。

或关系判断用 OR 函数，且关系判断用 AND 函数；然后按照计算规则为“性别”和“年龄”字段构建对应的条件表达式，最后将表达式传递给 IF 函数进行判断并返回结果即可。

这个问题有两种解决方案，具体说明如下。

6.5.2 方案 1：使用 IF+AND+OR 函数

第一种方法使用 IF+AND+OR 函数，公式如下：

=IF(OR(AND(B2=" 男 ",C2>=60),AND(B2=" 女 ",C2>=55))," 已退休 ","")

输入公式后，将公式向下填充，即可得到想要的结果，如图 6-13 所示。

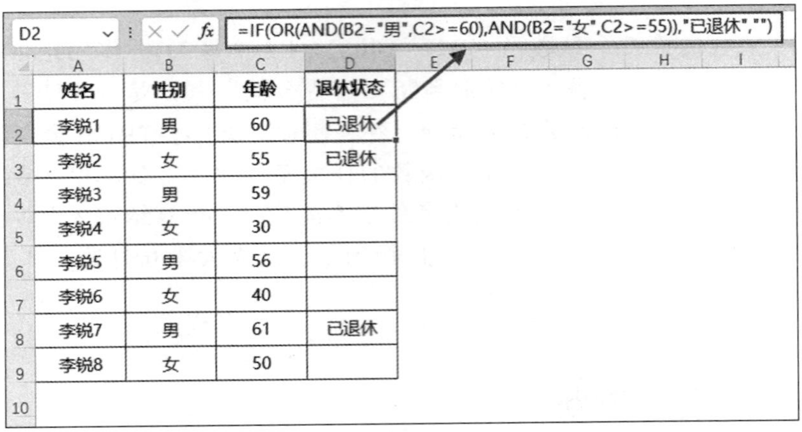
D2 =IF(OR(AND(B2="男",C2>=60),AND(B2="女",C2>=55)),"已退休","")

姓名	性别	年龄	退休状态
李锐1	男	60	已退休
李锐2	女	55	已退休
李锐3	男	59	
李锐4	女	30	
李锐5	男	56	
李锐6	女	40	
李锐7	男	61	已退休
李锐8	女	50	

图 6-13　使用 IF+AND+OR 函数

6.5.3　方案 2：使用 IF 函数 + 乘号（ * ）+ 加号（ + ）

第二种方法使用 IF 函数 + 乘号（ * ）+ 加号（ + ），公式如下：

=IF((B2=" 男 ")*(C2>=60)+(B2=" 女 ")*(C2>=55)," 已退休 ","")

输入公式后，将公式向下填充，即可得到想要的结果，如图 6-14 所示。

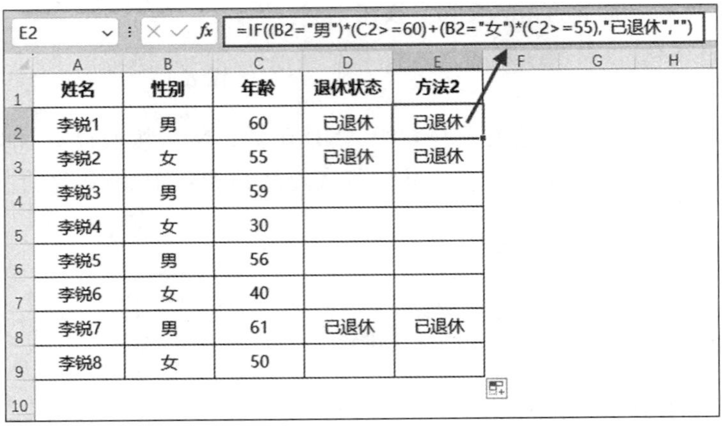
E2 =IF((B2="男")*(C2>=60)+(B2="女")*(C2>=55),"已退休","")

姓名	性别	年龄	退休状态	方法2
李锐1	男	60	已退休	已退休
李锐2	女	55	已退休	已退休
李锐3	男	59		
李锐4	女	30		
李锐5	男	56		
李锐6	女	40		
李锐7	男	61	已退休	已退休
李锐8	女	50		

图 6-14　使用 IF 函数 + 乘号（ * ）+ 加号（ + ）

本案例所使用的函数和公式条件参数的构建、计算及传递方法上文中已有详细说明，在此不再赘述。

6.6　判断数据是否为数值格式

如何判断数据是否为数值格式呢？让我们来看一个示例：如图 6-15 所示，某公司的产品定价表中记录了各种产品的定价信息。为了保证后续按此定价和产品销量计算销售额时不会出错，需要批量检查 B 列的定价数据是否为数值格式。

Excel 提供了一个非常实用的函数 ISNUMBER，用于判断某个数据是否为数值格式。它可以根据引用数据的格式返回逻辑值，如果是数值格式，则返回逻辑值 TRUE；否则返回逻辑值 FALSE。该函数只有 1 个参数，结构如下：

```
=ISNUMBER（数据）
```

在本案例中，判断定价数据是否为数值格式的公式如下：

```
=IF(ISNUMBER(B2)," 是 "," 否 ")
```

将公式向下填充后，即可得到想要的结果， 如图 6-16 所示。

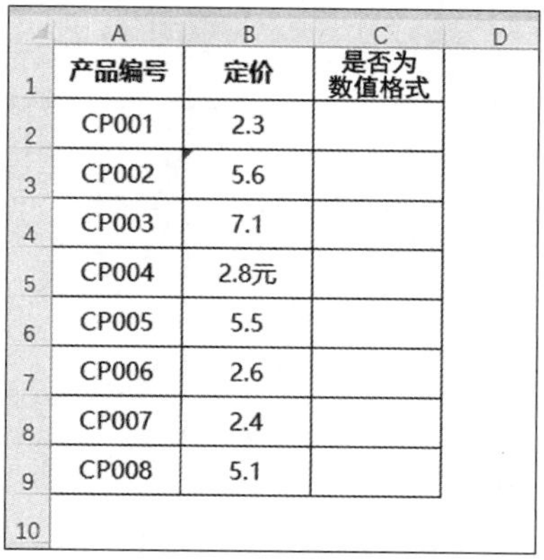

	A	B	C	D
1	产品编号	定价	是否为数值格式	
2	CP001	2.3		
3	CP002	5.6		
4	CP003	7.1		
5	CP004	2.8元		
6	CP005	5.5		
7	CP006	2.6		
8	CP007	2.4		
9	CP008	5.1		
10				

图 6-15　某公司的产品定价表

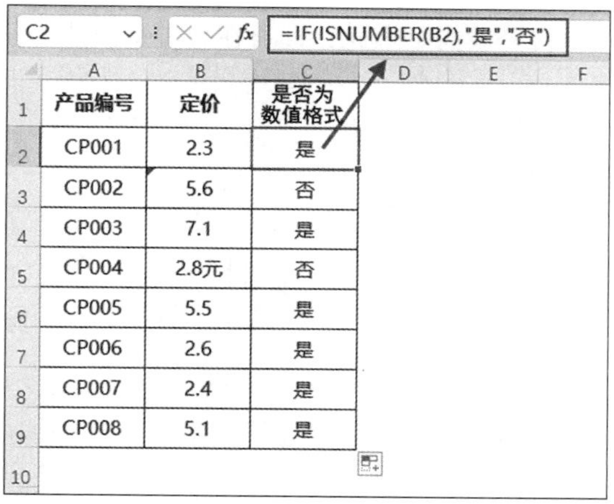

C2　=IF(ISNUMBER(B2),"是","否")

	A	B	C	D	E	F
1	产品编号	定价	是否为数值格式			
2	CP001	2.3	是			
3	CP002	5.6	否			
4	CP003	7.1	是			
5	CP004	2.8元	否			
6	CP005	5.5	是			
7	CP006	2.6	是			
8	CP007	2.4	是			
9	CP008	5.1	是			
10						

图 6-16　使用 ISNUMBER 函数判断数据是否为数值格式

公式原理也很容易理解，先使用 ISNUMBER 函数判断 B 列的定价数据是否为数值，然后把判断结果传递给 IF 函数。如果是数值则返回“是”，否则返回“否”。

请注意区分文本数字和真正的数值。文本数字虽然看起来像数值，但实际上是文本格式的数字。在本案例中，B3 单元格中的“5.6”就是一个文本数字。因此，当我们在 B4 单元格中使用公式进行计算时，会得到结果为“否”。因为 Excel 中的 ISNUMBER 函数能够精确地判断数据的格式，对于文本数字，它会返回逻辑值 FALSE，表示这不是一个数值格式。

6.7 规避公式返回的错误值

如何规避公式返回的错误值呢？让我们来看一个示例：如图 6-17 所示，某公司的项目核算表中包含各项目的计划收入和实际收入，需要计算各项目的完成率（实际收入/计划收入）。但是由于 B 列中有的项目没有填写计划收入（如 B4 和 B6 单元格），导致 D 列的公式计算结果出现错误（如 D4 和 D6 单元格）。现在希望既能返回正确的完成率，又不显示错误值。

在 Excel 中，IFERROR 函数是专门用于规避公式返回错误值的，该函数可以在公式计算结果为错误时返回用户指定的值。如果公式计算没有出错，则正常返回公式的结果。IFERROR 函数的语法结构如下：

=IFERROR 函数（原公式结果，出错时返回的值）

在本案例中，规避错误值的公式如下：

=IFERROR(C2/B2,"")

将公式向下填充，即可在规避错误值的同时显示计算结果，如图 6-18 所示。

项目编号	计划收入	实际收入	完成率
XM001	60	70	117%
XM002	20	36	180%
XM003		89	#DIV/0!
XM004	67	85	127%
XM005		25	#DIV/0!
XM006	67	46	69%
XM007	76	84	111%
XM008	56	62	111%

图 6-17　某公司的项目核算表

项目编号	计划收入	实际收入	完成率
XM001	60	70	117%
XM002	20	36	180%
XM003		89	
XM004	67	85	127%
XM005		25	
XM006	67	46	69%
XM007	76	84	111%
XM008	56	62	111%

图 6-18　利用 IFERROR 函数规避公式返回错误值

在这个公式中，按照完成率（C2/B2）的计算结果是否出错决定返回哪个值。如果完成率（C2/B2）结果不出错，则正常显示结果；如果完成率返回错误值，则 IFERROR 函数返回第 2 个参数指定的值，即一个空字符串（""）。

IFERROR 函数是一个非常实用的工具，它能够帮助我们规避各种错误值。无论是本案

例中的 #DIV/0! 错误，还是 #N/A、#VALUE!、#REF!、#NUM!、#NAME? 或 #NULL! 等其他错误类型。

6.8　使用 IFS 函数进行多条件判断

如何使用 IFS 函数进行多条件判断呢？让我们来看一个示例：如图 6-19 所示，某学校的成绩等级评定表中列出了多位学生的成绩，需要按照多个条件自动评定等级。

该学校要求的评定规则如下。

1）成绩为 100 分时，评定等级为满分。
2）成绩大于或等于 90 分时，评定等级为优秀。
3）成绩大于或等于 80 分时，评定等级为良好。
4）成绩大于或等于 60 分时，评定等级为及格。
5）成绩小于 60 分时，评定等级为不及格。

姓名	成绩	评定等级
李锐1	80	
李锐2	90	
李锐3	100	
李锐4	60	
李锐5	85	
李锐6	59	
李锐7	72	
李锐8	95	

图 6-19　某学校的成绩等级评定表

虽然使用多层嵌套的 IF 函数也可以实现等级评定，但随着嵌套层级的增加，公式的长度和括号层级也会显著增加，这会导致输入公式的复杂性增加，并容易引发错误。而 IFS 函数则提供了一个更简洁的解决方案，它允许用户在多个条件中进行判断，一旦某个条件满足，就立即返回对应的值。

IFS 函数是从 Excel 2019 版本开始新增的逻辑判断函数，用于按照不同条件显示对应的结果。它是 IF 函数的增强版，支持最多 127 对条件和结果。IFS 函数的语法结构为：IFS(条件 1, 值 1,[条件 2, 值 2],…)，这使得用户可以更清晰地表达逻辑关系，同时避免了复杂的嵌套结构。因此，IFS 函数非常适合解决这类多条件判断问题，能够有效提升工作效率并减少出错的可能性。

下面采用 IFS 函数解决示例中提出的问题，所用公式如下：

=IFS(B2=100," 满分 ",B2>=90," 优秀 ",B2>=80," 良好 ",B2>=60," 及格 ",
　　B2<60," 不及格 ")

将公式向下填充后，即可得到想要的效果，如图 6-20 所示。

在处理多条件判断时，IF 函数通常采用树形结构的多级嵌套方式，而 IFS 函数则采用扁平化的键 – 值（Key-Value）对⊖结构来进行多条件判断。这种结构使得 IFS 函数的运算过程更为简洁，公式结构也更加清晰，易于扩展和维护，同时减少了因左右括号数量不匹

⊖　键 – 值对是计算机科学和数据处理领域的术语，是由键和值组成的数据结构，通过"键"可快速检索到对应的值。

配而导致的输入错误。当判断条件增多时，IFS 函数的结构优势和易用性更加明显。因此，在多条件判断的情况下，推荐优先使用 IFS 函数。

图 6-20　使用 IFS 函数进行多条件判断

6.9　灵活匹配数据

1. 使用 SWITCH 函数灵活匹配数据

如何利用 SWITCH 函数灵活匹配数据呢？让我们来看一个示例：一家服装集团从其系统中导出了商品编码及其简称的表格，如图 6-21 所示，但该表格中缺少相应的商品名称。为了完善商品类别对照表，我们需要根据这些简称来匹配并添加对应的商品类别名称。

该集团商品简称与商品名称的匹配关系如下。

1）简称"DQ"匹配商品"短裙"。
2）简称"CQ"匹配商品"长裙"。
3）简称"LYQ"匹配商品"连衣裙"。
4）简称"DK"匹配商品"短裤"。
5）简称"CK"匹配商品"长裤"。
6）简称"CS"匹配商品"衬衫"。
7）简称"TX"匹配商品"T恤"。
8）简称"WT"匹配商品"外套"。

图 6-21　商品类别对照表

9）不在以上列表中的简称，返回 ""（空）。

当在工作中遇到这种多条件匹配需求时，可以使用 SWITCH 函数进行解决。本案例用到的公式如下：

=SWITCH(B2,"DQ"," 短裙 ","CQ"," 长裙 ","LYQ"," 连衣裙 ","DK"," 短裤 ","CK"," 长裤 ","CS"," 衬衫 ","TX","T 恤 ","WT"," 外套 ","")

输入公式后，将公式向下填充，即可得到想要的结果，如图 6-22 所示。

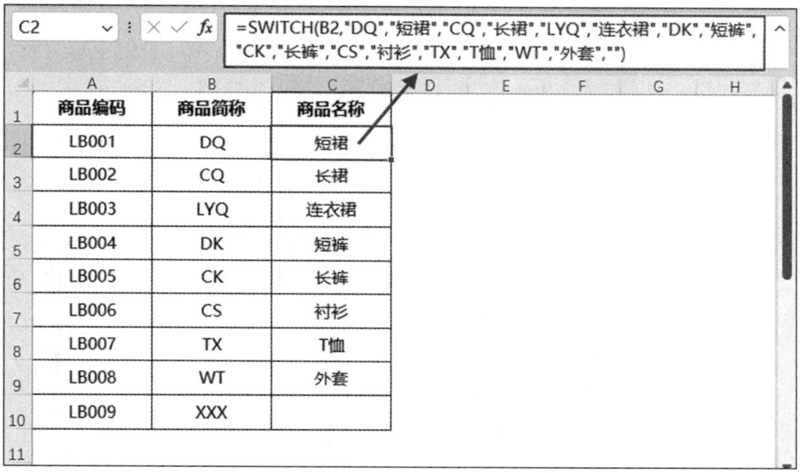

图 6-22　使用 SWITCH 函数灵活匹配数据

2. SWITCH 函数的用法

（1）精准匹配

SWITCH 函数是一个非常灵活的多条件匹配函数，它根据值和表达式之间的匹配关系进行条件判断，并返回对应的匹配结果，其语法结构如下：

=SWITCH（值，表达式 1，结果 1，[表达式 2，结果 2]，…[无匹配时返回空]）

SWITCH 函数的判断过程是将要转换的数据（值）按照键值对形式分别与后续的一系列表达式返回的值进行比对，匹配成功则返回对应的结果。SWITCH 函数最多支持 126 对表达式与结果的对应匹配。如果所有表达式中都不存在匹配关系，则返回最后一个参数的默认值。此默认值支持用户自定义指定。

在本案例所使用的公式中，SWITCH 函数会将第 1 个参数 B2（商品简称）的值"DQ"分别与后面提供的多个简称进行匹配，同时进行 8 种条件下的键值对匹配判断。匹配到结果后，可以很轻松地利用 SWITCH 函数返回结果；如果没有匹配到结果，则返回最后一个参数指定的值（即 ""）。对于 B10 单元格的简称"×××"，因为不包含在表达式列表提供的匹配选项中，不存在匹配关系，所以返回空，从而避免公式计算结果出现错误值。

（2）区间范围匹配

SWITCH 函数不仅可以处理这种精准匹配的多条件判断，还可以处理区间范围匹配的多条件判断，比如 6.8 节（见图 6-20）中利用 IFS 函数评定成绩等级的案例，也可以借助 SWITCH 函数来解决，用到的公式如下：

=SWITCH(TRUE,B2=100," 满分 ",B2>=90," 优秀 ",B2>=80," 良好 ",B2>=60,
" 及格 ",B2<60," 不及格 ")

将公式向下填充后，得到的结果与 IFS 函数一致，如图 6-23 所示。

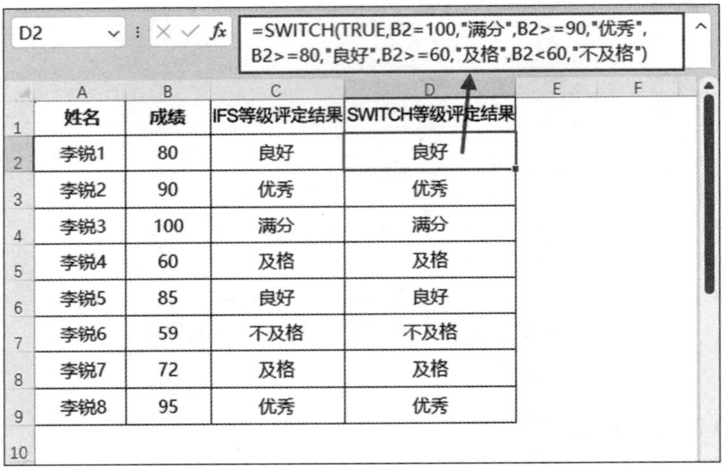

图 6-23　使用 SWITCH 函数评定成绩等级

在这个公式中，SWITCH 函数的第 1 个参数使用逻辑值 TRUE，将后续一系列区间范围计算表达式的结果与此进行比对。如果满足条件（返回逻辑值 TRUE），则认为表达式结果与第 1 个参数匹配，并返回对应的结果。

灵活运用 Excel 函数的语法框架，通过巧妙构建条件参数，我们能够为这些看似固定和死板的工具注入活力，使 Excel 在解决复杂问题时展现出灵动和巧妙。在这个过程中，深入理解并掌握构建条件和执行技巧是至关重要的。通过不断实践和举一反三，我们可以为看似枯燥无趣的 Excel 函数赋予灵魂，更好地发挥它们的潜力，进一步提升工作效率和问题解决能力。

> **提示** 通过这两节的讲解和示例演示，读者可以发现在多条件判断结果方面，IFS 函数和 SWITCH 函数的结构和算法比 IF 函数更具优势，但笔者想特别提醒读者，函数之间其实是不分伯仲的，没有最好的函数，只有最适合的函数。抛开具体业务场景讨论函数之间的优劣是不合时宜的，切忌刻舟求剑，固化思维，陷入认为哪个函数或方法就一定好用，哪个函数或方法就一定不好用的误区。
> 每当工作中面对的问题变化时，首要考虑的是方向的选择，而非单纯的努力。应以发展和辩证的视角去审视和分析问题，认识到正确的方向和策略往往比单纯的努力与执行更为关键。因地制宜，量体裁衣，结合具体的业务场景，选择那些更具优势的方法来解决问题，才能最具性价比地高效办公。

6.10 简化公式结构

使用 LET 函数来简化公式结构，通常在处理逻辑复杂、需要多步运算才能得出最终结果的问题时特别有用。在这类问题中，某些中间计算结果可能会被多次用于后续步骤，这往往导致 Excel 公式变得冗长且难以编辑和理解。此时，LET 函数便能发挥作用，它允许我们将这些中间结果定义为变量，从而大大简化了公式结构，并增强了公式的可读性和可维护性。下面将通过一个示例来展示如何利用 LET 函数解决这类问题。

1. 使用常规方法

如图 6-24 所示，某电商公司的选品测评表中记录了多种新品的多次测试得分，要求根据 E2 单元格选定的新品编码计算测试平均得分，再按以下规则评价新品的等级并决定处置方式。

1）测试平均得分大于或等于 4 分：优秀。
2）测试平均得分大于或等于 3 分：留存。
3）测试平均得分小于 3 分：淘汰。

按照常规思路，为了计算所选新品的测试平均得分，并据此评价其所属等级，可使用 IFS+AVERAGE+IF 函数组合：

=IFS(AVERAGE(IF(A2:A10=E2,C2:C10))>=4," 优秀 ",AVERAGE(IF(A2:A10=E2, C2:C10))>=3," 留存 ",AVERAGE(IF(A2:A10=E2,C2:C10))<3," 淘汰 ")

将公式向下填充后，得到的结果如图 6-25 所示。

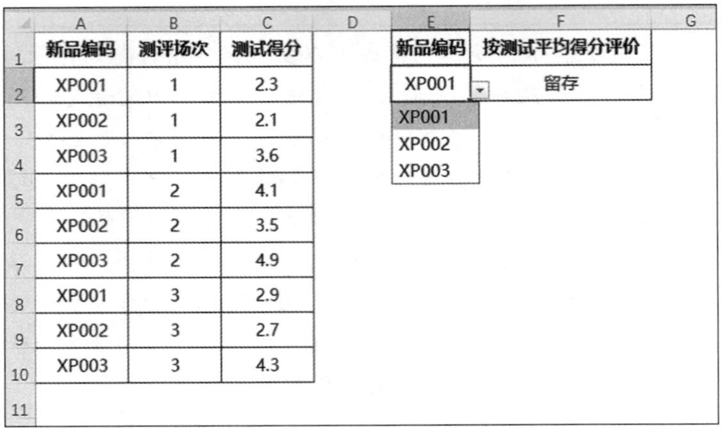

新品编码	测评场次	测试得分
XP001	1	2.3
XP002	1	2.1
XP003	1	3.6
XP001	2	4.1
XP002	2	3.5
XP003	2	4.9
XP001	3	2.9
XP002	3	2.7
XP003	3	4.3

新品编码	按测试平均得分评价
XP001	留存

图 6-24 某电商公司的选品测评表

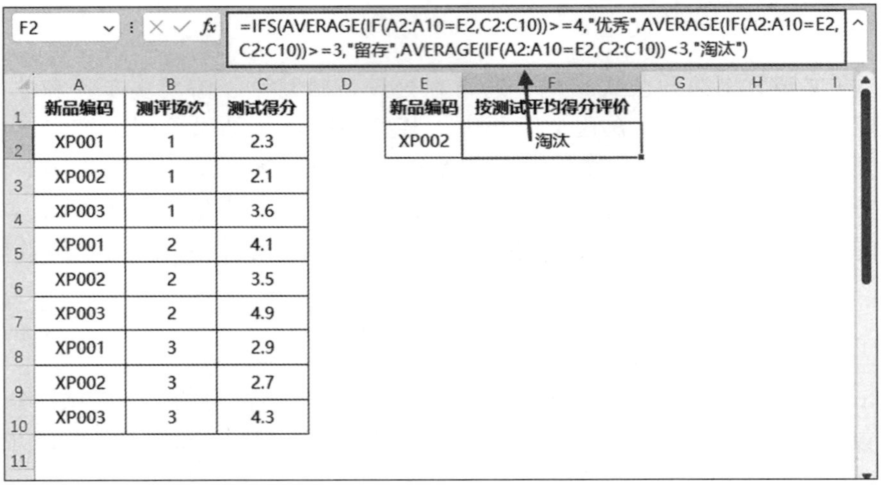

新品编码	测评场次	测试得分
XP001	1	2.3
XP002	1	2.1
XP003	1	3.6
XP001	2	4.1
XP002	2	3.5
XP003	2	4.9
XP001	3	2.9
XP002	3	2.7
XP003	3	4.3

新品编码	按测试平均得分评价
XP002	淘汰

图 6-25 使用常规方法

该公式的核心部分是 AVERAGE(IF(A2:A10=E2,C2:C10))，它先使用 IF 函数根据 E2 单元格选择新品编码，在 C 列抓取对应的测试得分，再利用 AVERAGE 函数计算测试平均得分。因为后续计算需要多次用到这个测试平均得分，所以公式中对这段核心部分一共调用了 3 次。为了简化这种冗长公式，可以使用 LET 函数。

2. 使用 LET 函数简化公式

LET 函数是从 Excel 2019 版本开始新增的逻辑函数，它适用于那些公式结构复杂且需要多次复用中间结果的场景。其计算原理是声明变量并进行赋值，通过将会多次用到的中间计算结果存储在声明的变量中来简化复杂的公式结构，提高公式的可读性和可维护性。

LET 函数的语法结构如下：

=LET（变量，赋值，计算式）

在本案例中，使用 LET 函数简化后的公式如下：

=LET(x,AVERAGE(IF(A2:A10=E2,C2:C10)),IFS(x>=4," 优秀 ",x>=3," 留存 ",x<3," 淘汰 "))

将公式向下填充后，同样可以返回正确结果，如图 6-26 所示。

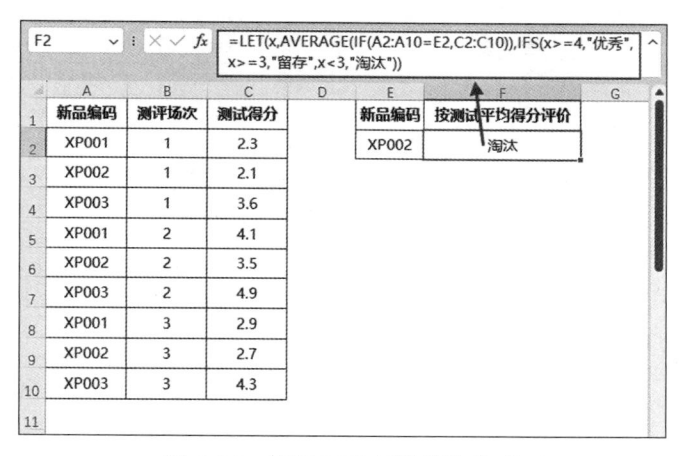

图 6-26　使用 LET 函数简化公式

在这个公式中，利用 LET 函数声明了变量 x，将需要多次复用的中间计算结果 AVERAGE(IF(A2:A10=E2,C2:C10)) 存储在声明的变量 x 中，后续只需调用 x 即可引用对应的中间计算结果。一次声明即可多次引用，调用快捷方便，不仅简化了公式结构，还提高了计算效率，可谓一举多得。

3. 扩展用法及说明

当在工作中遇到更复杂的逻辑计算，比如同时出现多个中间计算结果参与复用并需要存储时，可以利用 LET 函数声明多个变量分别存储。LET 函数的扩展语法结构如下：

=LET（变量 1，赋值 1，[变量 2]，[赋值 2]，…，计算式）

LET 函数最多支持 126 个变量，足以满足日常办公需要了。

从 Excel 2024 版本开始，除了 LET 函数外，Excel 还引入了功能更强大的 LAMBDA 函数。LAMBDA 函数不仅能够存储自定义变量的计算结果并简化公式，还具有更灵活的扩展性和丰富的自定义功能。

具体来说，LAMBDA 函数允许用户创建自定义函数，并将这些函数添加到 Excel 的函数库中。这意味着用户无须使用 VBA 编程，就可以根据自身需求将常用的公式封装成函数，并使用易记的名称来调用它们。

6.11 自定义封装数据

如何利用 LAMBDA 函数自定义封装数据呢？封装数据又比常规方法具备哪些优势呢？下面来看一个示例：假设某企业需要从系统导出的信息表中提取数值。该信息表中包含一系列混杂着数值和文本的无规律字符串，如图 6-27 所示。

通过观察可以发现，需要提取的数值的长度及其在信息字符串中的位置都不固定，这对问题的解决提出了较高要求。我们无法使用单个函数或简单公式完成该任务，只能利用多个函数组合嵌套的复杂公式才能准确地提取数值。

下面分别使用常规方法和 LAMBDA 函数来解决这个问题，并通过对比来展示 LAMBDA 函数的优势。

信息索引	信息字符串	提取数值
XX001	总共有12345.6789kg	
XX002	A产品重4.01357t	
XX003	共计54210元	
XX004	重0.023g	
XX005	累计达到100人次	
XX006	32000平方千米	
XX007	石家庄长安区666号	
XX008	测量体重为60kg	
XX009	单价为0.56元	

图 6-27　需要从系统导出的信息表中提取数值

1. 使用常规方法

使用常规方法从无规则字符串中提取数值的复杂公式如下：

```
=-LOOKUP(1,-MID(B2,MIN(FIND(ROW($1:$10)-1,B2&56^7)),
ROW(INDIRECT("1:"&LEN(B2)))))
```

将公式向下填充后，即可得到正确结果，如图 6-28 所示。

虽然上述公式可以解决提取数值的需求，但是由于公式较长且输入难度较高，并不适合没有基础的工作人员。为了让非技术人员能够无门槛地解决这类复杂问题，可以利用 LAMBDA 函数创建自定义名称，以封装变量数据和复杂的计算过程。

2. 使用 LAMBDA 函数

LAMBDA 函数用于创建可重用的自定义函数，并通过易记名称调用它们。其语法结构如下：

=LAMBDA（变量，计算表达式）

图 6-28 使用常规方法

LAMBDA 函数根据需求声明变量（最多支持 253 个变量），将复杂的计算表达式封装成自定义名称，后续通过该自定义名称调用复杂的计算过程。

要从无规则字符串中提取数值，使用 LAMBDA 封装数据的具体操作步骤如下：单击"公式"选项卡下的"定义名称"按钮，在弹出的"新建名称"对话框中输入后续使用过程中要调用的自定义名称（如"提取数值"），在"引用位置"输入框中输入 LAMBDA 公式，最后单击"确定"按钮，如图 6-29 所示。

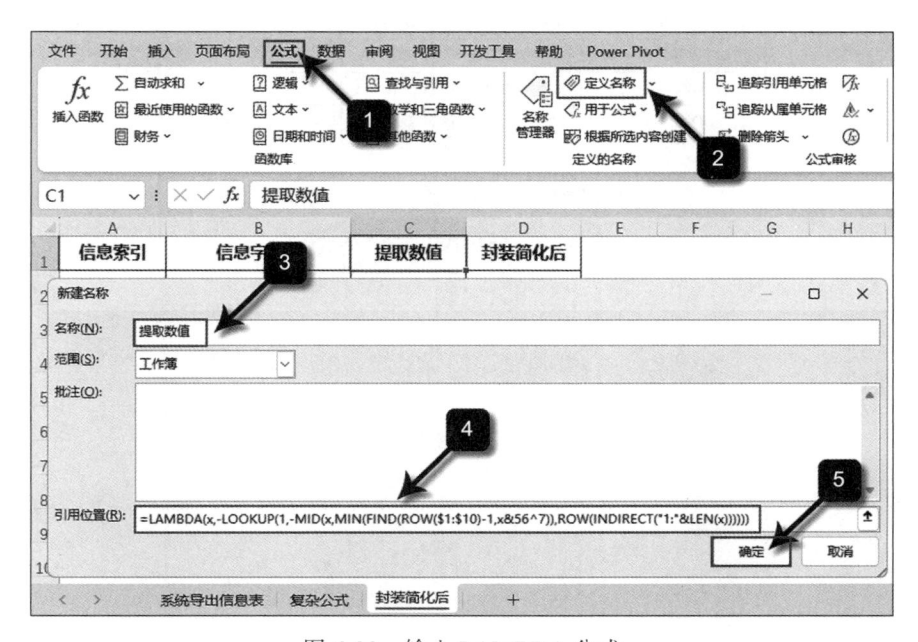

图 6-29 输入 LAMBDA 公式

该公式由两部分组成：一是变量的声明，用 x 来代表需要处理的字符串；二是计算表达式，将原本针对特定单元格（见图 6-28 中的 B2）的复杂公式中的引用替换为变量 x。

之后，就可以在这个 Excel 工作簿范围内无门槛地使用"提取数值"功能来调用复杂的计算过程了。

在 D2 单元格中输入简化后的公式：

$$=提取数值(B2)$$

输入公式后，将公式向下填充，即可轻松得到想要的结果，如图 6-30 所示。

经过 LAMBDA 函数封装简化后，复杂长公式的计算过程被封装在"提取数值"功能中。在该 Excel 工作簿中的任何位置，用户都可以随时调用该功能，轻松实现从无规则字符串中提取数值的需求，而无须具备任何函数公式基础。

信息索引	信息字符串	提取数值	封装简化后
XX001	总共有12345.6789kg	12345.6789	12345.6789
XX002	A产品重4.01357t	4.01357	4.01357
XX003	共计54210元	54210	54210
XX004	重0.023g	0.023	0.023
XX005	累计达到100人次	100	100
XX006	32000平方千米	32000	32000
XX007	石家庄长安区666号	666	666
XX008	测量体重为60kg	60	60
XX009	单价为0.56元	0.56	0.56

图 6-30　使用简化后的公式

第 7 章 Chapter 7

文本处理类数据管理

Excel 中的文本处理类函数可以帮助用户对文本进行各种操作，如提取、合并、定位、替换、转换、拆分等。它们在数据处理、数据分析、报表制作等方面具有重要的作用。

所有的 Excel 文本函数都可以在 Excel 函数库中查看并获取帮助信息（截图基于 Excel 2024 版本），如图 7-1 所示。

下面将结合示例介绍常用的 Excel 文本函数。

7.1 按要求提取数据

按要求提取的数据能力几乎已经成为每个数据工作者不可或缺的傍身技能。特别是在频繁处理非规范化数据时，根据特定要求拆分和提取文本已成为工作中的常态。幸运的是，这些需求可以利用 Excel 文本函数轻松实现。接下来，我们将详细介绍工作中常用的 Excel 文本提取函数及其用法。

7.1.1 常用的文本提取函数

（1）LEFT 函数

LEFT 函数用于从文本字符串左侧提取指定长度的数据。未指定长度时，则默认提取一个字符。其语法结构为：

=LEFT（文本字符串，[字符长度]）

其中，[字符长度] 是一个可选参数，用于指定要提取的字符数。

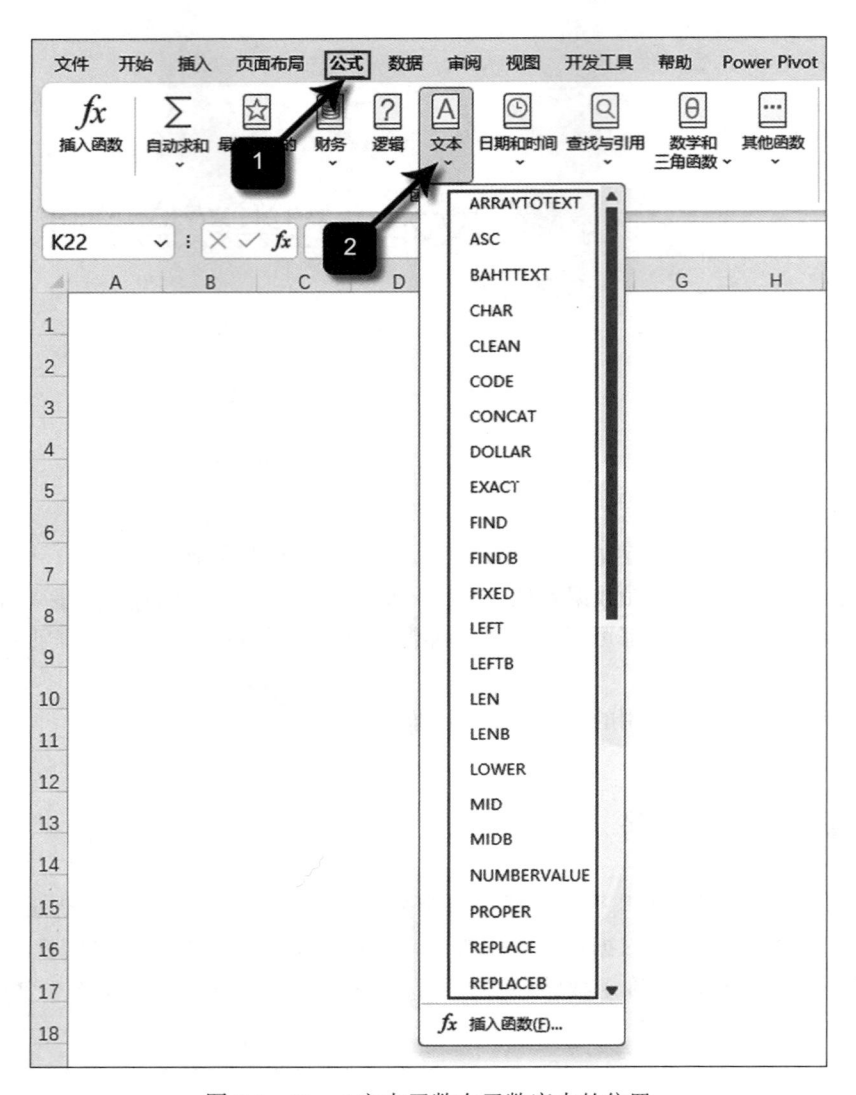

图 7-1　Excel 文本函数在函数库中的位置

（2）RIGHT 函数

RIGHT 函数用于从文本字符串右侧提取指定长度的数据。没有指定长度时，默认提取一个字符。其语法结构为：

=RIGHT（文本字符串，[字符长度]）

与 LEFT 函数类似，[字符长度]也是一个可选参数。

（3）MID 函数

MID 函数用于从文本字符串指定的起始位置开始提取指定长度的数据，其语法结构为：

$$=MID（文本字符串，起始位置，字符长度）$$

其中，起始位置和字符长度都是必需的参数，用于指定提取的起始点和字符数。

（4）LEN 函数

LEN 函数用于返回文本字符串中的字符数，其语法结构为：

$$=LEN（文本字符串）$$

（5）LENB 函数

LENB 函数用于返回文本字符串中的字节长度（每个中文字符占 2 个字节），其语法结构为：

$$=LENB（文本字符串）$$

与 LENB 函数同理，LEFTB 函数、RIGHTB 函数、MIDB 函数等结尾带"B"的函数都是按照字节计算数据长度的。它们的用法与 LEFT 函数、RIGHT 函数、MID 函数一致，此处不再赘述。

7.1.2 文本提取函数示例

为了帮助读者更好地掌握 Excel 文本提取函数的用法，下面结合示例深入理解这些函数的应用方法。

（1）提取数据

如图 7-2a 所示，使用 LEFT 函数从姓名中提取姓的公式如下：

$$=LEFT(A2)$$

如图 7-2b 所示，使用 RIGHT 函数从姓名中提取名的公式如下：

$$=RIGHT(A2,2)$$

如图 7-2c 所示，使用 MID 函数从地址中提取市名的公式如下：

$$=MID(A2,4,2)$$

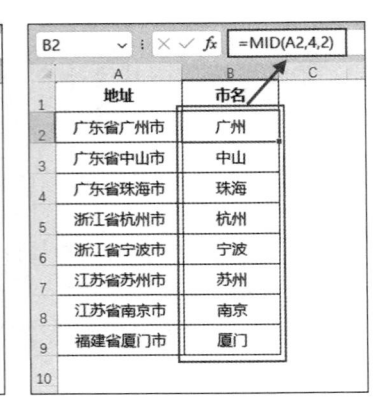

a）提取姓　　　　　　　　b）提取名　　　　　　　　c）提取市名

图 7-2　使用 LEFT、RIGHT、MID 函数提取数据

（2）计算字符串长度

如图 7-3a 所示，使用 LEN 函数计算字符串长度的公式如下：

$$=LEN(A2)$$

如图 7-3b 所示，使用 LENB 函数计算字符串长度的公式如下：

$$=LENB(A2)$$

a）按字符数　　　　　　　　　　　　b）按字节数

图 7-3　使用 LEN、LENB 函数计算字符串长度

在 LENB 函数中，每个中文字符按 2 个字节计算，每个英文字符或数字按 1 个字节计算。以图 7-3 中 C2 单元格为例，"红色 red" 包含 2 个中文字符和 3 个英文字符，所以字节

长度为 =2×2+3×1=7。LEFTB 函数、RIGHTB 函数、MIDB 函数等结尾带"B"的文本函数都是按这种逻辑计算字节长度的。

（3）拆分并提取数据

灵活利用这些函数的特性，可以解决很多文本提取问题。比如，现在要从中英文混杂文本中有效地拆分并提取中文和英文。

如图 7-4a 所示，从文本中提取中文的公式如下：

$$=LEFT(A2,LENB(A2)-LEN(A2))$$

如图 7-4b 所示，从文本中提取英文的公式如下：

$$=RIGHT(A2,2*LEN(A2)-LENB(A2))$$

a）提取中文　　　　　　　　　　　b）提取英文

图 7-4　从文本中提取中文和英文

7.2　按要求合并数据

如何按要求合并数据呢？利用 Excel 文本合并函数可以轻松解决，工作中常用的文本合并函数是 CONCATENATE 函数。

CONCATENATE 函数用于将多个数据串联成一个文本字符串，其语法结构如下：

$$=CONCATENATE（数据1,[数据2],…）$$

CONCATENATE 函数最多支持 255 个参数，足以满足日常工作需要。

除了 CONCATENATE 函数，还可以使用 Excel 公式中的连接符"&"合并数据。

例如，要将图 7-5 中的部门、姓名和职位合并在一个单元格中，使用 CONCATENATE

函数进行合并，公式如下：

$$=CONCATENATE(A2,B2,C2)$$

使用文本连接符进行合并的公式如下：

$$=A2\&B2\&C2$$

a）使用CONCATENATE函数　　　　　　b）使用"&"

图 7-5　使用 CONCATENATE 函数和"&"合并数据

7.3　按要求定位数据

如何按照要求定位数据呢？利用 Excel 文本定位函数可以轻松解决。工作中常用的文本定位函数有 FIND 函数和 SEARCH 函数，它们都可以在文本字符串中查找特定字符或字符串首次出现的位置。这两个函数的语法结构一致，但在某些细节功能上又有明显不同，所以放在一起对比学习，以便让读者更清晰地认识及掌握其特性和用法。

7.3.1　FIND 函数和 SEARCH 函数的用法

FIND 函数的语法结构如下：

$$=FIND（查找值，包含要查找值的字符串，[查找起始位置]）$$

SEARCH 函数的语法结构如下：

$$=SEARCH（查找值，包含要查找值的字符串，[查找起始位置]）$$

它们执行查找的过程也完全相同，都是在字符串中从左向右依次判断是否为查找值，并返回首次出现查找值的位置。如果省略第 3 个参数，默认从字符串中第 1 个字符开始查找。

FIND 函数和 SEARCH 函数的明显区别有以下两点。

1）FIND 函数区分英文大小写，SEARCH 函数不区分英文大小写。

2）FIND 函数不支持通配符，SEARCH 函数支持通配符。

Excel 中的通配符是“*”或“?”，是用于搜索或匹配字符串的特殊字符，其中“*”可以代表一个或多个字符，“?”仅代表一个字符。

7.3.2　文本定位函数示例

FIND 函数和 SEARCH 函数的区别主要体现在对英文大小写的敏感性及对通配符的支持上。下面通过示例来进行详细说明。

1. 大小写敏感性

FIND 函数区分英文字母的大小写，即大写和小写字母被视为不同的字符；SEARCH 函数不区分英文字母的大小写，即大写和小写字母被视为相同的字符。

例如，使用公式 =FIND(B2,A2) 查找小写字母“e”在“Excel”中的位置时，FIND 函数的返回结果为 4，因为 FIND 函数能够区分“e”和“E”，并定位到第一个小写“e”的位置，如图 7-6a 所示；在使用 =SEARCH(B2,A2) 时，返回的结果为 1，因为 SEARCH 函数不区分大小写，它可能会定位到第一个“E”的位置，如图 7-6b 所示。

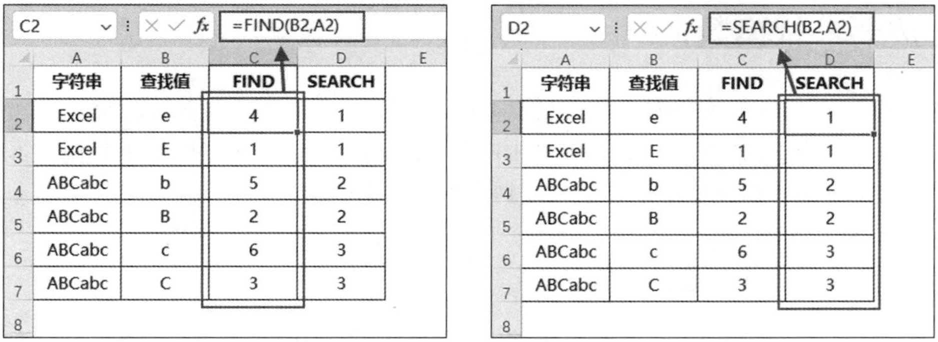
C2
=FIND(B2,A2)
D2
=SEARCH(B2,A2)
A B C D E
1 2 3 4 5 6 7 8
字符串 查找值 FIND SEARCH
Excel e 4 1
Excel E 1 1
ABCabc b 5 2
ABCabc B 2 2
ABCabc c 6 3
ABCabc C 3 3

a）区分大小写　　b）不区分大小写

图 7-6　大小写敏感性

2. 通配符支持性

FIND 函数不支持使用通配符进行搜索，即只能查找完全匹配的字符串。SEARCH 函数支持使用通配符进行搜索，其中“?”可匹配任意单个字符，“*”匹配任意一串字符。如果要查找实际的“?”或“*”，应在字符前键入波形符（～）。

例如，当在 FIND 函数中使用通配符（如“* 电脑”）时，函数返回了 #VALUE! 错误，如图 7-7a 所示；在 SEARCH 函数中使用通配符（如“* 电脑”）时，函数返回了结果 1，如图 7-7b 所示。

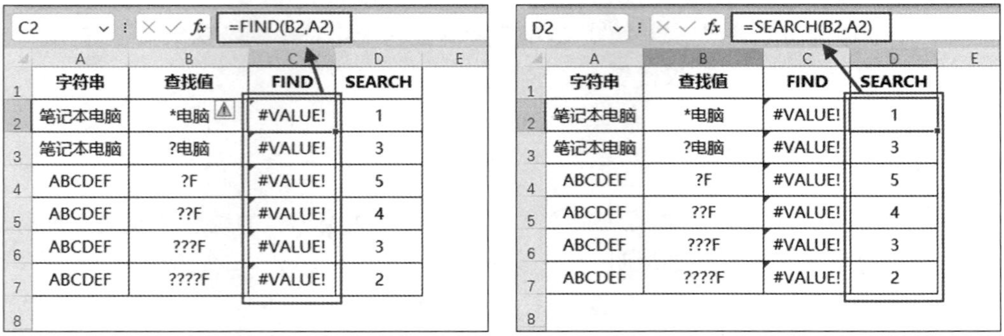
C2
=FIND(B2,A2)
字符串 查找值 FIND SEARCH
笔记本电脑 *电脑 #VALUE! 1
笔记本电脑 ?电脑 #VALUE! 3
ABCDEF ?F #VALUE! 5
ABCDEF ??F #VALUE! 4
ABCDEF ???F #VALUE! 3
ABCDEF ????F #VALUE! 2
D2
=SEARCH(B2,A2)
字符串 查找值 FIND SEARCH
笔记本电脑 *电脑 #VALUE! 1
笔记本电脑 ?电脑 #VALUE! 3
ABCDEF ?F #VALUE! 5
ABCDEF ??F #VALUE! 4
ABCDEF ???F #VALUE! 3
ABCDEF ????F #VALUE! 2

a）不支持通配符　　b）支持通配符

图 7-7　通配符支持性

当读者掌握 FIND 函数和 SEARCH 函数的用法后，也就会用 FINDB 函数和 SEARCHB 函数了。它们之间唯一的区别仅在于前两个函数是按照字符计算长度的，后两个函数是按照字节计算长度（每个中文字符按 2 个字节计算）的。

7.4　按要求替换数据

如何按照要求替换数据呢？可以利用 Excel 中的文本替换函数轻松解决。工作中常用的文本替换函数有 SUBSTITUTE 函数和 REPLACE 函数，它们都可以用于替换文本字符串中的字符或字符串，但在功能上有一些区别。下面分别介绍这两个函数的用法和区别。

7.4.1　SUBSTITUTE 函数的用法

SUBSTITUTE 函数用于将字符串中的旧文本替换为指定的新文本。用户可以指定替换第几次出现的旧文本；如果不指定，默认全部替换。其语法结构如下：

=SUBSTITUTE（字符串，待替换的旧文本，用于替换的新文本，
[替换第几次出现的旧文本]）

比如，公式 =SUBSTITUTE("AAAAA","A","B") 中省略了第 4 个参数（即不指定替换

第几次出现的“A”)，因此会将全部“A”替换为“B”，结果为“BBBBB”。

当指定替换第几次出现的旧文本时，公式示例如图 7-8 所示。

E2　=SUBSTITUTE(A2,B2,C2,D2)

	A	B	C	D	E
1	字符串	待替换的旧文本	用于替换的新文本	替换第几次出现的旧文本	SUBSTITUTE
2	AAAAA	A	B	1	BAAAA
3	AAAAA	A	B	2	ABAAA
4	AAAAA	A	B	3	AABAA
5	AAAAA	A	B	4	AAABA
6	AAAAA	A	B	5	AAAAB

图 7-8　使用 SUBSTITUTE 函数替换第几次出现的旧文本

7.4.2　REPLACE 函数的用法

REPLACE 函数用于替换文本字符串中从指定位置开始的、指定长度的字符。当指定要替换的长度为 0 时，REPLACE 函数会将替换改为插入文本。其语法结构如下：

=REPLACE（字符串，起始替换位置，替换长度，新文本）

REPLACE 函数与 SUBSTITUTE 函数的区别如图 7-9 所示。

E2　=REPLACE(A2,B2,C2,D2)

	A	B	C	D	E
1	字符串	起始替换位置	替换长度	新文本	REPLACE
2	AAAAA	1	1	B	BAAAA
3	AAAAA	2	1	B	ABAAA
4	AAAAA	3	1	B	AABAA
5	AAAAA	4	1	B	AAABA
6	AAAAA	5	1	B	AAAAB
7	AAAAA	1	0	B	BAAAAA
8	AAAAA	2	0	B	ABAAAA
9	AAAAA	3	0	B	AABAAA

图 7-9　使用 REPLACE 函数替换文本和插入文本

通过观察可以发现，REPLACE 函数不但可以替换文本，还能插入文本。当 REPLACE 函数的第 3 个参数使用 0（见图 7-9 最后 3 行数据）时，执行的就是插入文本的操作；而插入文本的位置取决于第 1 个参数。

7.4.3 SUBSTITUTE 函数和 REPLACE 函数的区别

SUBSTITUTE 函数和 REPLACE 函数的区别如下。

1) SUBSTITUTE 函数基于"旧文本"进行替换，可以灵活控制替换次数；REPLACE 函数基于"位置"进行替换，替换范围是固定的。

2) SUBSTITUTE 函数无法实现文本插入，REPLACE 函数可以实现文本插入。

在实际应用中，应根据需要替换的内容是"文本内容"还是"位置"来选择合适的函数。如果需要替换的是具体的文本内容，建议使用 SUBSTITUTE 函数；如果需要替换的是字符串中的特定位置或需要插入文本，则选择 REPLACE 函数更为合适。

7.4.4 REPLACEB 函数的用法

Excel 中的 REPLACEB 函数也是一个用于文本替换的函数，它与 REPLACE 函数的区别在于对字符和字节的计数方式。掌握了 REPLACE 函数的用法后，也就很容易理解 REPLACEB 函数的用法了。它们唯一的区别仅在于 REPLACE 函数是按照字符计算长度的，而 REPLACEB 函数是按照字节计算长度的（每个中文字符按 2 个字节计算）。

REPLACEB 函数用于根据指定的字节数将部分文本字符串替换为新的文本字符串。它特别适用于使用双字节字符集（Double-Byte Character Set，DBCS）的语言，如中文（包括简体和繁体）、韩文和日文。在双字节字符集中，每个字符通常占用 2 个字节，而半角字符（如英文）通常占用 1 个字节。

7.5 按要求转换数据

如何按要求转换数据呢？工作中经常会遇到各种格式转换需求，可以利用 TEXT 函数通过自定义格式代码实现。

7.5.1 TEXT 函数的用法

TEXT 函数用于将数据转换为文本格式，并按照指定的自定义格式设置显示效果。其语法结构如下：

=TEXT（数据，自定义格式）

在公式中输入 TEXT 函数第 2 个参数的自定义格式代码时要注意以下 3 点。

1) 如果自定义格式代码中包含中文或英文符号，需要使用英文半角的双引号（""）将自定义格式代码引用起来。例如，=TEXT(123.456,"0.00") 返回的结果是 123.46。

2）"!"或"\"用于强制显示下一个字符，可以将无法直接显示的 Excel 保留字符显示出来。例如，在公式 =TEXT(123,"B0") 中，因为要添加的前缀 "B" 是 Excel 中的保留字符，所以公式会返回错误值 #VALUE!。为避免该问题，可以将公式调整为 =TEXT(123,"!B0")，即可返回结果 "B123"。

3）"0"或"#"在自定义格式代码中用作数字占位符，其中 "@" 用于表示原始的文本字符串。例如，=TEXT(" 李锐 ","@@") 返回的结果是 "李锐李锐"。

7.5.2 TEXT 函数示例

为了帮助读者更好地掌握 TEXT 函数的用法，下面结合几个示例进行扩展说明。

1. 自定义转换数值格式

如图 7-10 所示，在使用 TEXT 函数自定义转换数值格式时，数字占位符 "0" 和 "#" 的不同之处是：当表达式中数值的位数少于占位符的位数（无论是小数点左方还是右方）时，使用 "0" 作为占位符会导致函数在缺少的位数上进行补零显示；相反，使用 "#" 作为占位符，函数将不会在缺少的位数上显示零。

2. 自定义转换日期格式

如图 7-11 所示，使用 TEXT 函数自定义转换日期格式时，可以按照需求设置自定义格式代码（不区分英文大小写），并返回对应的格式转换结果。以下是一些基本的自定义格式代码及其含义。

1）自定义格式代码 "y" 代表年份。
2）自定义格式代码 "m" 代表月份。
3）自定义格式代码 "d" 代表天。

数据	自定义格式	TEXT转换结果
1234.5678	0	1235
1234.5678	0.0	1234.6
1234.5678	0.00	1234.57
1234.5678	#	1235
1234.5678	#.#	1234.6
1234.5678	#.##	1234.57
100.5	0.00	100.50
100.5	#.##	100.5

图 7-10　使用 TEXT 函数自定义转换数值格式

数据	自定义格式	TEXT转换结果
2025/6/1	yyyy-mm-dd	2025-06-01
2025/6/1	yyyy年mm月dd日	2025年06月01日
2025/6/1	yyyy	2025
2025/6/1	yy	25
2025/6/1	mm	06
2025/6/1	m	6
2025/6/1	dd	01
2025/6/1	d	1

图 7-11　使用 TEXT 函数自定义转换日期格式

3. 自定义转换星期格式

如图 7-12 所示，使用 TEXT 函数自定义转换星期格式时，可以设置自定义格式代码，并返回对应的结果。以下是几种常见的自定义代码格式及其含义。

1）自定义格式代码“aaaa”代表中文星期（完整形式）。

2）自定义格式代码“aaa”代表中文星期（简写形式）。

3）自定义格式代码“dddd”代表英文星期（完整形式）。

4）自定义格式代码“ddd”代表英文星期（简写形式）。

4. 自定义转换时间格式

如图 7-13 所示，使用 TEXT 函数自定义转换时间格式时，可以设置自定义格式代码，并返回对应的时间结果。以下是几种常见的自定义代码格式及其含义。

1）自定义格式代码“h”代表小时。

2）自定义格式代码“m”与“h”一起使用时代表分钟，单独使用时代表月份。

3）自定义格式代码“[h]”代表累计小时数。

4）自定义格式代码“[m]”代表累计分钟数。

5）自定义格式代码“[s]”代表累计秒数。

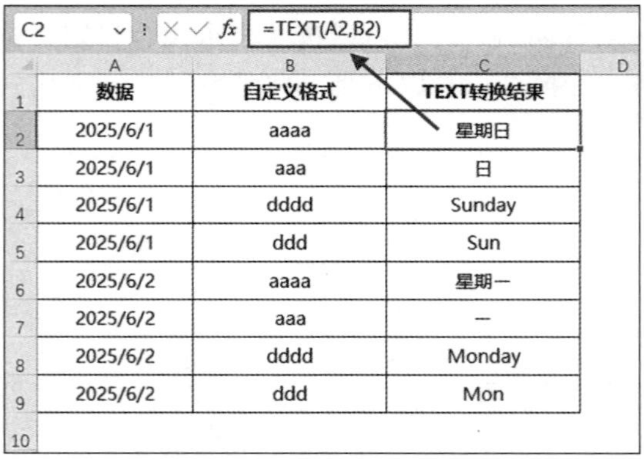

C2 =TEXT(A2,B2)

数据	自定义格式	TEXT转换结果
2025/6/1	aaaa	星期日
2025/6/1	aaa	日
2025/6/1	dddd	Sunday
2025/6/1	ddd	Sun
2025/6/2	aaaa	星期一
2025/6/2	aaa	一
2025/6/2	dddd	Monday
2025/6/2	ddd	Mon

图 7-12 使用 TEXT 函数自定义转换星期格式

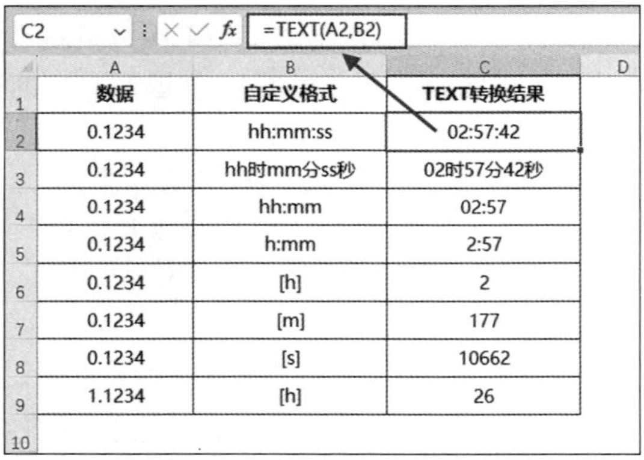

C2 =TEXT(A2,B2)

数据	自定义格式	TEXT转换结果
0.1234	hh:mm:ss	02:57:42
0.1234	hh时mm分ss秒	02时57分42秒
0.1234	hh:mm	02:57
0.1234	h:mm	2:57
0.1234	[h]	2
0.1234	[m]	177
0.1234	[s]	10662
1.1234	[h]	26

图 7-13 使用 TEXT 函数自定义转换时间格式

当需要对超出当前时间单位上限的数据进行累计计算时，一定要使用 [] 符号。例如，=TEXT(1.1234,"[h]") 是按小时进行累计计算的，即将整数部分的 1 对应的 24 小时加上小数部分对应的 2（0.1234 × 24=2.9616，取整为 2）小时得到累计计算结果，返回结果 26。

5. 自定义转换数据格式

如图 7-14 所示，在使用 TEXT 函数自定义转换数据格式时，若需在前缀或后缀中包含 Excel 系统的保留字符，需要借助强制显示符号“!”或“\”。如果要想显示强制符号本身，连写两次该符号即可，如“!!”或“\\”会显示为“!”或“\”。

	A	B	C	D
1	数据	自定义格式	TEXT转换结果	
2	123.456	￥0.00	￥123.46	
3	123.456	$0.00	$123.46	
4	123.456	C0	C123	
5	123.456	!B0	B123	
6	123.456	\B0	B123	
7	123.456	!!0	!123	
8	123.456	\\0	\123	
9	123.456	￥0.00!/斤	￥123.46/斤	
10				

图 7-14　使用 TEXT 函数自定义转换数据格式

因为 TEXT 函数是文本函数，所以经过 TEXT 函数处理的结果都会被转换为文本格式。即使显示形式看起来是数字，也是文本形式的数字，无法直接用于 SUM 函数等数值的求和计算中。若需要将这些由 TEXT 函数生成的文本数字转为数值时，可以在公式前加"--"进行减负运算，即可将文本数字转换为真正的数值格式，如"=--TEXT(A1,"0")"。

7.6　按区域合并数据

当在工作中需要按照区域合并数据时，可以使用 CONCAT 函数实现。

CONCAT 函数是从 Excel 2019 版本开始新增的文本函数，用于将多个区域的数据合并在一起，其语法结构如下：

=CONCAT（区域 1，[区域 2]，…）

CONCAT 函数最多支持 253 个参数。下面结合两个示例深入介绍其使用方法。

（1）合并整行数据

使用 CONCAT 函数合并整行数据的公式如下：

=CONCAT(A2:C2)

输入公式并按 Enter 键确认后，即可将 A:C 列的部门、姓名和职位合并为一个文本字符串，如图 7-15 所示。

（2）合并多行多列数据

使用 CONCAT 函数合并多行多列数据的公式如下：

=CONCAT(A2:B4)

图 7-15　使用 CONCAT 函数合并整行数据

输入公式并按 Enter 键确认后，即可将 A2:B4 区域的多行业务员姓名和业绩合并为一个文本字符串，如图 7-16 所示。

图 7-16　使用 CONCAT 函数合并多行多列数据

CONCAT 函数可以将指定区域的数据进行批量合并，但是它并不支持在合并结果中插入分隔符来分隔数据。如果想要在合并数据时能够使用指定的分隔符将数据项分隔开，可以使用 TEXTJOIN 函数。

7.7　加分隔符合并数据

那么，如何使用 TEXTJOIN 函数在合并数据时加分隔符间隔呢？我们先来学习它的功能用法和语法结构，再结合示例加深理解。

7.7.1　TEXTJOIN 函数的用法

TEXTJOIN 函数是从 Excel 2019 版本开始新增的文本函数，用于按照指定的分隔符将多个区域的数据合并在一起，其语法结构如下：

=TEXTJOIN（分隔符，是否忽略空单元格，区域1，[区域2]，…）

其中，第 1 个参数省略时不添加分隔符；第 2 个参数省略或为 1 时忽略空单元格，为 0 时不忽略空单元格。TEXTJOIN 函数最多支持 252 个区域参数。

为了使读者更好地理解并掌握 TEXTJOIN 函数的用法，下面结合两个示例展示它的经典使用方法。

7.7.2　示例 1：合并单元格区域数据

使用 TEXTJOIN 函数通过分隔符"+"合并多个季度的数据的公式如下：

$$=\text{TEXTJOIN}("+",,B2:E2)$$

按 Enter 键确认公式后，效果如图 7-17 所示。

姓名	1季度	2季度	3季度	4季度	TEXTJOIN合并
李锐1	65	66	37	54	65+66+37+54
李锐2	68	16	65	89	68+16+65+89
李锐3	37	51	49	25	37+51+49+25
李锐4	69	36	51	20	69+36+51+20
李锐5	12	24	71	51	12+24+71+51
李锐6	34	78	62	84	34+78+62+84
李锐7	73	93	83	37	73+93+83+37
李锐8	91	17	38	56	91+17+38+56

图 7-17　使用 TEXTJOIN 函数通过分隔符"+"合并多个季度的数据

7.7.3　示例 2：合并函数返回的内存数组

TEXTJOIN 函数还可以接收由其他函数生成的内存数组，并将数组中满足条件的数据进行合并。

让我们来看下面的示例，使用 TEXTJOIN+IF 函数组合，按照用户选择的条件筛选数据并进行合并，用到的公式如下：

$$=\text{TEXTJOIN}("+",,\text{IF}(A2:A9=D2,B2:B9,""))$$

按 Enter 键确认公式后，所选部门的多个姓名会合并为一个文本字符串并用加号（+）进行分隔，效果如图 7-18 所示。

TEXTJOIN 函数可以灵活地根据用户需求将数据合并成一个字符串，并用指定的分隔符进行分隔。如果用户想反向操作，将一个字符串按分隔符拆分后分开放置，可以使用 TEXTSPLIT 函数。

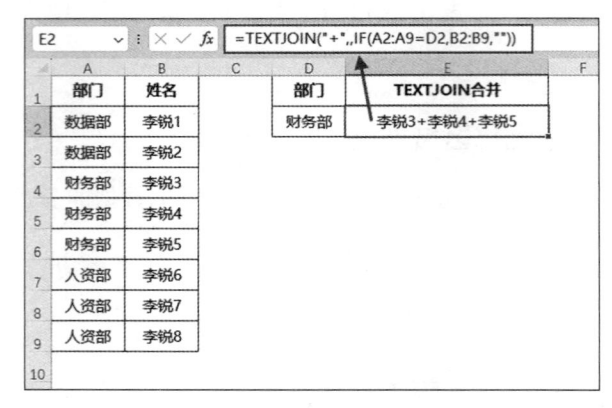

图 7-18　使用 TEXTJOIN 与 IF 函数组合按条件筛选并合并数据

7.8　按分隔符拆分数据

如何使用 TEXTSPLIT 函数按分隔符拆分数据呢？先来看一下它的功能和语法结构。

7.8.1　TEXTSPLIT 函数的用法

TEXTSPLIT 函数是从 Excel 2024 版本开始新增的文本函数，用于根据给定的分隔符将文本拆分为列或行，拆分后的文本被分散到不同的列和行中。其语法结构如下：

=TEXTSPLIT（要拆分的字符串，按列拆分的分隔符，[按行拆分的分隔符]，[忽略空值]，[区分大小写]，[填充值]）

参数说明如下。
1）第 1 个参数：必需，是参与计算的文本字符串。
2）第 2 个参数：必需，用作分隔符的字符或字符串，将文本拆分后分列放置。
3）第 3 个参数：可选，用作分隔符的字符或字符串，将文本拆分后分行放置。
4）第 4 个参数：可选，表示是否忽略空值。当设置为 0 或省略时，函数不会忽略空值；设置为 1 时，函数会忽略空值，即忽略连续的分隔符。
5）第 5 个参数：可选，表示是否区分大小写。当设置为 0 或省略时，函数会区分大小写；设置为 1 时，函数不区分大小写。
6）第 6 个参数：可选，用作填充数组中的值。默认情况下返回 #N/A。

虽然 TEXTSPLIT 函数的参数较多,但是实际使用时仅填写必要的参数即可,其余参数皆可省略。

为了帮助读者更好地掌握它的实际用法,下面结合两个示例进行具体说明。

7.8.2 将数据拆分到多列和多行

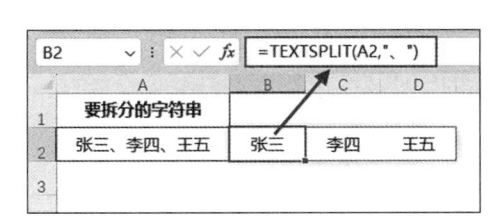

使用 TEXTSPLIT 函数将数据拆分到多列,仅填写必需的前 2 个参数,即可将字符串拆分后分列放置,公式如下:

$$=TEXTSPLIT(A2,"、")$$

按 Enter 键确认公式后,拆分效果如图 7-19 所示。

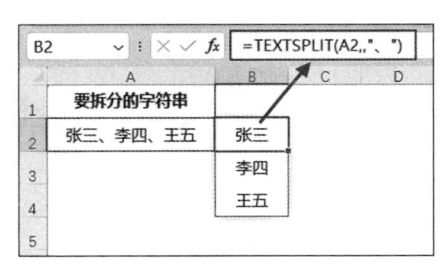

使用 TEXTSPLIT 函数将数据拆分到多行,省略第 2 个参数,在第 3 个参数中填写分隔符,即可将字符串拆分后分行放置,公式如下:

$$=TEXTSPLIT(A2,,"、")$$

按 Enter 键确认公式后,拆分效果如图 7-20 所示。

图 7-19 使用 TEXTSPLIT 函数将数据拆分到多列

图 7-20 使用 TEXTSPLIT 函数将数据拆分到多行

第 8 章

日期时间类数据管理

Excel 中的日期时间函数可以帮助用户处理各种日期和时间数据。这些函数可以在 Excel 函数库中查看并获取帮助信息（截图基于 Excel 2024 版本），如图 8-1 所示。下面结合示例介绍常用的日期和时间函数。

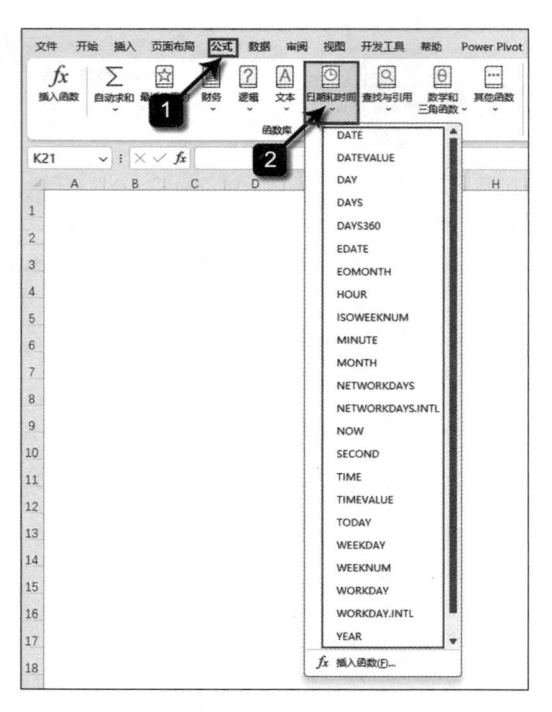

图 8-1　日期和时间函数在 Excel 函数库中的位置

8.1 提取年、月、日数据

如何提取年、月、日数据呢？对于这类常用需求，Excel 在函数库中早就准备好了对应的 3 个日期函数。

1. YEAR、MONTH、DAY 函数的用法

工作中经常用于从日期数据中提取年、月、日数据的 Excel 日期函数包含以下 3 个。

1）从日期中提取年：=YEAR(日期)。
2）从日期中提取月：=MONTH(日期)。
3）从日期中提取日：=DAY(日期)。

这几个函数名称很好记，分别是年、月、日的英文。下面来看几个示例（见图 8-2），以便更好地掌握这几个函数提取年、月、日的用法。

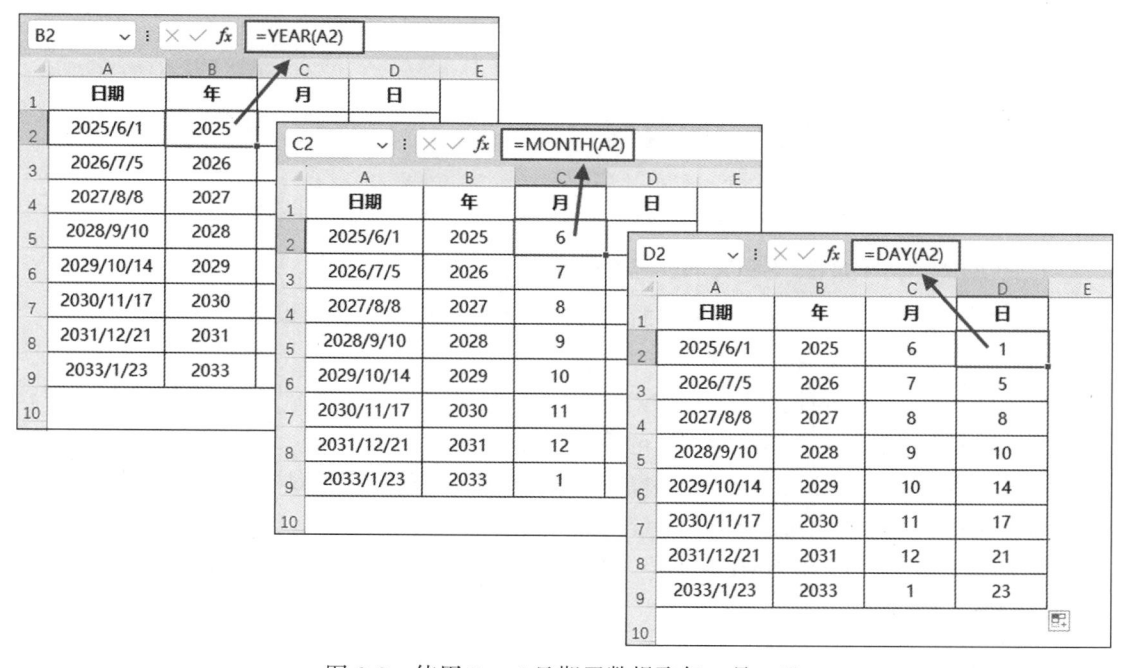

图 8-2　使用 Excel 日期函数提取年、月、日

除了提取年、月、日数据，工作中还经常用到当前日期，这种需求可以用 TODAY 函数解决。

2. TODAY 函数的用法

TODAY 函数用于提取当前日期（以当前计算机系统日期为准）。无论用户何时打开

Excel 工作簿文件，TODAY 函数（=TODAY()）都会自动刷新结果返回当前日期。例如，输入公式 =TODAY()，函数就会返回当前日期，如图 8-3 所示。

3. 使用 Excel 日期函数的要求及日期格式说明

在使用 Excel 日期函数时，要求引用的日期数据遵循规范的日期格式。否则，即使公式表达式正确，也会返回错误结果。

Excel 中规范的日期格式包含以下 3 种。

1）短日期格式：使用 "-"（短杠）作为年月日之间的分隔符，如 "2025-10-20"。

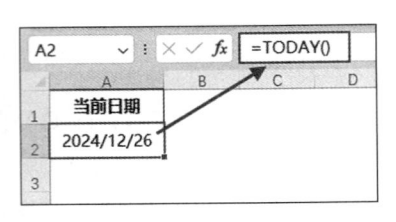

图 8-3 使用 TODAY 函数返回当前日期

2）短日期格式：使用 "/"（正斜杠）作为年月日之间的分隔符，如 "2025/10/20"。

3）长日期格式：使用 "yyyy 年 mm 月 dd 日" 的形式，如 "2025 年 10 月 20 日"。

如果用户在日期函数中引用了不规范的日期数据或包含空格等文本，可能会导致公式返回错误结果。

8.2 提取小时、分钟、秒数据

如何提取小时、分钟、秒数据呢？使用 Excel 的日期时间函数可以轻松实现。

1. HOUR、MINUTE、SECOND 函数的用法

Excel 中用于从时间数据中提取小时、分钟、秒的时间函数包含以下 3 个。

1）从时间中提取小时：=HOUR(时间)

2）从时间中提取分钟：=MINUTE(时间)

3）从时间中提取秒：=SECOND(时间)

这几个函数名称是小时、分钟、秒的英文，很容易记忆，下面结合示例（见图 8-4）来直观理解这几个函数的用法。示例中用到的公式分别如下：

除了时间函数 HOUR、MINUTE、SECOND，还有一个用于返回当前日期和时间的 NOW 函数会经常用到。

2. NOW 函数的用法

NOW 函数用于提取当前日期和时间（以当前计算机系统时间为准）。无论用户何时打开 Excel 工作簿文件，NOW 函数（=NOW()）都会自动刷新结果并返回当前日期和时间。

下面结合一个示例展示它的使用效果。例如，输入公式 =NOW()，NOW 函数即返回包含日期和时间的数据，如图 8-5 所示。每次打开表格时会自动刷新结果。

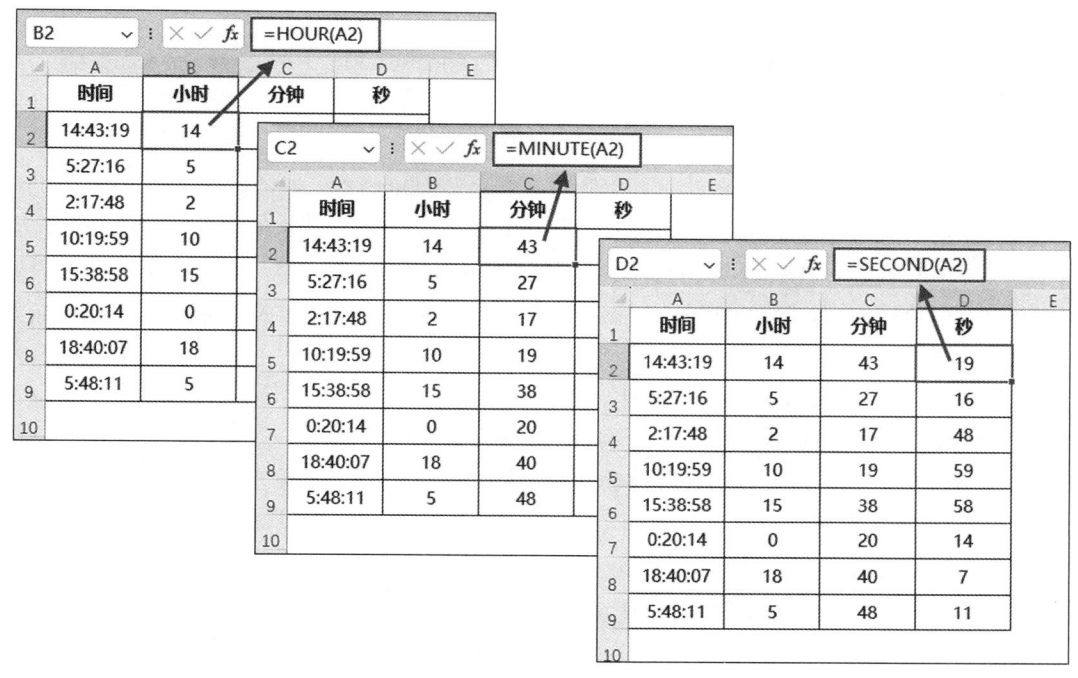

图 8-4　使用 Excel 时间函数提取小时、分钟、秒

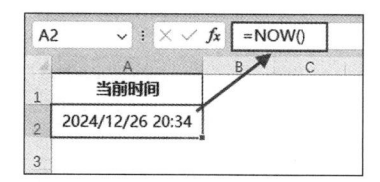

图 8-5　使用 NOW 函数返回当前日期和时间

8.3　合并日期和时间数据

如何合并日期和时间数据呢？合并日期数据可以使用 DATE 函数，合并时间数据可以使用 TIME 函数。下面分别具体介绍。

8.3.1　DATE 函数的用法

DATE 函数是工作中常用的日期合并函数，语法结构如下：

=DATE（年，月，日）

参数说明如下。

1）第1个参数：代表年份的数字，应使用1900～9999之间的数字。如果输入的数字小于1900，则会将该值与1900相加来计算年份；如果大于9999，将返回错误值"#NUM!"。

2）第2个参数：代表月份的数字，应使用1～12之间的数字。如输入0，则从年初往回推1个月；如输入负数，则以此类推；如输入大于12（如 N）的数字，则往后推（N–12）个月。

3）第3个参数：代表天数的数字，应使用1～31之间的数字。如输入0，则从月初往回推1天；如输入负数，则以此类推；如输入大于月末天数（如 N）的数字，则往后推（N– 月末天数）天。

当DATE函数的参数中出现小数时，会被截尾取整。

下面通过示例（见图8-6）直观展示DATE函数的使用方法。注意：当"月"或"日"使用负数或0作为参数时，DATE函数会按照日期单位往回推算。输入如下公式：

=DATE(A2,B2,C2)

按Enter键确认后，即可得到想要的结果。例如，DATE(2026,0,27)返回2025-12-27，DATE(2027,–1,5)返回2026-11-5，DATE(2030,10,–1)返回2030-9-29。

年	月	日	日期
2025	12	11	2025/12/11
2026	0	27	2025/12/27
2027	–1	5	2026/11/5
2028	13	16	2029/1/16
2029	11	0	2029/10/31
2030	10	–1	2030/9/29
2030	5	32	2030/6/1
1	5	20	1901/5/20

图8-6 使用DATE函数合并日期

8.3.2　TIME函数的用法

TIME函数是工作中常用的时间合并函数，其语法结构如下：

=TIME（小时，分钟，秒）

参数说明如下。

1）第 1 个参数：代表小时的数字，应使用 0 ～ 32767 之间的数字。如果输入的数字大于 23，函数会将其除以 24，余数将作为小时值。例如，TIME(25,0,0) 的结果是 TIME(1,0,0)，因为 25 除以 24 余 1。

2）第 2 个参数：代表分钟的数字，应使用 0 ～ 32767 之间的数字。如果输入的数字大于 59，函数会将其除以 60，余数转换为小时和分钟。例如，TIME(0,61,0) 的结果是 TIME(1,1,0)，因为 61 除以 60 余 1。

3）第 3 个参数：代表秒的数字，应使用 0 ～ 32767 之间的数字。如果输入的数字大于 59，函数会将其除以 60，余数转换为小时、分钟和秒。例如，TIME(0,0,61) 的结果是 TIME(0,1,1)，因为 61 除以 60 余 1。

当 TIME 函数的参数中出现小数时，会被截尾取整。

下面结合一个示例（见图 8-7）帮助读者更好地掌握 TIME 函数的使用方法。注意：当“分钟”或“秒”中使用 0 或负数时，TIME 函数会按照时间单位往回推算。

输入如下公式：

```
=TIME(A2,B2,C2)
```

按 Enter 键确认后，即可得到想要的结果，如图 8-7 所示。

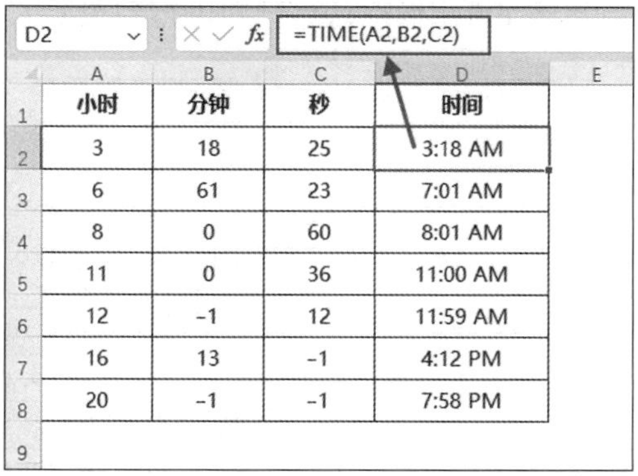

小时	分钟	秒	时间
3	18	25	3:18 AM
6	61	23	7:01 AM
8	0	60	8:01 AM
11	0	36	11:00 AM
12	-1	12	11:59 AM
16	13	-1	4:12 PM
20	-1	-1	7:58 PM

图 8-7　使用 TIME 函数合并时间

8.4　按要求计算星期相关数据

如何按要求计算星期相关数据呢？可以利用 Excel 中专门用于计算星期的函数 WEEKDAY 函数和 WEEKNUM 函数。下面分别展开介绍。

8.4.1　WEEKDAY 函数的用法

WEEKDAY 函数返回指定日期在一周中是第几天的对应数字，其语法结构如下：

```
=WEEKDAY（日期，返回值类型）
```

其中，第 2 个参数的返回值类型与返回结果数字之间的对应关系如表 8-1 所示。按照日常的工作习惯，WEEKDAY 函数的第 2 个参数通常设置为 2，这样得到的结果数字就能直接对应到星期几。例如，当返回值为 1 时，代表日期是星期一。

表 8-1　WEEKDAY 函数第 2 个参数的说明

返回值类型	返回数字与星期的对应关系
省略或 1	1（星期日）～ 7（星期六）之间的数字
2	1（星期一）～ 7（星期日）之间的数字
3	0（星期一）～ 6（星期日）之间的数字
11	1（星期一）～ 7（星期日）之间的数字
12	1（星期二）～ 7（星期一）之间的数字
13	1（星期三）～ 7（星期二）之间的数字
14	1（星期四）～ 7（星期三）之间的数字
15	1（星期五）～ 7（星期四）之间的数字
16	1（星期六）～ 7（星期五）之间的数字
17	1（星期日）～ 7（星期六）之间的数字

为了帮助读者更好地理解 WEEKDAY 函数的用法，我们来看一个示例。

在 Excel 中输入如下公式：

```
=WEEKDAY(A2,2)
```

按 Enter 键确认后，即可得到想要的结果，如图 8-8 所示。

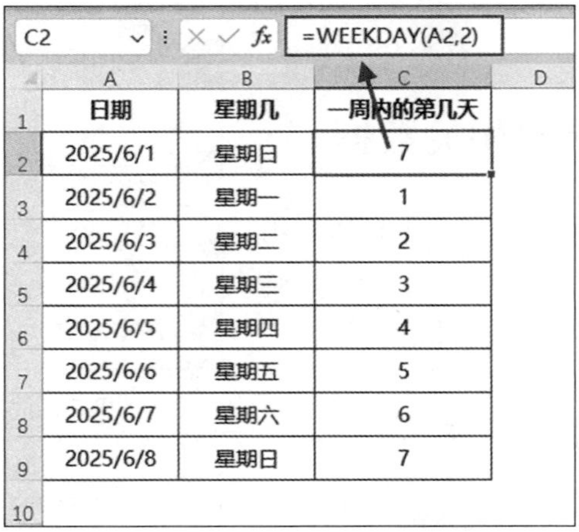

C2　=WEEKDAY(A2,2)

日期	星期几	一周内的第几天
2025/6/1	星期日	7
2025/6/2	星期一	1
2025/6/3	星期二	2
2025/6/4	星期三	3
2025/6/5	星期四	4
2025/6/6	星期五	5
2025/6/7	星期六	6
2025/6/8	星期日	7

图 8-8　使用 WEEKDAY 函数返回的结果

8.4.2　WEEKNUM 函数的用法

WEEKNUM 函数返回指定日期在一年内是第几周的对应数字，其语法结构如下：

```
=WEEKNUM（日期，返回值类型）
```

其中，第 2 个参数用于确定一周的第一天从哪天开始，并提供了两种机制：1 为常用机制，2 为欧洲机制。第 2 个参数不同值的具体说明如表 8-2 所示。

表 8-2 WEEKNUM 函数第 2 个参数的说明

返回值类型	一周的第一天从哪天开始	机制
省略或 1	星期日	1
2	星期一	1
11	星期一	1
12	星期二	1
13	星期三	1
14	星期四	1
15	星期五	1
16	星期六	1
17	星期日	1
21	星期一	2

从表 8-2 中可以发现，按照日常的工作习惯，WEEKNUM 函数第 2 个参数应设置为 2。这意味着包含 1 月 1 日的那一周应视为该年的第 1 周，其编号为第 1 周。

为了让读者更好地理解 WEEKNUM 函数的用法，下面来看一个示例。

在 Excel 中输入如下公式：

=WEEKNUM(A2,2)

按 Enter 键确认后，即可得到想要的结果，如图 8-9 所示。

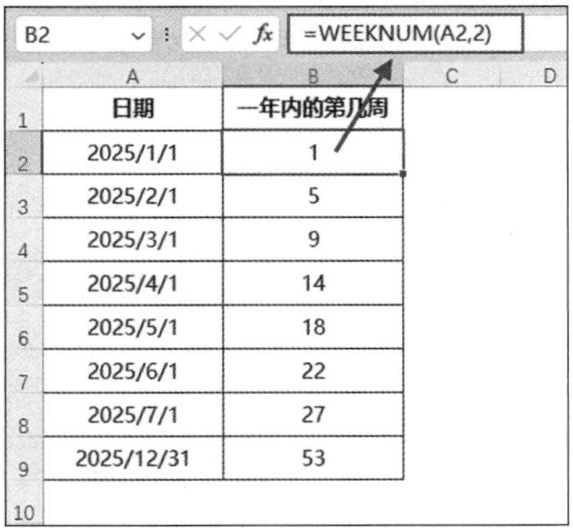

8.5 按要求推算日期

如何按要求推算日期呢？Excel 提供了两个非常重要的日期推算函数：EDATE 函数和 EOMONTH 函数。下面分别展开介绍。

图 8-9 使用 WEEKNUM 函数返回的结果

8.5.1 EDATE 函数的用法

EDATE 函数用于根据基准日期和指定的月份数向前或向后推算日期，其语法结构如下：

=EDATE（基准日期，月份数）

其中，第 2 个参数"月份数"起着重要作用，如果"月份数"是正数，EDATE 函数将基于基准日期向后推算，生成未来的日期；如果"月份数"是负数，EDATE 函数将基于基准日期向前推算，生成过去的日期；如果"月份数"不是整数，EDATE 函数将会对其进行截尾取整处理，如 5.9 会被截尾取整为 5。

为了让读者更好地掌握 EDATE 函数的用法，下面来看一个示例：某企业需要根据合同签订日期和合同期限推算续签日期。使用 EDATE 函数可以轻松解决这类问题，在 Excel 中输入如下公式：

$$=EDATE(B2,C2)$$

按 Enter 键确认后，即可得到想要的结果，如图 8-10 所示。

8.5.2　EOMONTH 函数的用法

EOMONTH 函数用于根据基准日期和指定的月份数返回某个月份最后一天的日期，其语法结构如下：

$$=EOMONTH（基准日期，月份数）$$

其中，第 2 个参数"月份数"起着重要作用，当"月份数"为正数时，EOMONTH 函数会基于基准日期向后推算，返回未来某个月份最后一天的日期；当"月份数"为负数时，EOMONTH 函数则会基于基准日期向前推算，返回过去某个月份最后一天的日期；若"月份数"不是整数，EOMONTH 函数会采取截尾取整的方式处理，如 1.5 会被截尾取整为 1。

为了帮助读者更好地掌握 EOMONTH 函数的用法，下面来看一个示例。在 Excel 中输入如下公式：

$$=EOMONTH(A2,B2)$$

按 Enter 键确认后，即可得到想要的结果，如图 8-11 所示。

合同编号	签订日期	合同期限（月）	续签日期
HT001	2024/8/1	6	2025/2/1
HT002	2024/9/12	12	2025/9/12
HT003	2024/10/24	24	2026/10/24
HT004	2024/12/5	36	2027/12/5
HT005	2025/1/16	48	2029/1/16
HT006	2025/2/27	60	2030/2/27
HT007	2025/4/10	72	2031/4/10

图 8-10　使用 EDATE 函数推算合同续签日期

基准日期	月份数	月末日期
2024/6/1	0	2024/6/30
2024/7/12	1	2024/8/31
2024/8/22	-1	2024/7/31
2024/10/2	2	2024/12/31
2024/11/12	-2	2024/9/30
2024/12/23	1.5	2025/1/31
2025/2/2	1.9	2025/3/31

图 8-11　使用 EOMONTH 函数推算月末日期

8.6 按要求计算工作日

如何按要求计算工作日呢？可以使用 Excel 专用的工作日计算函数 WORKDAY.INTL 函数和 NETWORKDAYS.INTL 函数。下面分别具体介绍。

8.6.1 WORKDAY.INTL 函数的用法

WORKDAY.INTL 函数用于根据基准日期和指定的工作日天数计算之前或之后的日期，并支持自定义周末和节假日作为非工作日。其语法结构如下：

=WORKDAY.INTL（基准日期，工作日天数，[周末休息日]，[节假日休息日]）

参数说明如下。

1）第 1 个参数：必需，表示基准日期，从这一天作为基准开始推算工作日。如果提供的基准日期不是整数，函数会将其截尾取整为最接近的整数日期。

2）第 2 个参数：必需，表示基准日期之前或之后的工作日天数，正数表示未来日期，负数表示过去日期。

3）第 3 个参数：可选，允许用户自定义一周中哪些日期被视为休息日（非工作日）。它有两种表达形式，如表 8-3 所示。

> **注意** 第 3 个参数用于企业自定义一周中被视为周末休息日的具体日期（即"周末休息日"）。该参数由微软官方定义，共有 14 种不同的数值选项（具体对应关系详见表 8-3），每种数值代表一种关于周末休息日的规则。例如：
> - 数值 1 表示周六和周日为周末休息日。
> - 数值 11 表示仅周日为周末休息日。
> - 数值 12 表示仅周一为周末休息日（适用于某些周六、周日业务繁忙的行业）。

表 8-3 WORKDAY.INTL 函数第 3 个参数的说明

周末休息日	形式 1	形式 2
星期六、星期日	省略或 1	"0000011"
星期日、星期一	2	"1000001"
星期一、星期二	3	"1100000"
星期二、星期三	4	"0110000"
星期三、星期四	5	"0011000"

(续)

周末休息日	形式 1	形式 2
星期四、星期五	6	"0001100"
星期五、星期六	7	"0000110"
仅星期日	11	"0000001"
仅星期一	12	"1000000"
仅星期二	13	"0100000"
仅星期三	14	"0010000"
仅星期四	15	"0001000"
仅星期五	16	"0000100"
仅星期六	17	"0000010"

4）第 4 个参数：可选，允许用户指定一个或多个额外的休息日（如公共假期），这些日期不会被视为工作日。

第 3 个参数的形式 2 比形式 1 更加灵活，它支持用户根据需要自定义设置休息日，使用由 7 位数字组成的自定义休息日代码，其中每个数字都代表一周中的某一天。自定义休息日代码中仅允许使用 0 和 1，其中 1 表示休息日，0 表示工作日，如 "1010100" 表示周一、周三、周五这 3 天是休息日，其余 4 天是工作日。注意：一周至少要设置 1 天为工作日，不可设置一周 7 天全部休息，例如，"1111111" 是无效字符串。

为了帮助读者更好地理解 WORKDAY.INTL 函数的使用方法，下面来看一个示例。

在 Excel 中输入如下公式：

=WORKDAY.INTL(A2,B2,C2)

按 Enter 键确认后，即可得到想要的结果，如图 8-12 所示。

基准日期	工作日天数	周末休息日	WORKDAY.INTL
2025/6/1	5	1	2025/6/6
2025/6/1	5	2	2025/6/7
2025/6/1	-5	3	2025/5/25
2025/6/1	10	4	2025/6/15
2025/6/1	5	0000011	2025/6/6
2025/6/1	5	1000001	2025/6/7
2025/6/1	-5	1100000	2025/5/25

图 8-12　使用 WORKDAY.INTL 推算工作日

8.6.2 NETWORKDAYS.INTL 函数的用法

NETWORKDAYS.INTL 函数用于根据起始日期和截止日期计算两个日期之间的所有工作日天数，支持自定义周末和节假日作为休息日。其语法结构如下：

=NETWORKDAYS.INTL（起始日期，截止日期，[周末休息日]，
[节假日休息日]）

其中，第 3 个参数和第 4 个参数的用法与 WORKDAY.INTL 函数的对应参数相同，请参照前面的说明和图 8-12，此处不再赘述。

8.6.3 示例：复杂排班下的工作日计算

在实际工作中，工作日的计算不仅涉及自定义的周末和节假日休息日，还需要考虑调休和倒班的情况。下面结合一个实际案例，说明在综合节假日和倒班的复杂情况下如何利用 NETWORKDAYS.INTL 函数计算工作日天数。

假设某公司需要统计 2025 年 10 月份的应出勤天数，要求遵循国家法定节假日和调休规定（见图 8-13），同时具体安排包含以下 3 点。

1）国庆节及中秋节法定假日：10 月 1 日至 10 月 8 日休息。
2）周末休息日：10 月 12 日、10 月 18 日、10 月 19 日、10 月 25 日、10 月 26 日休息。
3）节假日后调休：10 月 11 日（周六）上班。

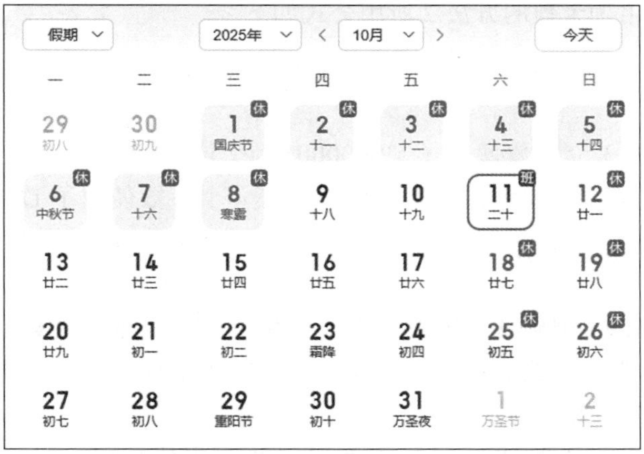

图 8-13　国庆节调休及周末休息日安排

本案例中涉及自定义周末、节假日和调休等复杂情况，可以使用 NETWORKDAYS.INTL 函数计算 10 月份的工作日天数（应出勤天数）。下面提供两种解决方法。

公式如下：

$$=NETWORKDAYS.INTL(B1,B2,11,D2:D11)$$

在该公式中，第 3 个参数使用了 11（仅星期日休息），第 4 个参数使用了 D2:D11（将此区域包含的日期作为节假日休息日），采用这两种休息日的并集作为自定义休息日进行应出勤天数的统计。

输入公式后按 Enter 键确认，即可根据排班情况计算应出勤天数，如图 8-14 所示。得到的计算结果 18 即为排除自定义休息日后 10 月份的工作日天数。其中，第 4 个参数的 D2:D11 可以根据排班情况调整。

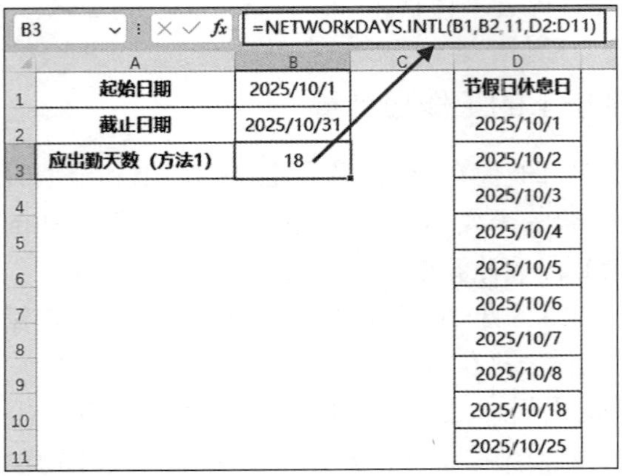

图 8-14　方法 1：使用 NETWORKDAYS.INTL 函数计算应出勤天数

计算 10 月份应出勤天数的方法 2 所用公式如下。

$$=NETWORKDAYS.INTL(B1,B2,"0000001",D2:D11)$$

在该公式中，第 3 个参数使用了 "0000001"（7 位数字分别代表从周一到周日，0 代表工作日，1 代表休息日）表示仅星期日休息，第 4 个参数使用了 D2:D11（将此区域包含的日期作为节假日休息日），采用这两种休息日的并集作为自定义休息日进行应出勤天数的统计。

输入公式后按 Enter 键确认，即可根据复杂排班计算应出勤天数，如图 8-15 所示。得到的计算结果 18 即为排除自定义休息日后 10 月份的工作日天数。其中，第 4 个参数的 D2:D11 可以根据排班情况调整。

在实际工作中，即使遇到比本案例更加复杂的调休情况，只要按计算规则设置对应的自定义休息日，就可以轻松地解决。当没有固定周末休息日的时候，可以灵活利用 NETWORKDAYS.INTL 函数第 3 个参数的周末休息日和第 4 个参数的节假日休息日设置排班调休后的休息安排，没被这些休息日覆盖的日期都算工作日。这样，即使遇到再复杂的排班情况，也能够解决。

| B3 | =NETWORKDAYS.INTL(B1,B2,"0000001",D2:D11) |

	A	B	C	D
1	起始日期	2025/10/1		节假日休息日
2	截止日期	2025/10/31		2025/10/1
3	应出勤天数（方法2）	18		2025/10/2
4				2025/10/3
5				2025/10/4
6				2025/10/5
7				2025/10/6
8				2025/10/7
9				2025/10/8
10				2025/10/18
11				2025/10/25

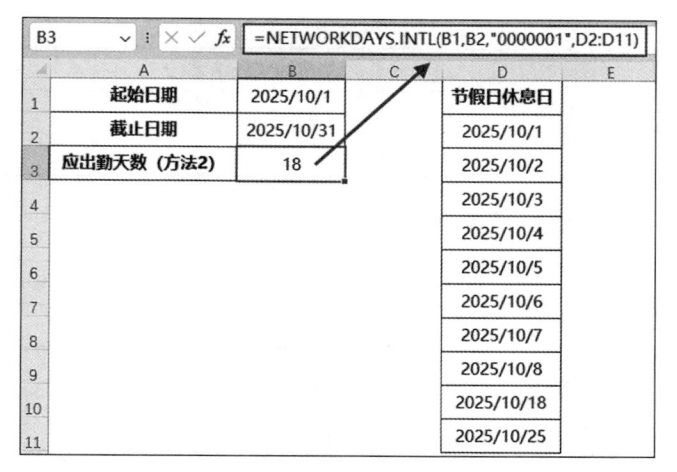

图 8-15　方法 2：使用 NETWORKDAYS.INTL 函数计算应出勤天数

8.7　按要求统计日期间隔

如何按要求统计日期间隔呢？可以使用 DATEDIF 函数进行解决。

8.7.1　DATEDIF 函数的用法

DATEDIF 函数用于根据起始日期和截止日期计算两个日期之间的年数、月数、天数。它是 Excel 中的隐藏函数，所以在 Excel 函数库（见图 8-1）的日期函数列表中并不显示。即使在 Excel 中输入该公式，也不会显示其语法结构和参数提示，如图 8-16 所示。

```
=DATEDIF(
 DATEDIF()
```

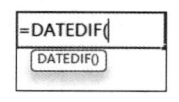

图 8-16　输入 DATEDIF 函数时没有提示

这些隐藏造成的不便丝毫没有影响到 DATEDIF 函数成为处理统计日期间隔问题时人们的首选函数，因为它提供了丰富的计算选项，能够准确统计两个日期之间相隔的天数、月数或年数。

DATEDIF 函数的语法结构如下：

=DATEDIF（起始日期，截止日期，计算选项）

其中，第 3 个参数"计算选项"提供了非常丰富的功能，具体如表 8-4 所示。

表 8-4 DATEDIF 函数第 3 个参数的说明

计算选项	对应的统计结果
D	一段时期内的天数
M	一段时期内的整月数
Y	一段时期内的整年数
MD	起始日期与截止日期的天数之差（忽略日期中的月份和年份）
YM	起始日期与截止日期的月份之差（忽略日期中的天和年份）
YD	起始日期与截止日期的天数之差（忽略日期中的年份）

下面来看一个示例：设起始日期和截止日期分别为 2025 年 5 月 1 日和 2026 年 8 月 8 日，要求计算两者之间的日期间隔。在 Excel 中输入如下公式：

```
=DATEDIF(A$2,B$2,"D")
```

按 Enter 键确认公式后，即可得到想要的结果，如图 8-17 所示。

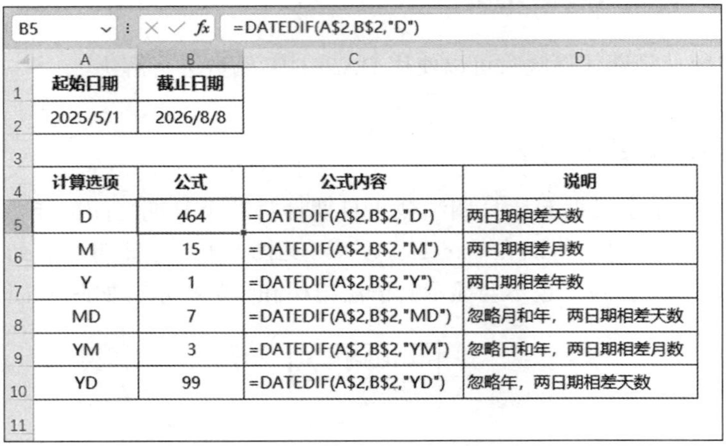

B5 =DATEDIF(A$2,B$2,"D")

起始日期	截止日期
2025/5/1	2026/8/8

计算选项	公式	公式内容	说明
D	464	=DATEDIF(A$2,B$2,"D")	两日期相差天数
M	15	=DATEDIF(A$2,B$2,"M")	两日期相差月数
Y	1	=DATEDIF(A$2,B$2,"Y")	两日期相差年数
MD	7	=DATEDIF(A$2,B$2,"MD")	忽略月和年，两日期相差天数
YM	3	=DATEDIF(A$2,B$2,"YM")	忽略日和年，两日期相差月数
YD	99	=DATEDIF(A$2,B$2,"YD")	忽略年，两日期相差天数

图 8-17 使用 DATEDIF 函数按要求统计日期间隔

8.7.2 示例：根据入职日期精确统计工龄

某企业要求准确统计离职员工的工龄，根据员工的入职日期和办清离职手续的具体日期，精确计算出员工在职期间的工龄，格式是几年几月几天。

为了实现这一目标，可以组合使用 TEXT+SUM+DATEDIF 函数，具体公式如下：

```
=TEXT(SUM(DATEDIF(B2,C2,{"y","ym","md"})*10^{4,2,0}),"0 年 00 月 00 天 ")
```

将公式向下填充，即可得到工龄的准确结果，如图 8-18 所示。

	A	B	C	D
1	姓名	入职日期	离职日期	工龄（精确到几年几月几天）
2	李锐1	2021/12/27	2025/2/28	3年02月01天
3	李锐2	2022/6/6	2025/7/9	3年01月03天
4	李锐3	2023/3/16	2025/9/17	2年06月01天
5	李锐4	2023/10/25	2025/3/28	1年05月03天
6	李锐5	2023/6/10	2025/8/1	2年01月22天
7	李锐6	2023/1/12	2024/12/15	1年11月03天
8	李锐7	2022/8/22	2025/4/25	2年08月03天
9	李锐8	2022/4/1	2025/9/3	3年05月02天
10	李锐9	2021/11/9	2025/1/12	3年02月03天

D2 单元格公式：=TEXT(SUM(DATEDIF(B2,C2,{"y","ym","md"})*10^{4,2,0}),"0年00月00天")

图 8-18 组合使用 TEXT+SUM+DATEDIF 函数精确计算工龄

在上述公式中，DATEDIF 函数的第 3 个参数使用了数组 {"y","ym","md"}，作用是分别按照年、月（忽略天和年）、天（忽略年）计算入职日期和离职日期之间的时间间隔。然后将这 3 个结果分别乘以 10000、100、1，得到包含年、月、天数的组合数字。例如，D5 单元格的计算结果是 10503，这个数字是由 1 年（即 20000）、5 个月（即 500）和 3 天（即 3）组合而成的。最后利用 TEXT 函数将该组合数字换为易于理解的形式。仍以 D5 单元格为例，公式 =TEXT(10503,"0 年 00 月 00 天 ") 会将 10503 转换为 "1 年 05 月 03 天"。

在该案例所用的多函数组合公式中，各个函数各司其职，共同完成了工龄的精确计算与格式化显示任务。

1）DATEDIF 函数负责计算年、月、天间隔并将其传递给 SUM 函数。

2）SUM 函数负责将年、月、天信息组合成一个包含完整工龄信息的数字，并将其传递给 TEXT 函数。

3）TEXT 函数负责按照用户需要的形式，将 SUM 函数传递过来的数字转换成"几年几月几日"形式的工龄结果。

在此过程中，多个函数协同工作，我们不仅可以深刻感受到 Excel 函数组合公式的灵动与魅力，还能学到一种解决复杂问题的方法论。当遇到单一函数无法解决的复杂问题时，我们可以尝试借助多函数组合嵌套的方式，将各个函数的优势相互融合，从而大幅扩展函数公式的应用范围与功能，使各函数珠联璧合，相得益彰，共同助力我们更高效地解决问题。

第 9 章 查找引用类数据管理

Excel 中的查找引用函数是一类非常实用的函数，它们的主要作用是按照用户要求查找特定信息，并返回对应的数据或相关的引用值。查找引用函数可以帮助用户快速定位、提取和筛选数据，甚至跨表引用数据。用户可以在 Excel 函数库中查看这些函数，并获取帮助信息（截图基于 Excel 2024 版本），如图 9-1 所示。

下面结合示例介绍常用的查找引用函数。

9.1 查找数据

VLOOKUP 函数是一个非常强大的 Excel 查找函数，因其友好的界面和强大的功能性而深受欢迎，被众多用户称为 Excel 函数中的"明星"。

9.1.1 VLOOKUP 函数的用法

VLOOKUP 函数用于在查找区域左侧列中查找特定值，然后根据用户指定的相对列号和匹配模式，返回该特定值所在行右侧的匹配值作为结果。其语法结构如下：

=VLOOKUP（特定值，查找区域，返回列号，[匹配模式]）

参数说明如下：

1）第 1 个参数：特定值，即按什么条件查找。

2）第 2 个参数：查找区域，即包含特定值的表格区域。VLOOKUP 函数会在这个查找区域的左侧列中查找特定值，其中最左列需要包含要查找的数据。

第 9 章　查找引用类数据管理　◆　123

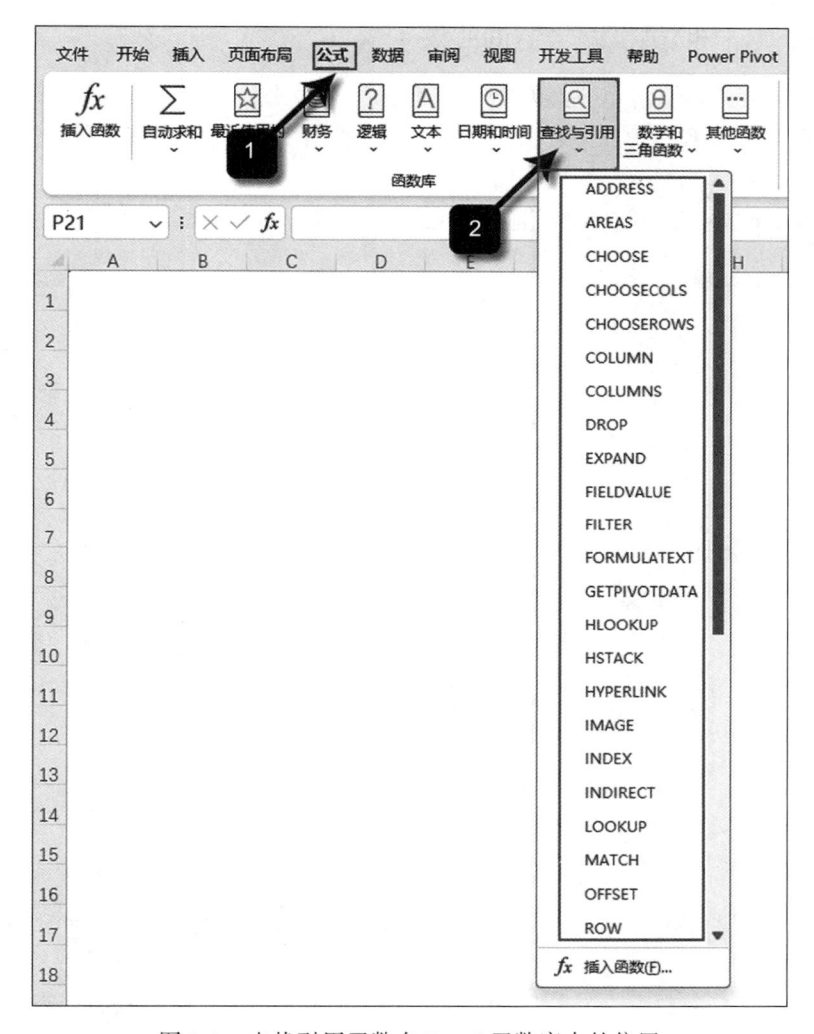

图 9-1　查找引用函数在 Excel 函数库中的位置

3）第 3 个参数：返回结果在查找区域中的相对列号。即找到特定值后，VLOOKUP 函数会返回查找区域中该特定值所在行的右侧指定列号对应的匹配值作为结果。

4）第 4 个参数：可选参数，指定查找时的匹配模式。该参数省略或设置为 1 时，函数采用近似模式匹配；设置为 0，则函数采用精确模式匹配。

在工作中查询数据时，一般第 4 个参数都设置为 0，确保 VLOOKUP 函数按照精确模式匹配数据。如果在查找区域中找不到要找的特定值，VLOOKUP 函数将返回错误值 #N/A。

为了帮助读者更好地掌握 VLOOKUP 函数的使用方法，下面结合几个示例具体说明。

9.1.2 示例 1：按照员工编号查询业绩

如图 9-2 所示，某销售企业经常需要依据员工编号来检索员工的业绩数据。为了实现这一需求，我们可以利用 VLOOKUP 函数，其中 E2 单元格内的“员工编号”即为查找的特定值。

设定 VLOOKUP 函数的查找范围为“A2:C9”，在 Excel 中输入如下公式：

```
=VLOOKUP(E2,A2:C9,3,0)
```

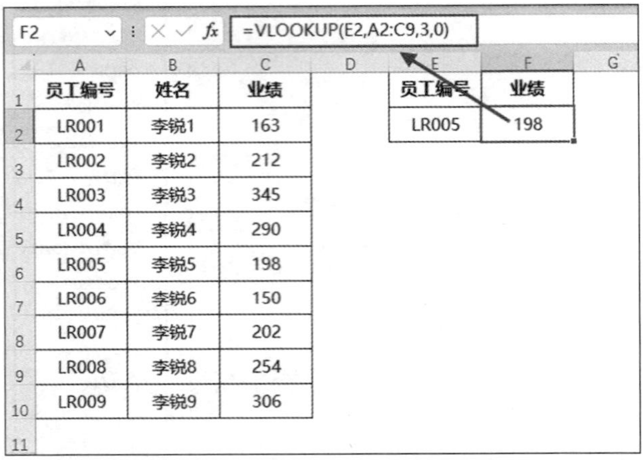

F2 =VLOOKUP(E2,A2:C9,3,0)

	A	B	C	D	E	F	G
1	员工编号	姓名	业绩		员工编号	业绩	
2	LR001	李锐1	163		LR005	198	
3	LR002	李锐2	212				
4	LR003	李锐3	345				
5	LR004	李锐4	290				
6	LR005	李锐5	198				
7	LR006	李锐6	150				
8	LR007	李锐7	202				
9	LR008	李锐8	254				
10	LR009	李锐9	306				
11							

图 9-2 使用 VLOOKUP 函数按照员工编号查询业绩

函数便会在 A 列（即左侧第 1 列）中搜索与 E2 单元格相匹配的员工编号。一旦找到匹配项，如“LR005”，函数便会返回该行（即第 6 行）右侧第 3 列（即 C 列）中的业绩数据（即 198）作为结果。

公式中的第 4 个参数设为 0，表示采用精确匹配模式。这意味着只有当查找值与查找范围内的某个值完全吻合时，函数才会返回结果。若未找到匹配项，则会返回 #N/A 错误值，提示用户查找失败。

在实际应用中，为确保数据准确性，使用 VLOOKUP 函数时建议多采用精确匹配模式。

9.1.3 示例 2：按照姓名查询所有科目成绩

某学校需要按照学生姓名来查询他们的数学、语文和英语成绩。如图 9-3 所示，左侧是一个包含学生姓名和各科目成绩的成绩表，而右侧则列出了一系列待查询的姓名（位于 G2:G5 区域）。

为了查询这些姓名对应的科目成绩，可以在 H2 单元格中输入如下公式：

=VLOOKUP($G2,$B$2:$E$10,COLUMN(B1),0)

然后利用单元格右下角的填充柄将公式向右填充至 J2 单元格，再向下填充至 J5 单元格，即可得到想要的结果。

考号	姓名	数学	语文	英语		姓名	数学	语文	英语
K001	李锐1	60	96	98		李锐3	72	86	99
K002	李锐2	53	51	54		李锐5	80	91	91
K003	李锐3	72	86	99		李锐7	83	100	92
K004	李锐4	65	89	81		李锐9	86	62	87
K005	李锐5	80	91	91					
K006	李锐6	68	91	67					
K007	李锐7	83	100	92					
K008	李锐8	56	77	59					
K009	李锐9	86	62	87					

图 9-3　使用 VLOOKUP 函数按照姓名查询所有科目成绩

这个公式避免了查询多字段数据时，需要输入 3 个 VLOOKUP 公式分别查询 3 个科目成绩的烦琐。之所以能一次性查询返回"数学""语文"和"英语"3 个字段的数据，关键在于以下 3 点。

1）第 1 个参数使用 $G2 绝对引用列，作用是当公式向右填充时，公式查找的特定值始终是 G 列的姓名，不会随着公式向右填充而偏移到其他列。

2）第 2 个参数使用 $B$2:$E$10 绝对引用区域，作用是当公式向右和向下填充时，其查找区域始终是 B2:E10 区域，不会随着公式的填充而偏移。

3）第 3 个参数使用 COLUMN(B1) 函数返回指定单元格（如 B1）的列号（结果为 2），并将 2 作为 VLOOKUP 函数的第 3 个参数，从而返回"数学"科目的成绩。随着公式向右填充，COLUMN(B1) 分别变成 COLUMN(C1) 和 COLUMN(D1)，这时分别返回 3 和 4。这两个数字随后作为 VLOOKUP 函数的第 3 个参数，分别返回"语文"和"英语"科目的成绩。

9.1.4　注意事项

在实际使用 VLOOKUP 函数时，即使查找区域中包含要查找的特定值，有时仍可能返回错误值，这可能是由于使用方法不当。为了避免发生错误或纠正现有问题，在使用 VLOOKUP 函数应注意以下几点。

1）VLOOKUP 函数要求查找的特定值的数据格式和查找区域最左列的数据格式应一致，否则无法匹配。

2）查找区域的最左列应该包含要查找的特定值。

3）返回结果在查找区域中的列号指的是相对于查找区域起始列的列位置，并非绝对列号。

4）当有多个满足条件的匹配结果时，VLOOKUP函数会将从上向下返回的第一个匹配值作为结果。

5）当公式需要填充到多个单元格时，请注意VLOOKUP函数第1个参数的混合引用和第2个参数的绝对引用。

6）数据源不规范（如包含空格等非打印字符）时可能导致公式结果错误。使用公式前，应检查并清除不可见字符。

7）VLOOKUP函数仅支持从左向右查找，即查找的特定值在左侧，要返回的结果在右侧。

如果要查找的特定值在要返回结果的右侧，导致无法使用VLOOKUP函数直接查询数据时，可以使用INDEX+MATCH函数组合进行查询，具体步骤如下。

1）使用MATCH函数按查询条件定位特定数据所在的位置，并将此位置传递给INDEX函数。

2）使用INDEX函数按MATCH函数传递的位置从数据源中引用数据，从而实现对数据的灵活获取。

9.2 按位置引用数据

那么，如何使用INDEX函数按位置引用数据呢？我们先来学习INDEX函数的具体用法，再结合示例深入理解。

9.2.1 INDEX函数的用法

INDEX函数是常用的Excel引用函数，用于按照指定位置的行号和列号，从指定的引用区域中返回对应数据。其语法结构如下：

=INDEX(引用区域,行号,[列号],[区域号])

参数说明如下。

1）第1个参数：必需，这是对一个或多个单元格区域的引用。如果需要引用多个不连续的区域，必须将它们用括号括起来组合成联合引用，如（区域1，区域2，…）。

2）第2个参数：必需，指定要返回数据所在的行号或列号。

3）第3个参数：可选。同时使用第2个参数和第3个参数时，函数将返回行列交叉处的数据。

4）第 4 个参数：可选，用于指定在联合引用中的哪一个区域返回数据。如果省略，则默认返回第一个区域的数据。

为了帮助读者更好地掌握 INDEX 函数的用法，下面结合几个示例进行具体介绍。

9.2.2　示例 1：从列 / 行数据中按行号 / 列号引用数据

公式 =INDEX(B2:B6,2) 的作用是使用 INDEX 函数从列区域 B2:B6 中引用第 2 行的数据，并返回该位置所对应的"香蕉"，如图 9-4 所示。

公式 =INDEX(B4:E4,2) 的作用是使用 INDEX 函数从行区域 B4:E4 中引用第 2 列的数据，并返回该位置所对应的"上海"，如图 9-5 所示。

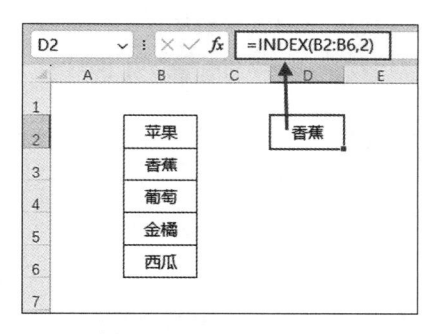

图 9-4　使用 INDEX 函数从一列数据中按行号引用数据

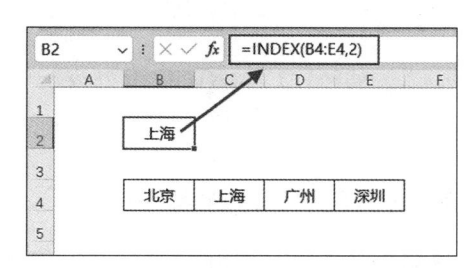

图 9-5　使用 INDEX 函数从一行数据中按列号引用数据

9.2.3　示例 2：从多行多列区域中引用数据

公式 =INDEX(C3:F7,2,3) 的作用是使用 INDEX 函数从多行多列区域 C3:F7 中引用第 2 行和第 3 列交叉位置单元格的数据，并返回该位置所对应的 28，如图 9-6 所示。

9.2.4　示例 3：从多个不连续区域中引用数据

公式 =INDEX((B4:C8,E4:F8),3,1,2) 的作用是使用 INDEX 函数从联合区域 (B4:C8,E4:F8) 中引用第 2 个区域 E4:F8 的第 3 行和第 1 列交叉位置的单元格数据，并返回该

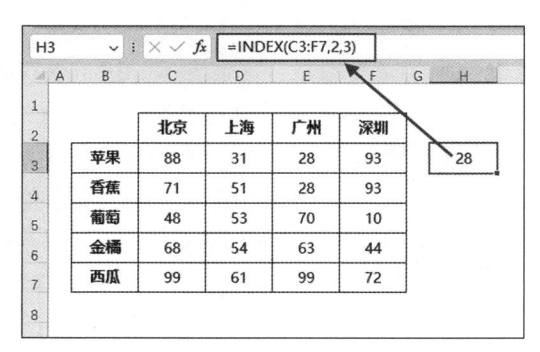

图 9-6　使用 INDEX 函数从多行多列区域中按行号和列号引用数据

位置所对应的 20，如图 9-7 所示。

在这几个示例中，INDEX 函数引用位置的行号、列号都是直接给定的，这是为了让读者更清晰地观察 INDEX 函数按位置引用数据的过程。在实际工作中，INDEX 函数中第 2 个参数和第 3 个参数的行号和列号一般都是按照查询条件进行定位，经过计算返回目标数据所在的位置。如果要按照条件自动定位目标数据所在的位置，就要使用 MATCH 函数了。

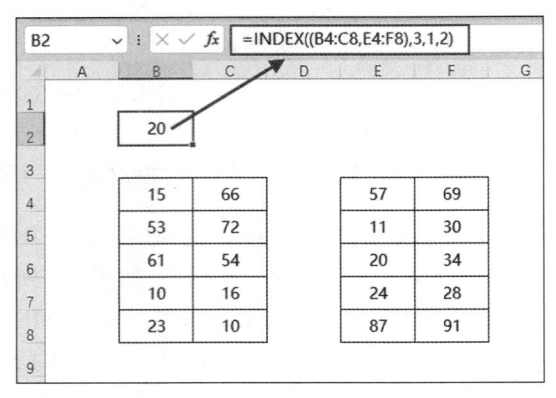

图 9-7 使用 INDEX 函数从多个不连续区域中按行号、列号和区域号引用数据

9.3 按条件定位数据位置

那么，如何使用 MATCH 函数按条件定位数据位置呢？我们先来学习 MATCH 函数的具体用法，再结合示例介绍。

9.3.1 MATCH 函数的用法

MATCH 函数是常用的定位函数，用于查询并返回查找值在区域中的相对位置。实际工作中，MATCH 函数多与其他函数组合使用，查找目标值的位置后传递给引用函数，从而获得所需数据。MATCH 函数的语法结构如下：

$$=\text{MATCH}（查找值，查找区域，[查询方式]）$$

参数说明如下。

1）第 1 个参数：必需参数，要查找的值，即要查询的目标数据。

2）第 2 个参数：必需参数，进行查找的区域，即在哪个区域范围内查找。

3）第 3 个参数：可选参数，指定查询方式是精确匹配还是近似匹配。该参数为 0 时，函数按照精确匹配方式进行查找，查询等于查找值的第一个值，对查找区域无排序要求；该参数为 1 或省略时，函数查找小于或等于查找值的最大值，要求查找区域以升序排序；该参数为 −1 时，函数查找大于或等于查找值的最小值，要求查找区域以降序排序。在实际工作中，绝大部分场景都需要精确匹配数据，所以第 3 个参数一般设置为 0。

MATCH 函数定位数据的执行过程如下：按照用户指定的查找方式，在查找区域中搜索用户指定的查找值，并返回查找值在区域中的相对位置。如果查找不成功，它会返回错误值 #N/A。

请读者注意，MATCH 函数的返回结果是一个代表相对位置的数字，而并非查找值本身。

为了帮助读者更好地掌握 MATCH 函数的使用方法，下面结合几个示例进行具体说明。

9.3.2　示例 1：精确查找数据

公式 =MATCH(D2,B2:B6,0) 的作用是在 B2:B6 区域中精确查找目标值"香蕉"，并返回"香蕉"在 B2:B6 区域中的相对位置 2，如图 9-8 所示。

9.3.3　示例 2：在升序区域中进行近似查找

在公式 =MATCH(D2,B2:B6) 中，MATCH 函数的第 3 个参数省略没写，所以按照近似匹配模式进行查找，具体执行过程是：先在 B2:B6 区域中查找目标值 25，找不到 25 时则查找小于 25 的最大值；若近似查找结果为 20，则返回 20 在 B2:B6 区域中的相对位置 2，如图 9-9 所示。

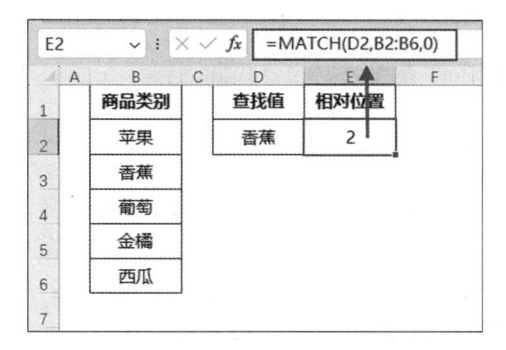

图 9-8　使用 MATCH 函数精确查找数据

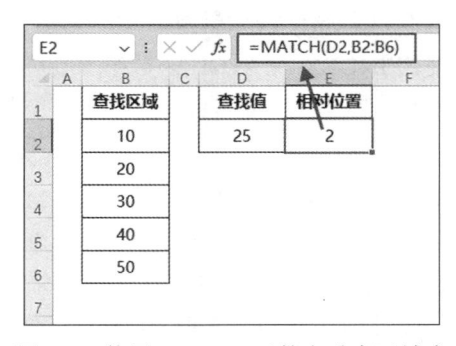

图 9-9　使用 MATCH 函数在升序区域中近似查找数据

9.3.4　示例 3：在降序区域中进行近似查找

在公式 =MATCH(D2,B2:B6,−1) 中，MATCH 函数的第 3 个参数使用 −1，所以按照近似匹配模式进行查找，具体执行过程是：先在 B2:B6 区域中查找目标值 25，找不到 25 时，则查找大于 25 的最小值；若近似查找结果为 30，则返回 30 在 B2:B6 区域中的相对位置 3，如图 9-10 所示。

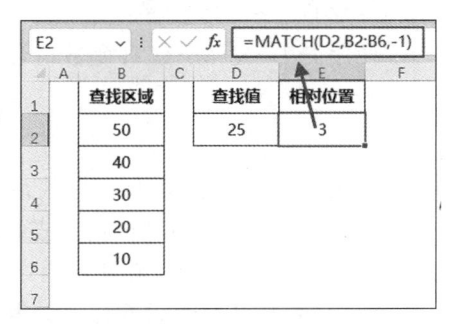

图 9-10　使用 MATCH 函数在降序区域中近似查找数据

9.4 组合查找数据

那么，如何使用 INDEX+MATCH 函数组合查询数据呢？我们先讲解清楚这个组合的查询原理，再结合示例深入理解。

9.4.1 INDEX+MATCH 函数组合查找的原理

INDEX+MATCH 函数组合查找的过程可以分为以下两步。

1）根据查找条件使用 MATCH 函数定位要返回的结果所在的行号、列号或行列的交叉位置，将代表相对位置的数字信息传递给 INDEX 函数。

2）使用 INDEX 函数接收 MATCH 函数传递的位置信息，从指定区域中按位置信息引用相应的数据，并返回该数据作为结果。

下面结合几个示例深入理解使用 INDEX+MATCH 函数组合查找数据的过程。

9.4.2 示例 1：在列/行区域中按条件查找数据

1. 在列区域中查找数据

使用 INDEX+MATCH 函数组合在列区域中按条件查找数据的公式如下：

$$=INDEX(A:A,MATCH(D2,B:B,0))$$

该公式的执行过程为：先使用 MATCH(D2,B:B,0) 按照 D2 单元格的查询姓名（即"张明月"）在整个 B 列中进行精确查找；由于计算结果为 4，因此定位目标数据（即"YG003"）所在的行号 4；将这个结果传递给 INDEX 函数，作为引用位置（即第 2 个参数）；使用 =INDEX(A:A,4) 从整个 A 列中引用第 4 行数据，并返回结果"YG003"，如图 9-11 所示。

2. 在行区域中查找数据

使用 INDEX+MATCH 函数组合在行区域中按条件查找数据的公式如下：

$$=INDEX(6:6,MATCH(A2,5:5,0))$$

该公式的执行过程是：先使用 MATCH(A2,5:5,0) 按照 A2 单元格的查询月份（即"3月"）在整个第 5 行中进行精确查找；由于计算结果为 4，因此定位目标数据（即"206"）所在的列号 4；将这个结果传递给 INDEX 函数，作为引用位置（即第 2 个参数）；使用 =INDEX(6:6,4) 从整个第 6 行中引用第 4 列数据，并返回结果 206，如图 9-12 所示。

图 9-11　使用 INDEX+MATCH 函数组合在
列区域中查找数据

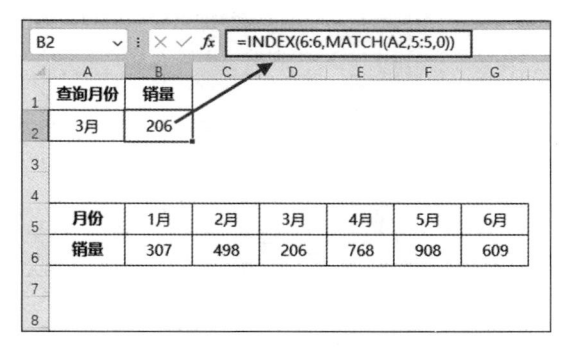

图 9-12　使用 INDEX+MATCH 函数组合在
行区域中查找数据

9.4.3　示例 2：在多行多列区域中按条件查找数据

使用 INDEX+MATCH 函数组合在多行多列区域中按条件查找数据的公式如下：

=INDEX(B2:F13,MATCH(H2,A2:A13,0),MATCH(I2,B1:F1,0))

该公式的执行过程可以分为以下 3 步。

1）使用 MATCH(H2,A2:A13,0) 按照 H2 单元格的查询月份（即"4 月"）在 A2:A13 区域中进行精确查找；由于计算结果为 4，因此定位目标数据（即"293"）的相对行号 4。

2）使用 MATCH(I2,B1:F1,0) 按照 I2 单元格的查询区域（即"上海"）在 B1:F1 区域中进行精确查找；由于计算结果为 2，因此定位目标数据（即"293"）的相对列号 2。

3）将 MATCH 函数定位的行号 4 和列号 2 传递给 INDEX 函数，作为引用位置（即第 2 个参数和第 3 个参数）；使用 =INDEX(B2:F13,4,2) 从 B2:F13 区域中引用第 4 行和第 2 列交叉位置的单元格数据，并返回结果 293，如图 9-13 所示。

9.4.4　示例 3：在多个不连续区域中按条件查找数据

使用 INDEX+MATCH 函数组合在多个不连续区域中按条件查找数据的公式如下：

=INDEX((B5:D16,G5:I16),MATCH(L5,A5:A16,0),MATCH(M5,B4:D4,0),
　　　　IF(K5=" 计划 ",1,2))

该公式的执行过程可以分为以下 4 步。

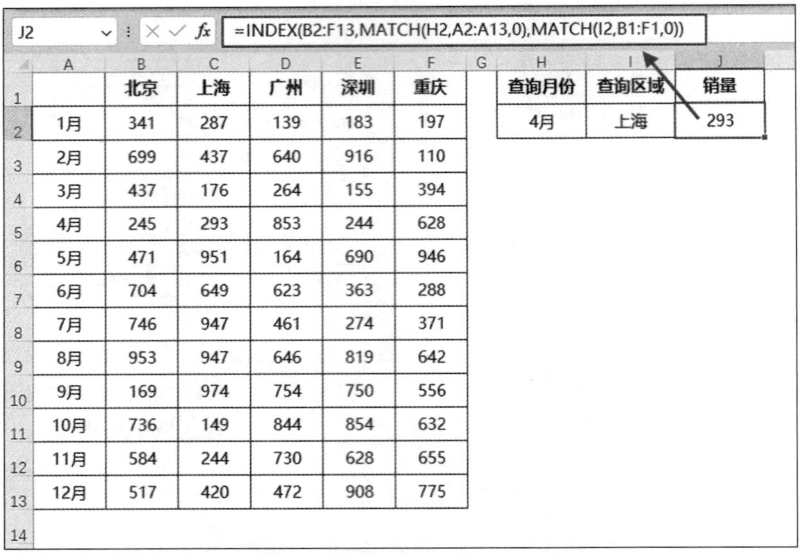

	A	B	C	D	E	F	G	H	I	J
1		北京	上海	广州	深圳	重庆		查询月份	查询区域	销量
2	1月	341	287	139	183	197		4月	上海	293
3	2月	699	437	640	916	110				
4	3月	437	176	264	155	394				
5	4月	245	293	853	244	628				
6	5月	471	951	164	690	946				
7	6月	704	649	623	363	288				
8	7月	746	947	461	274	371				
9	8月	953	947	646	819	642				
10	9月	169	974	754	750	556				
11	10月	736	149	844	854	632				
12	11月	584	244	730	628	655				
13	12月	517	420	472	908	775				

J2 =INDEX(B2:F13,MATCH(H2,A2:A13,0),MATCH(I2,B1:F1,0))

图 9-13　使用 INDEX+MATCH 函数组合在多行多列区域中查找数据

1）使用 IF(K5=" 计划 ",1,2) 根据 K5 单元格的用户选择返回 1 或 2。如果用户选择"计划",则返回 1；否则返回 2。这个结果将被传递给 INDEX 函数，作为在联合区域中要引用的区域号（即第 4 个参数）。

2）使用 MATCH(L5,A5:A16,0) 按照 L5 单元格的查找月份（即"5月"）在 A5:A16 区域中进行精确查找；由于计算结果为 5，因此定位目标数据（即"715"）的相对行号 5。

3）使用 MATCH(M5,B4:D4,0) 按照 M5 单元格的查找产品（即"产品 B"）在 B4:D4 区域中进行精确查找；由于计算结果为 2，因此定位目标数据（即"715"）的相对列号 2。

4）将 MATCH 函数定位的行号 5 和列号 2 传递给 INDEX 函数，作为引用位置（即第 2 个参数和第 3 个参数）；使用 =INDEX((B5:D16,G5:I16),5,2,2) 从联合区域 (B5:D16,G5:I16) 的第 2 个区域 G5:I16 中引用第 5 行和第 2 列交叉位置的单元格数据，并返回结果 715，如图 9-14 所示。

使用 INDEX+MATCH 组合函数时应该注意，要使 MATCH 函数的查找区域和 INDEX 函数的引用区域保持对应关系。当 MATCH 函数在整列中查找时，INDEX 函数也要引用整列；当 MATCH 函数在区域 A2:A100 中查找时，INDEX 函数也要引用对应区域（如 B2:B100）。如果 INDEX 函数偏移了引用区域（如 B1:B99），可能会导致 INDEX 函数返回的结果行发生偏移错位。除非用户是故意为之，否则应避免使用 INDEX+MATCH 函数组合时的错位引用。

	A	B	C	D	E	F	G	H	I	J	K	L	M	N
2	排产计划表					实际产量表								
4	计划	产品A	产品B	产品C		实际	产品A	产品B	产品C		计划/实际	查询月份	查询产品	产量
5	1月	421	413	751		1月	864	996	444		实际	5月	产品B	715
6	2月	891	454	299		2月	521	770	112					
7	3月	384	945	780		3月	447	377	905					
8	4月	224	142	753		4月	239	166	237					
9	5月	927	676	269		5月	742	715	722					
10	6月	867	345	612		6月	180	745	925					
11	7月	421	719	184		7月	140	258	209					
12	8月	652	362	773		8月	524	277	821					
13	9月	957	749	898		9月	187	618	281					
14	10月	527	535	694		10月	614	865	484					
15	11月	512	203	599		11月	738	834	560					
16	12月	582	970	179		12月	256	306	878					

N5 的公式为：=INDEX((B5:D16,G5:I16),MATCH(L5,A5:A16,0),MATCH(M5,B4:D4,0),IF(K5="计划",1,2))

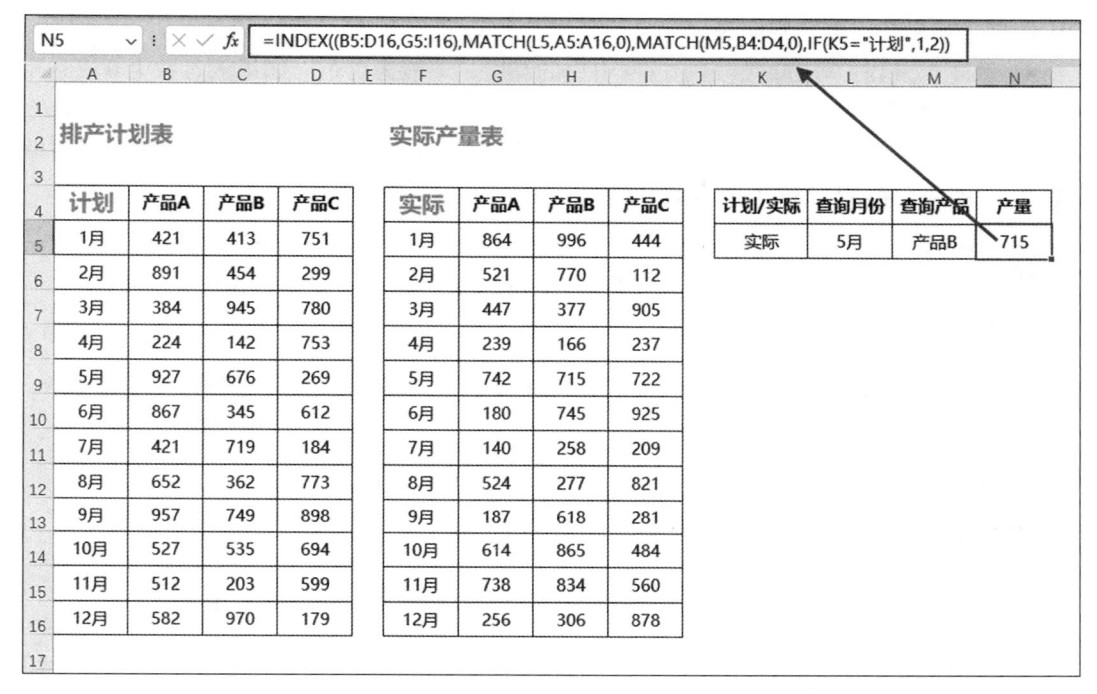

图 9-14 使用 INDEX+MATCH 函数组合在多个不连续区域中查找数据

9.5 偏移引用数据

那么，如何使用 OFFSET 函数偏移引用数据呢？我们先来讲解它的语法和参数说明，再结合示例深入理解。

9.5.1 OFFSET 函数的用法

Excel 中的 OFFSET 函数是一个非常实用的引用函数，它用于从基准位置按照指定的行数或列数进行偏移引用，并返回对单元格或单元格区域的引用。其语法结构如下：

=OFFSET（基准位置，偏移行数，偏移列数，[引用高度]，[引用宽度]）

参数说明如下。

1）第 1 个参数：必需，进行偏移的起始点，所有的偏移都将基于这个位置进行。

2）第 2 个参数：必需，指定了向下偏移的行数。如果该参数省略或设置为 0，则不会发生偏移；如果是负数，则向上偏移。

3）第 3 个参数：必需，指定了向右偏移的列数。如果该参数省略或设置为 0，则不会发生偏移，如果是负数，则向左偏移。

4）第 4 个参数：可选，指定了返回引用的高度，不能为负数。如果该参数为 0 或省略，则返回的引用将保持与基准位置区域相同的高度。

5）第 5 个参数：可选，指定了返回引用的宽度，不能为负数。如果该参数为 0 或省略，则返回的引用将保持与基准位置相同的宽度。

> **注意** 如果在工作表边缘上进行偏移引用，OFFSET 函数将会返回错误值 #REF!。

为了帮助读者更好地理解 OFFSET 函数的使用方法，下面结合几个示例进行具体介绍。

9.5.2 示例 1：偏移引用单个 / 多个数据

使用 OFFSET 函数偏移引用单个数据的公式如下：

$$=OFFSET(A1,3,2)$$

该公式的执行过程如下：以 A1 单元格作为基准位置，先向下偏移 3 个单元格到 A4 单元格，再向右偏移 2 个单元格到 C4 单元格，函数最后返回 "C4" 作为偏移引用的结果，如图 9-15 所示。

使用 OFFSET 函数偏移引用多个数据的公式如下：

$$=OFFSET(A1,3,0,2,3)$$

该公式的执行过程如下：以 A1 单元格作为基准位置，先向下偏移 3 个单元格到 A4 单元格，再向右偏移 0 个单元格（还是在 A4 单元格）；以 A4 单元格作为新的基准位置，指定引用高度为 2 行、宽度为 3 列的区域；OFFSET 函数最后返回一个以 A4 单元格为起点、两行三列的区域作为偏移引用的结果，如图 9-16 所示。

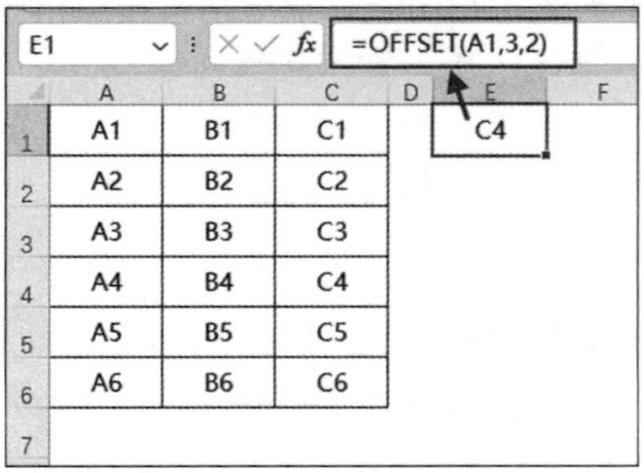

图 9-15　使用 OFFSET 函数偏移引用单个数据 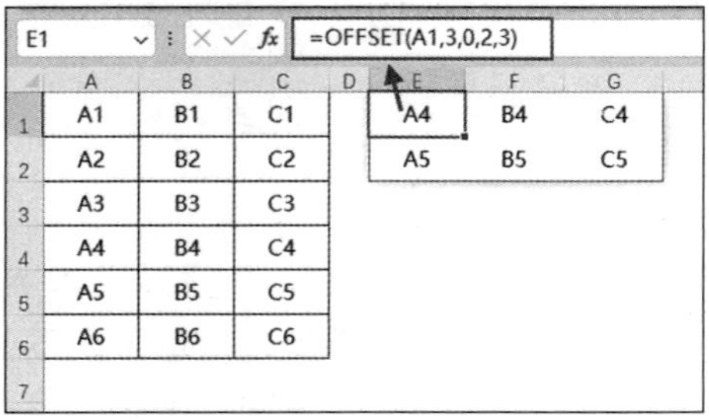　　图 9-16　使用 OFFSET 函数偏移引用多个数据

9.5.3 示例 2：偏移引用区域数据

使用 OFFSET 函数偏移引用区域数据的公式如下：

=OFFSET(B2:B8,,3)

该公式的执行过程如下：以 B2:B8 区域作为基准位置，不向下偏移（因为第 2 个参数为 0），向右偏移 3 个单元格；由于省略第 4 个参数和第 5 个参数，所以默认按照第 1 个参数指定的区域大小保持结果区域的高度和宽度不变；OFFSET 函数最后返回 E2:E8 区域作为偏移引用的结果，如图 9-17 所示。

商品名称	1月	2月	3月	4月	5月	6月		3月
商品A	833	867	562	375	911	207		562
商品B	524	553	433	313	611	985		433
商品C	334	558	338	991	406	899		338
商品D	767	324	105	846	720	943		105
商品E	126	227	156	317	751	912		156
商品F	412	254	529	609	706	261		529

图 9-17 使用 OFFSET 函数偏移引用区域数据

以上几个示例中，OFFSET 函数的偏移行数、偏移列数都是直接给定的，这是为了让读者更直观地查看 OFFSET 函数偏移引用的过程。在实际工作中，偏移的行数和列数更多都是根据需求条件计算得到的。这时可以先利用 MATCH 函数按条件来定位并获取需要偏移的行数或列数，再传递给 OFFSET 函数进行数据引用。这样就极大地扩展了 OFFSET 函数的功能和适用范围。

9.6 跨表引用数据

那么，如何使用 INDIRECT 函数跨表引用数据呢？我们先来讲解它的语法和参数说明，再结合示例深入理解。

9.6.1 INDIRECT 函数的用法

INDIRECT 函数是一个非常灵活的引用函数，用于返回由文本字符串指定的单元格或区域引用。INDIRECT 函数常用于动态引用和跨表引用数据，其语法结构如下：

$$=\text{INDIRECT}（引用字符串，[引用样式]）$$

参数说明如下。

1）第 1 个参数：必需，为引用字符串。它支持多种引用形式，如单元格引用、定义名称等。

2）第 2 个参数：可选，用于指定引用样式，只允许为 1 或 0。当设置为 1 或省略时，函数按 A1 引用样式引用数据；设置为 0 时按 R1C1 引用样式引用数据。

如果 INDIRECT 函数引用的单元格区域超出了 Excel 的行限制（1048576 行）或列限制（16384 列，即 XFD 列），INDIRECT 函数将返回错误 #REF!。

A1 引用样式由列字母和行号组成，如 B5 表示 B 列第 5 行的单元格。A1 引用样式的优点是易于阅读和理解。R1C1 引用样式使用 R 和 C 来表示行和列，R 代表 ROW（行），C 代表 COLUMN（列），如 B5 单元格用 R1C1 引用样式表示就是 R5C2（第 5 行第 2 列）。R1C1 引用样式的优点是可以更方便地表示相对引用，因为它可以使用负数来表示向上或向左的偏移。例如，R[-1]C 表示当前单元格上方的单元格，R[1]C[-1] 表示当前单元格左下方的单元格。

为了帮助读者更好地理解 INDIRECT 函数的使用方法，下面结合几个示例进行具体介绍。

9.6.2　示例 1：按 A1 引用样式引用数据

使用 INDIRECT 函数按 A1 引用样式引用数据的公式如下：

$$=\text{INDIRECT}("B5")$$

公式中省略了第 2 个参数，默认按 A1 引用样式引用数据，所以引用 B5 单元格的数据，返回结果 699，如图 9-18 所示。

9.6.3　示例 2：按 R1C1 引用样式引用数据

使用 INDIRECT 函数按 R1C1 引用样式引用数据的公式如下：

$$=\text{INDIRECT}("R5C2",0)$$

公式中第 2 个参数设置为 0，按 R1C1 引用样式引用数据，所以引用第 5 行第 2 列的数据，返回结果 699，如图 9-19 所示。

图 9-18 使用 INDIRECT 函数按
A1 引用样式引用数据

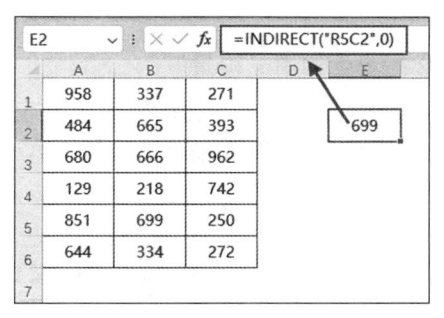

图 9-19 使用 INDIRECT 函数按
R1C1 引用样式引用数据

9.6.4 示例 3：动态引用数据

使用 INDIRECT 函数动态引用数据的公式如下：

$$=\text{INDIRECT}(\text{"C"}\&\text{MATCH}(F2,A:A,0))$$

输入公式后按 Enter 键确认，即可根据 F2 单元格的项目名称动态引用成本数据，如图 9-20 所示。

图 9-20 使用 INDIRECT 函数动态引用成本数据

该公式的执行过程如下：先使用 MATCH(F2,A:A,0) 根据 F2 单元格的项目名称（即"项目 C"）定位目标数据在第几行（结果返回 4）；将返回结果传递给 INDIRECT 函数，使用 =INDIRECT("C"&4) 按照 A1 引用样式，引用 C4 单元格的数据 892 作为结果。

9.6.5 示例 4：跨表引用数据

1. 跨表查询商品销量

使用 INDIRECT 函数跨表引用数据是非常实用的一种技术。来看这个示例：某企业各商品在北京和上海的销量数据分散在不同工作表中，而且商品名称的排列杂乱无章，如图 9-21 所示。而企业希望根据指定的区域跨表查询所有商品的销量。

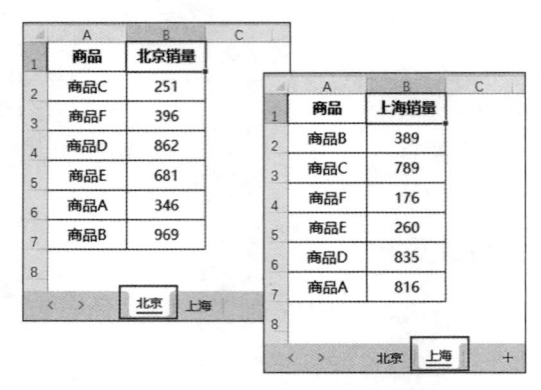

图 9-21　商品在北京和上海的销量分散在两张工作表中

使用 INDIRECT 函数跨表查询商品销量的公式如下：

=INDIRECT(B$3&"!B"&MATCH(C3,INDIRECT(B$3&"!C1",0),0))

输入公式后按 Enter 键确认，即可根据 B$3 单元格中指定的区域名称以及在该区域对应工作表（如北京 / 上海）的 A 列（公式中的 "!C1" 为 R1C1 引用样式，代表 Column1，即第 1 列：A 列）中查找与 C3 单元格内商品名称相匹配的项，进而跨表引用销量数据，如图 9-22 所示。

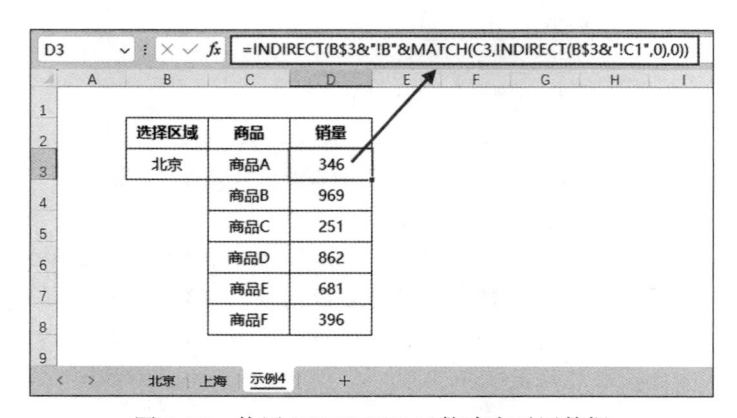

图 9-22　使用 INDIRECT 函数跨表引用数据

2. 切换选择区域

输入 INDIRECT 跨表引用公式后，当用户切换 B3 单元格的选择区域（如将"北京"改为"上海"）时，所有商品销量都会根据新的指定区域自动更新结果，如图 9-23 所示。

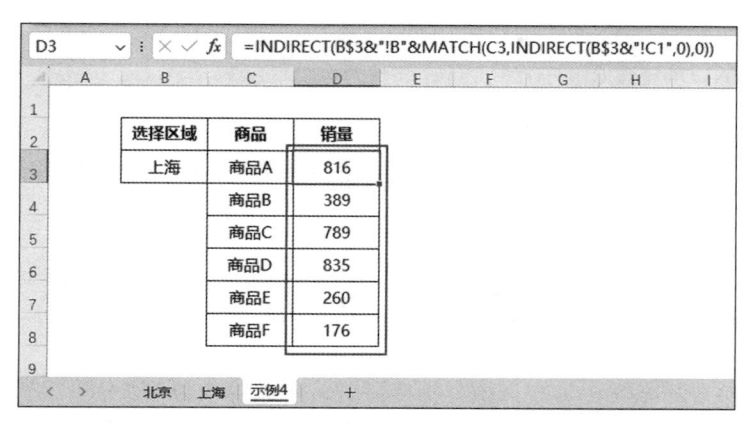

图 9-23　切换选择区域后销量数据可以动态更新

该公式的执行过程可以分为以下 3 步。

1）INDIRECT(B$3& 单元格引用) 的作用是按照 B3 单元格指定的区域跨表引用对应的工作表。使用 INDIRECT 函数跨表引用时，必须明确指定工作表名称和单元格引用，形式为 =INDIRECT(工作表名称 ! 单元格引用)。

2）使用 INDIRECT(B$3&"!C1",0) 根据 B3 单元格选择的区域，按 R1C1 引用样式引用对应工作表的 A 列。

3）将上一步引用的 A 列区域传递给 MATCH 函数，作为该函数的第 2 个参数；MATCH 函数会根据 C 列的商品名称定位其在该区域对应工作表中的行号。

4）将上一步返回的行号传递给 INDIRECT 函数，使用 =INDIRECT(B$3&"!B"& 行号) 从 B 列中按该行号返回该商品名称对应的销量数据。

3. 扩展用法及说明

在使用 INDIRECT 函数跨表引用数据时，如果工作表名称不规范（如为纯数字或包含空格等中文符号），需要在公式中的工作表名称两边加上英文半角的单引号"'"。以之前的示例为基础，完善后的公式如下：

=INDIRECT("'"&B$3&"'!B"&MATCH(C3,INDIRECT(B$3&"!C1",0),0))

该公式的适用范围更广，兼容性更强，可以扩展支持工作表名称不规范的跨表引用场景。

9.7 灵活查找数据

那么，如何使用 XLOOKUP 函数灵活查找数据呢？我们先来讲解它的语法和参数说明，再结合示例深入理解。

9.7.1 XLOOKUP 函数的用法

XLOOKUP 函数是从 Excel 2021 版本起被纳入 Excel 函数库的，用于按照条件查询数据。相较于 VLOOKUP 函数，XLOOKUP 函数提供了更灵活的数据查找和返回方式。其语法结构如下：

=XLOOKUP（查询值，查询区域，返回区域，[无匹配时返回的值]，
[匹配模式]，[搜索模式]）

1）第 1 个参数：必需，为查询值，指定要查询的内容或条件。

2）第 2 个参数：必需，为查询区域，定义数据搜索的范围，即在何处查找所需的查询值。

3）第 3 个参数：必需，为返回区域，当找到匹配项时，指定应返回数据的区域或数组。

4）第 4 个参数：可选，用于指定无匹配时返回的值。若未指定，则返回错误值 #N/A。

5）第 5 个参数：可选项，用于指定查询的匹配模式。0 表示精确匹配（默认），找不到时返回 #N/A 或指定值；设置为 -1 时，若精确匹配失败，返回比查询值小的最近数据；设置为 1 时，若精确匹配失败，返回比查询值大的最近数据；设置为 2 时，启用通配符匹配模式，其中"*"和"?"作为通配符参与查询。

6）第 6 个参数：可选项，用于指定查询执行的搜索模式。设置为 1 时，XLOOKUP 函数将自上而下进行搜索（默认）；设置为 -1 时，将自下而上进行搜索；设置为 2 时，将按二分法[一]进行搜索，要求查询区域按升序排列，否则返回无效结果；设置为 -2 时，将按二分法进行搜索，要求查询区域按降序排列，否则返回无效结果。

为了帮助读者更好地理解 XLOOKUP 函数的使用方法，下面结合几个示例进行具体介绍。

9.7.2 示例 1：纵向 / 横向查找数据

使用 XLOOKUP 函数纵向查找数据，如图 9-24 所示。

[一] 二分法是一种特定的搜索模式，其底层逻辑是在一个有序数组中，通过反复将搜索区域减半，每次比较中间元素与目标值来决定继续在前半段还是后半段进行搜索，直至找到目标值或搜索区间为空。二分法不是按升序或降序搜索的。

使用 XLOOKUP 函数横向查找数据，如图 9-25 所示。

图 9-24　使用 XLOOKUP 函数纵向查找数据

图 9-25　使用 XLOOKUP 函数横向查找数据

9.7.3　示例 2：容错查找数据

将 XLOOKUP 函数的第 4 个参数设置为一个特定的值，可在无匹配结果时显示该值，从而避免公式返回错误值，如图 9-26 所示。

图 9-26　使用 XLOOKUP 函数容错查找数据

9.7.4　示例 3：查找多列数据

使用 XLOOKUP 函数查找多列数据，如图 9-27 所示。

在 XLOOKUP 函数的第 3 个参数中使用 B5:F10 区域，可以一次性批量返回"商品""数量""金额""客户姓名"和"地址"多列数据。

图 9-27　使用 XLOOKUP 函数查找多列数据

9.7.5　示例 4：从下向上查找数据

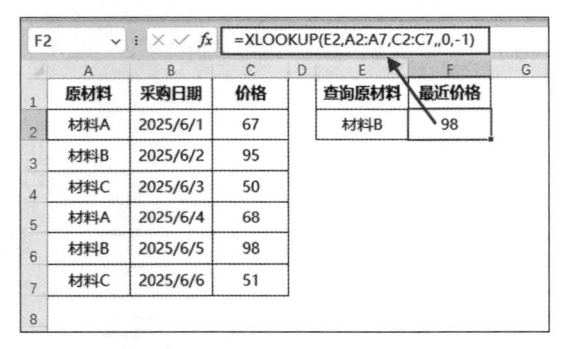

使用 XLOOKUP 函数从下向上查找数据，如图 9-28 所示。

将 XLOOKUP 函数的第 6 个参数设置为 –1，按照条件从下向上搜索匹配的结果，可返回最近采购日期对应的价格。

在实际使用 XLOOKUP 函数时，有时候公式会返回错误值，这可能是由于使用方法不当。使用 XLOOKUP 函数的注意事项与 VLOOKUP 函数一致（见 9.1.4 节），此处不再赘述。

图 9-28　使用 XLOOKUP 函数从下向上查找数据

9.8　按条件筛选数据

那么，如何使用 FILTER 函数按条件筛选数据呢？我们先来讲解它的语法和参数说明，再结合示例深入理解。

9.8.1　FILTER 函数的用法

FILTER 函数是从 Excel 2021 版本起被纳入 Excel 函数库的，用于根据指定条件从一个数组或指定区域中返回符合条件的数据。其语法结构如下：

$$=FILTER（数组，筛选条件，[为空时的返回值]）$$

参数说明如下。

1）第1个参数：必需，指定要筛选的数组或区域。
2）第2个参数：必需，指定筛选条件。
3）第3个参数：可选，如果没有满足筛选条件的数据，则返回该值。

为了帮助读者更好地掌握FILTER函数的使用方法，下面结合几个示例进行具体介绍。

9.8.2 示例1：按单条件筛选数据

某企业希望在奖金发放表中提取奖金金额大于1000元的记录。该问题可使用FILTER函数按单条件筛选数据，如图9-29所示。

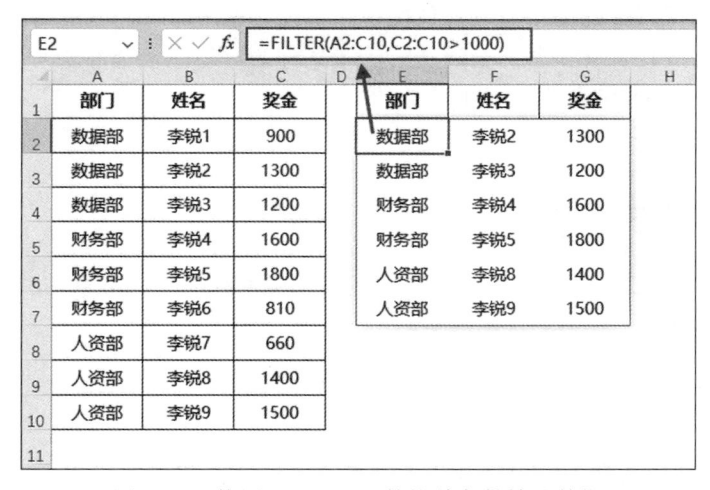

图9-29　使用FILTER函数按单条件筛选数据

9.8.3 示例2：按多条件筛选数据

当在上个案例基础上增加筛选条件时，比如要提取财务部奖金金额大于1000元的记录，仅需在FILTER函数的参数中增加条件表达式即可。使用FILTER函数按多条件筛选数据，如图9-30所示。

在该公式中，((C2:C10>1000)*(A2:A10=" 财务部 ")) 部分的作用是同时按照奖金金额大于1000元并且部门是"财务部"这两个条件进行数据筛选。关于根据复杂需求构建条件表达式的技巧，前面章节（见6.5节）已详细讲解过，此处不再赘述。

图 9-30 使用 FILTER 函数按多条件筛选数据

FILTER 函数可以帮助用户完成各种按条件筛选数据的需求，但是当表格中包含重复记录时，如果仅使用 FILTER 函数，会将所有满足条件的重复记录全部返回。要避免重复数据的困扰，可使用 UNIQUE 函数的排重功能。

9.9 提取不重复数据

那么，如何使用 UNIQUE 函数提取不重复数据呢？我们先来讲解它的语法和参数说明，再结合示例深入理解。

9.9.1 UNIQUE 函数的用法

UNIQUE 函数是从 Excel 2021 版本起被纳入 Excel 函数库的，用于返回数组或指定区域中的唯一值，或用于删除重复值。其语法结构如下：

=UNIQUE（数组，[去重方向]，[是否返回只出现1次的项]）

参数说明如下。

1）第 1 个参数：必需，指定要处理的数组或区域。

2）第 2 个参数：可选，指定按行还是按列方向去重。该参数设置为 0 或省略时，函数按列去重并返回唯一行；设置为 1 时，函数按行去重并返回唯一列。

3）第 3 个参数：可选。该参数设置为 0 或省略时，函数返回去重后的唯一值列表；设置为 1 时，函数返回只出现 1 次的数据。

为了帮助读者更好地掌握 UNIQUE 函数的使用方法，下面结合几个示例进行详细讲解。

9.9.2 示例 1：纵向 / 横向提取不重复数据

使用 UNIQUE 函数纵向提取不重复数据，如图 9-31 所示。
使用 UNIQUE 函数横向提取不重复数据，如图 9-32 所示。

图 9-31　使用 UNIQUE 函数纵向提取不重复数据

图 9-32　使用 UNIQUE 函数横向提取不重复数据

9.9.3 示例 2：提取只出现过一次的数据

使用 UNIQUE 函数提取只出现过一次的数据，如图 9-33 所示。

在实际工作中，当遇到复杂的数据排重筛选需求时，可以利用 UNIQUE+FILTER 函数组合解决。

9.10 按要求排列数据

那么，如何使用 SORTBY 函数按要求排列数据呢？我们先来讲解它的语法和参数说明，再结合示例深入理解。

图 9-33　使用 UNIQUE 函数提取只出现过一次的数据

9.10.1　SORTBY 函数的用法

SORTBY 函数是从 Excel 2021 版本起被纳入 Excel 函数库的，用于根据一个或多个列的数据作为排序依据，对另一个区域内的数域进行排序，并且保持原始数据的顺序不变，仅展示排序后的结果。其语法结构如下：

=SORTBY（数组，排序依据，[升 / 降序]）

参数说明如下。

1）第 1 个参数：必需，指定要排序的数组或区域。

2）第 2 个参数：必需，指定数组排序的依据。

3）第 3 个参数：可选，指升降序选项，为 1 或省略时按升序排列，为 −1 时按降序排列。

为了帮助读者更好地掌握 SORTBY 函数的使用方法，下面结合几个示例进行详细讲解。

9.10.2 示例 1：升序 / 降序排列表格

某企业希望将员工信息表按照“年龄”升序排列。该问题可使用 SORTBY 函数解决，如图 9-34 所示。

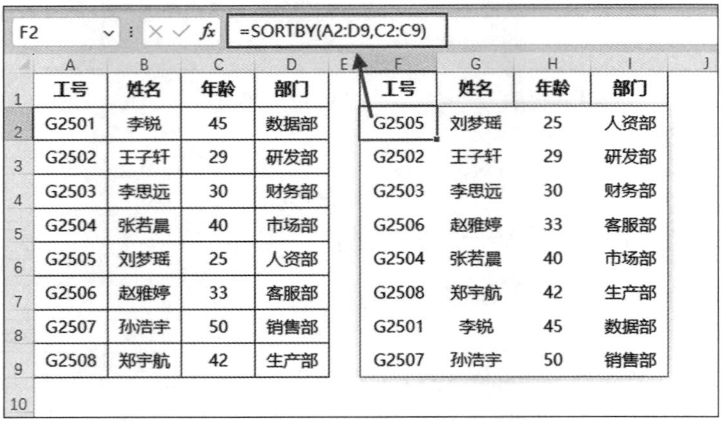
F2 =SORTBY(A2:D9,C2:C9)

工号	姓名	年龄	部门		工号	姓名	年龄	部门
G2501	李锐	45	数据部		G2505	刘梦瑶	25	人资部
G2502	王子轩	29	研发部		G2502	王子轩	29	研发部
G2503	李思远	30	财务部		G2503	李思远	30	财务部
G2504	张若晨	40	市场部		G2506	赵雅婷	33	客服部
G2505	刘梦瑶	25	人资部		G2504	张若晨	40	市场部
G2506	赵雅婷	33	客服部		G2508	郑宇航	42	生产部
G2507	孙浩宇	50	销售部		G2501	李锐	45	数据部
G2508	郑宇航	42	生产部		G2507	孙浩宇	50	销售部

图 9-34 使用 SORTBY 函数升序排列表格

某企业希望将员工业绩表按照“业绩”降序排列。该问题可使用 SORTBY 函数解决，如图 9-35 所示。

9.10.3 示例 2：按多条件排列表格

某省大赛组委会希望将各市代表队的奖牌表按照“金牌”“银牌”“铜牌”的数量依次分三级降序排列。为了解决该问题，使用 SORTBY 函数按多条件排列表格，如图 9-36 所示。

在该公式中，由于排序依据是按照金银铜牌区分优先级的，所以要按照“金牌”“银牌”“铜牌”的数量依次引用 B 列、C 列、D 列。

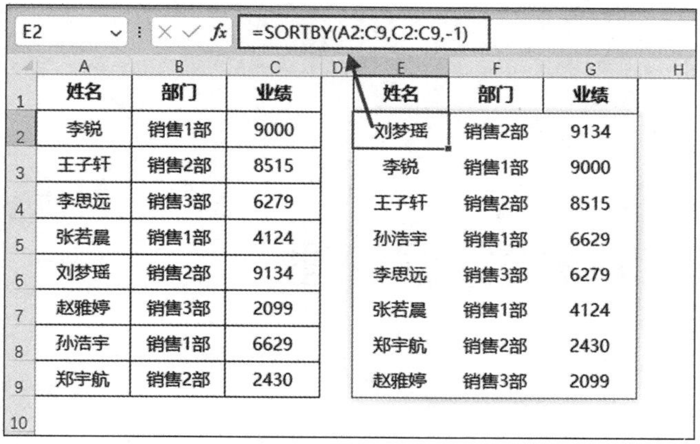

E2　=SORTBY(A2:C9,C2:C9,-1)

姓名	部门	业绩
李锐	销售1部	9000
王子轩	销售2部	8515
李思远	销售3部	6279
张若晨	销售1部	4124
刘梦瑶	销售2部	9134
赵雅婷	销售3部	2099
孙浩宇	销售1部	6629
郑宇航	销售2部	2430

姓名	部门	业绩
刘梦瑶	销售2部	9134
李锐	销售1部	9000
王子轩	销售2部	8515
孙浩宇	销售1部	6629
李思远	销售3部	6279
张若晨	销售1部	4124
郑宇航	销售2部	2430
赵雅婷	销售3部	2099

图 9-35　使用 SORTBY 函数降序排列表格

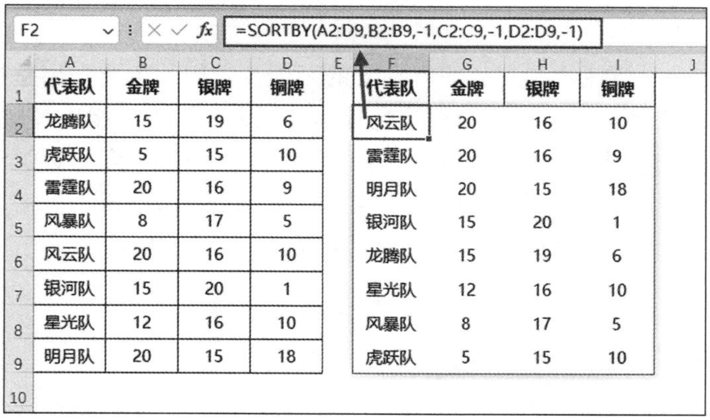

F2　=SORTBY(A2:D9,B2:B9,-1,C2:C9,-1,D2:D9,-1)

代表队	金牌	银牌	铜牌
龙腾队	15	19	6
虎跃队	5	15	10
雷霆队	20	16	9
风暴队	8	17	5
风云队	20	16	10
银河队	15	20	1
星光队	12	16	10
明月队	20	15	18

代表队	金牌	银牌	铜牌
风云队	20	16	10
雷霆队	20	16	9
明月队	20	15	18
银河队	15	20	1
龙腾队	15	19	6
星光队	12	16	10
风暴队	8	17	5
虎跃队	5	15	10

图 9-36　使用 SORTBY 函数按多条件排列表格

在实际工作中，当需要同时对表格按条件进行筛选和排序时，可以利用 SORTBY+FILTER 函数组合进行解决。遇到复杂需求时，还可以在 FILTER 函数的条件参数中利用 IF 函数根据要求构建条件表达式。使用 SORTBY+FILTER+IF 函数组合可以进一步扩展公式的功能，从而顺利解决各种数据管理问题。

Chapter 10 第 10 章

统计计算类数据管理

Excel 中的统计计算函数是一类非常重要的函数，它们的主要作用是按照用户要求对各种统计指标进行精确计算，帮助用户快速处理和分析大量数据，提取关键信息并辅助决策。这些数学计算函数和统计函数位于 Excel 函数库中的"数学和三角函数"和"其他函数"下的"统计"两个分组下（截图基于 Excel 2024 版本），如图 10-1 所示。

下面结合示例介绍常用的数学计算和统计函数。

10.1 按要求进行舍入计算

在 Excel 中按要求进行舍入计算非常重要，这样才能让数据以适当的精度和格式进行显示，确保数据的准确性和可靠性，避免误导性的结果。舍入计算在财务报告、科学研究、工程计算等领域都至关重要。因此，掌握舍入计算的技巧对于提高工作效率和保证数据质量具有重要意义。

10.1.1 常用的 Excel 舍入函数

Excel 中常用的舍入函数包括 ROUND 函数、ROUNDUP 函数和 ROUNDDOWN 函数。
（1）ROUND 函数
ROUND 函数用于将指定的数字四舍五入到指定的小数位数，其语法结构如下：

=ROUND（数值，小数位数）

其中，若"小数位数"为正数，则保留指定的小数位；若"小数位数"为负数，则对小数点左侧的位数进行四舍五入。

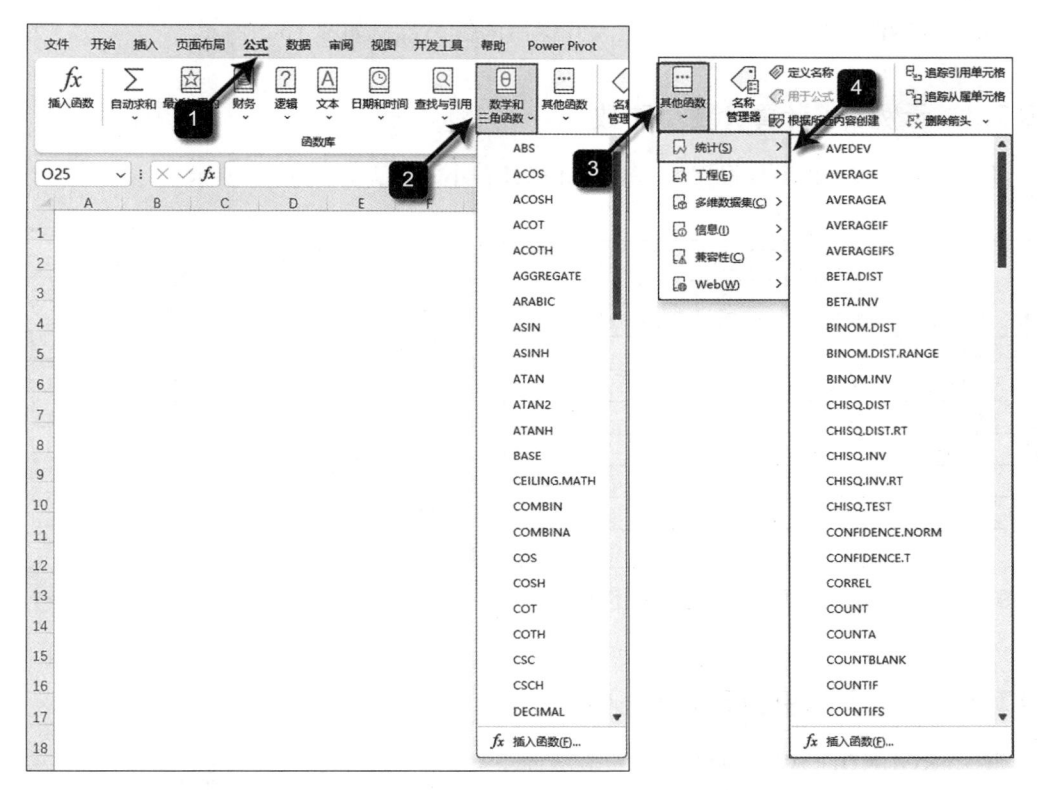

图 10-1　数学计算函数和统计函数在 Excel 函数库中的位置

（2）ROUNDUP 函数

ROUNDUP 函数用于将数字向上舍入，即朝远离 0 的方向进行舍入。其语法结构如下：

=ROUNDUP（数值，小数位数）

与 ROUND 函数不同的是，ROUNDUP 函数始终执行向上舍入，不考虑四舍五入的规则。

（3）ROUNDDOWN 函数

ROUNDDOWN 函数用于将数字向下舍入，即朝 0 的方向进行舍入。其语法结构如下：

=ROUNDDOWN（数值，小数位数）

与 ROUNDUP 函数相反，ROUNDDOWN 函数始终执行向下舍入。

为了帮助读者更好地掌握这些舍入函数的实际应用，下面将结合几个具体示例进行详细说明。

10.1.2 示例 1：将利润值保留两位小数

用 ROUND 函数将利润值四舍五入并保留两位小数，如图 10-2 所示。

10.1.3 示例 2：计算计费小时数

使用 ROUNDUP 函数根据停车时长计算计费小时数，如图 10-3 所示。

图 10-2 将利润值四舍五入并保留两位小数

图 10-3 根据停车时长计算计费小时数

10.1.4 示例 3：将结算金额舍入到百位

使用 ROUNDDOWN 函数将结算金额向下舍入到百位，如图 10-4 所示。

在图 10-4 的公式中，ROUNDDOWN 函数的第 2 个参数设置为 -2 的作用是将数字舍入到小数点的第二位，即百位。

10.2 按要求统计数据

那么，如何按要求统计数据呢？下面介绍几个工作中常用的 Excel 统计函数。

图 10-4 将结算金额向下舍入到百位

10.2.1 常用的 Excel 统计函数

在 Excel 的日常工作中，统计函数是数据分析不可或缺的工具。以下是一些常用的 Excel 统计函数。

(1) MIN 函数

MIN 函数用于在一组给定的数据中找出最小值，其语法结构如下：

$$=\text{MIN}（值 1,[值 2],\cdots）$$

其中，值 1 是必需的参数，表示要查找最小值的第一个数值或数据区域；[值 2] 等是可选参数，表示要查找最小值的后续数值或数据区域。

(2) MAX 函数

MAX 函数用于在一组给定的数据中找出最大值，其语法结构如下：

$$=\text{MAX}（值 1,[值 2],\cdots）$$

与 MIN 函数类似，MAX 函数也接收一个、多个数值或数据区域作为参数。

(3) SMALL 函数

SMALL 函数用于在一组给定的数据中找出第 k 个最小值，其语法结构如下：

$$=\text{SMALL}（区域或数组,k）$$

其中，区域或数组是必需的参数，表示要从中查找第 k 个最小值的数值集合；k 也是必需的参数，表示要返回的最小值的排名（即第几个最小值）。

(4) LARGE 函数

LARGE 函数用于在一组给定的数据中找出第 k 个最大值，其语法结构如下：

$$=\text{LARGE}（区域或数组,k）$$

与 SMALL 函数类似，LARGE 函数也接收一个数值集合和一个排名作为参数。

(5) AVERAGE 函数

AVERAGE 函数用于计算一组给定数据的平均值，其语法结构如下：

$$=\text{AVERAGE}（值 1,[值 2],\cdots）$$

AVERAGE 函数接收一个或多个数值或数据区域作为参数，并返回它们的平均值。它是数据分析中最常用的函数之一，可以帮助用户快速了解数据集的平均水平。

(6) MEDIAN 函数

MEDIAN 函数用于计算一组给定数据的中值，其语法结构如下：

$$=\text{MEDIAN}（值 1,[值 2],\cdots）$$

MEDIAN 函数同样接收一个或多个数值或数据区域作为参数，并返回它们的中值（即位于数据集中间的数值）。MEDIAN 函数在处理具有异常值或偏态分布的数据集时非常有用，因为它不受极端值的影响。

10.2.2 平均值和中值

平均值和中值是统计学中用于描述数据集集中趋势的两个重要指标，但它们在计算方法和反映数据集特征方面存在一些差异。

平均值是通过将所有数据相加然后除以数据的总数来计算的。它反映了数据集的总体水平，是最常用的集中趋势度量之一。平均值对极端异常值比较敏感，因为一个极端异常值可能会显著影响平均值的计算结果。

中值是将数据按照大小顺序排列后位于中间位置的数值。如果数据的数量是奇数，则中值是中间的那个数；如果数据的数量是偶数，则中值是中间两个数的平均值。中值受极端异常值的影响很小，因此它能够更好地反映数据集的中间水平，尤其是在存在极端异常值的情况下。

在数据分析中，选择使用平均值还是中值取决于数据集的特点和研究目的。如果数据集存在极端异常值或者需要更准确地反映数据集的中间水平，那么中值可能是一个更好的选择；如果数据集没有极端异常值或者需要反映数据集的总体水平，那么平均值可能是更好的选择。

为了帮助读者更好地掌握 Excel 统计函数的用法，来看几个示例加深理解。

10.2.3 示例：计算多重统计值

使用 Excel 统计函数计算最小值、最大值、平均值、中值，如图 10-5 所示。

姓名	奖金	统计要求	公式计算	公式的计算表达式
李锐1	300	最小值	200	=MIN(B2:B10)
李锐2	600	最大值	8000	=MAX(B2:B10)
李锐3	8000	平均值	1377.777778	=AVERAGE(B2:B10)
李锐4	700	中值	600	=MEDIAN(B2:B10)
李锐5	400			
李锐6	900			
李锐7	200			
李锐8	500			
李锐9	800			

图 10-5　计算最小值、最大值、平均值、中值

使用 Excel 统计函数计算特定的数值（如前 3 个最高分、后 3 个最低分），如图 10-6 所示。

在公式中，ROW(1:3) 的作用是利用 ROW 函数返回第 1～第 3 行的行号，生成常量数组 {1;2;3}；随后，这个常量数组会被传递给 LARGE 函数（或 SMALL 函数），作为第 2 个参数；LARGE 函数（或 SMALL 函数）会根据数组中的元素顺序，从数据集中依次提取第 1、2、3 个最大值（或最小值），从而实现一次性批量计算前 3 个最高分（或后 3 个最低分）。

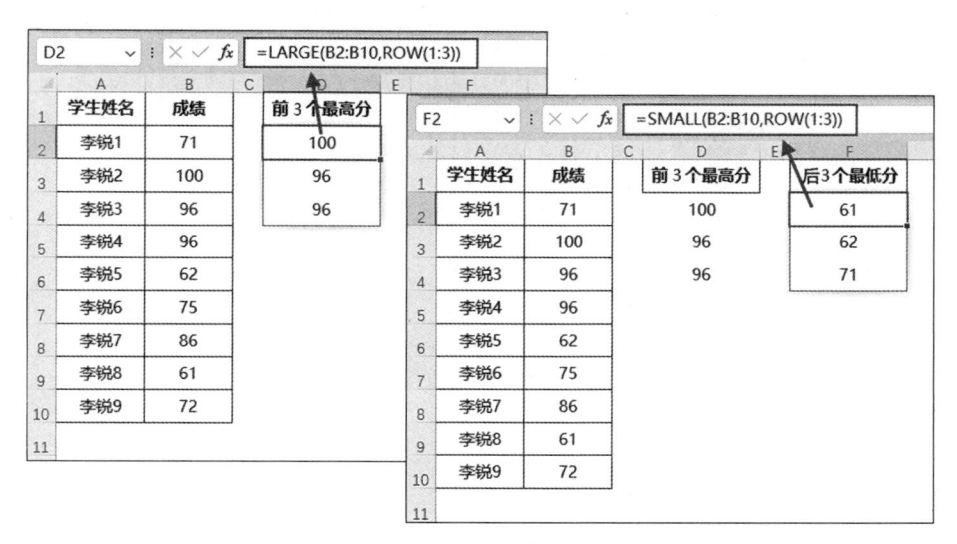

图 10-6　计算前 3 个最高分和后 3 个最低分

10.3　按条件求和统计

那么，如何使用 SUMIFS 函数按条件求和统计呢？下面先来讲解它的使用方法，再结合示例深入理解。

10.3.1　SUMIFS 函数的用法

SUMIFS 函数是 Excel 中一个功能强大的条件汇总函数，它可以根据多个条件对数据进行求和。其语法结构如下：

=SUMIFS（求和区域，条件区域1，条件1，[条件区域2]，[条件2]，…）

为了帮助读者更好地掌握 SUMIFS 函数的用法，来看几个示例加深理解。

10.3.2 示例 1：按单条件进行求和

某企业要求在员工奖金表中统计工龄超过 5 年的员工奖金总和。该问题可使用 SUMIFS 函数按单条件进行求和，如图 10-7 所示。

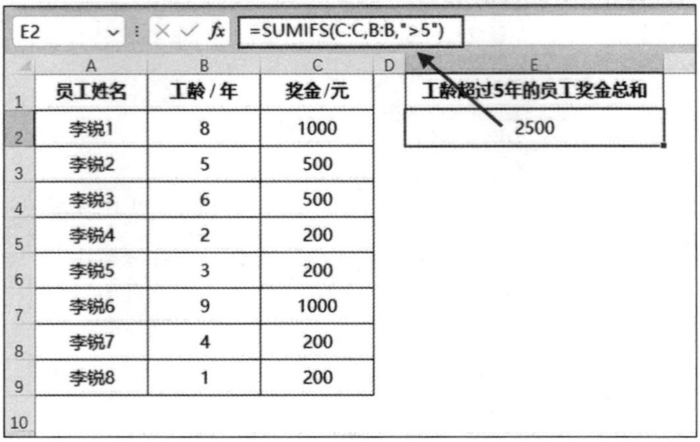

员工姓名	工龄 / 年	奖金 / 元		工龄超过5年的员工奖金总和
李锐1	8	1000		2500
李锐2	5	500		
李锐3	6	500		
李锐4	2	200		
李锐5	3	200		
李锐6	9	1000		
李锐7	4	200		
李锐8	1	200		

图 10-7 使用 SUMIFS 函数按单条件进行求和

10.3.3 示例 2：按多条件进行求和

某企业要求在订单信息表中统计华为手机的总销量。该问题可使用 SUMIFS 函数按多条件进行求和，如图 10-8 所示。

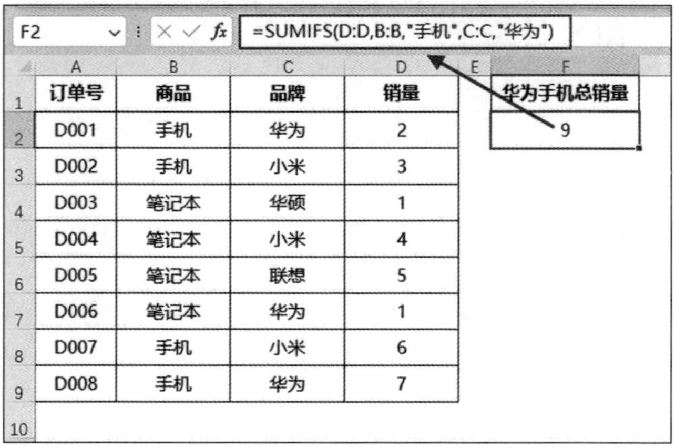

订单号	商品	品牌	销量		华为手机总销量
D001	手机	华为	2		9
D002	手机	小米	3		
D003	笔记本	华硕	1		
D004	笔记本	小米	4		
D005	笔记本	联想	5		
D006	笔记本	华为	1		
D007	手机	小米	6		
D008	手机	华为	7		

图 10-8 使用 SUMIFS 函数按多条件进行求和

10.4 统计计算

那么，如何使用 SUMPRODUCT 函数统计计算呢？下面先来讲解它的使用方法，再结合示例深入理解。

10.4.1 SUMPRODUCT 函数的用法

SUMPRODUCT 函数是一个广泛应用于多种工作场景的 Excel 数学函数，主要用于计算两个或多个数组中对应元素乘积的总和。简单来说，就是将两组或多组数据中对应位置的数值一一相乘，然后将所有乘积相加。例如，公式 =SUMPRODUCT({10,20},{1,2}) 的计算过程就是 10×1+20×2，SUMPRODUCT 函数会返回数组（如 {10,20} 和 {1,2}）中对应数据（如 10 对应 1，20 对应 2）乘积的总和，即 50。

SUMPRODUCT 函数的语法结构如下：

=SUMPRODUCT（数组 1，[数组 2]，[数组 3]，…）

在使用 SUMPRODUCT 函数的过程中，需要注意以下几点。

1）如果数组中包含文本或逻辑值等非数值数据，SUMPRODUCT 函数会将非数值数据视为 0。

2）SUMPRODUCT 函数最少需要引用 1 个数组。当其参数中只有一个数组时，该函数将直接对数组中的元素进行相加并返回求和结果。

3）SUMPRODUCT 函数最多支持 255 个数组。

4）数组不仅支持常量数组和单元格区域，还支持由 Excel 函数构建的内存数组。这个重要特性极大地扩展了 SUMPRODUCT 函数的功能和应用范围，用户可以根据需要构建数组并传递给 SUMPRODUCT 函数进行计算，从而解决各种复杂的计算问题。

为了帮助读者更好地掌握 SUMPRODUCT 函数的用法，来看几个示例加深理解。

10.4.2 示例 1：简化计算过程

某超市工作人员希望根据商品销售表中的商品单价和销售数量统计全部商品的销售总金额。在不使用 Excel 函数时，常规算法分为以下两步。

1）先按照"金额 = 单价 × 数量"在表格中每一行分别计算出每个商品的销售金额。

2）再将上一步中每一行商品的销售金额相加，汇总计算全部商品的销售总金额。

使用 SUMPRODUCT 函数简化计算过程后，仅需一个公式，如图 10-9 所示。

该公式利用 SUMPRODUCT 函数将 B2:B6 区域的单价与 C2:C6 区域的数量分别对应相乘，然后将所有乘积相加后返回结果，显著提高了计算效率。

10.4.3 示例 2：按条件进行计数

某工作人员希望根据员工记录表统计男性员工的人数。该问题可使用 SUMPRODUCT 函数按条件进行计数，如图 10-10 所示。

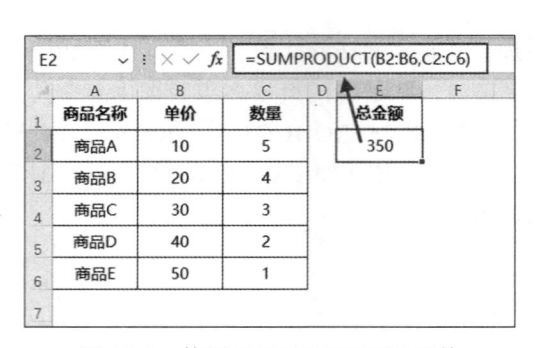

图 10-9　使用 SUMPRODUCT 函数简化计算过程

图 10-10　使用 SUMPRODUCT 函数按条件进行计数

对于这个案例的数据结构，初学 SUMPRODUCT 函数的新手很容易把公式误写为如下形式：

=SUMPRODUCT(B2:B9=" 男 ")

这个公式的返回结果是 0，导致错误的原因是（B2:B9=" 男 "）返回的是一个逻辑值数组 {TRUE;TRUE;TRUE;FALSE;TRUE;FALSE;TRUE;FALSE}，而 SUMPRODUCT 函数的特性是将数组中的非数值元素视为 0，所以最后结果返回 0。为了避免这种错误，需要将逻辑值数组中的"TRUE"转换为 1 后再交给 SUMPRODUCT 函数进行计算。正确的公式如下所示：

=SUMPRODUCT((B2:B9=" 男 ")*1)

公式中，（B2:B9=" 男 "）*1 部分的作用是将（B2:B9=" 男 "）返回的逻辑值数组中的每个元素乘以 1，将"TRUE"转换为 1，将"FALSE"转换为 0，然后交给 SUMPRODUCT 函数按照 =SUMPRODUCT({1;1;1;0;1;0;1;0}) 进行求和计算，得到正确结果 5。

10.4.4 示例 3：按条件进行求和

某工作人员希望根据销售记录表统计 7 月份的总销量。对于该问题，可使用 SUMPRODUCT

函数按条件进行求和，如图 10-11 所示。

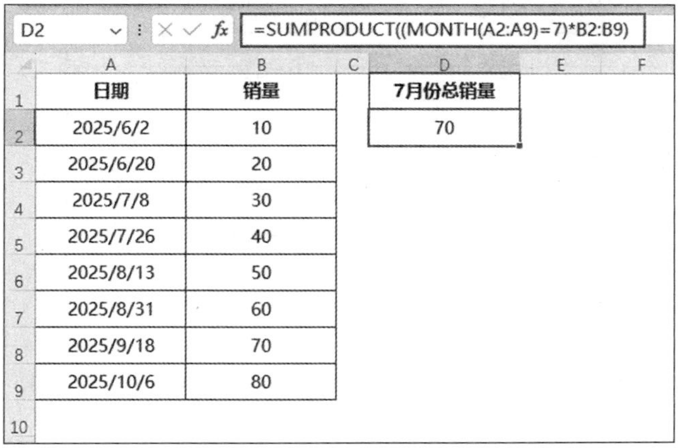

D2　=SUMPRODUCT((MONTH(A2:A9)=7)*B2:B9)

日期	销量		7月份总销量
2025/6/2	10		70
2025/6/20	20		
2025/7/8	30		
2025/7/26	40		
2025/8/13	50		
2025/8/31	60		
2025/9/18	70		
2025/10/6	80		

图 10-11　使用 SUMPRODUCT 函数按条件进行求和

公式中，(MONTH(A2:A9)=7) 根据 A2:A9 区域的日期，利用 MONTH 函数分别返回对应的月份数字，再判断其是否等于 7；该操作返回的是一个逻辑值数组 {FALSE;FALSE;TRUE;TRUE;FALSE;FALSE;FALSE;FALSE}，其中"TRUE"对应的位置就是 7 月份的日期；将这个逻辑值数组乘以 B2:B9 区域中的销量，作用是利用数值运算将逻辑值"TRUE"转换为 1，将"FALSE"转换为 0；然后交给 SUMPRODUCT 函数进行计算，其中非 7 月份的销量被转换为 0；最后按照 =SUMPRODUCT({0;0;30;40;0;0;0;0}) 返回结果 70。

10.4.5　示例 4：按权重进行加权计算

某教学主管希望在学员综合评分表中根据每位学员的各项得分和所占权重加权计算综合成绩，计算规则如下：

综合成绩 = 笔试得分 *60%+ 面试得分 *30%+ 考勤得分 *10%

使用 SUMPRODUCT 函数按权重进行加权计算的公式如下：

```
=SUMPRODUCT(B2:D2,{0.7,0.3,0.1})
```

将公式向下填充，即可得到每个学员的综合成绩，如图 10-12 所示。

该公式将 B2:D2 区域中的每项评分与对应的权重常量数组 {0.7,0.3,0.1} 对应相乘后再将乘积相加；公式 =SUMPRODUCT({90,80,87},{0.7,0.3,0.1}) 可按权重进行加权计算，直接返回综合成绩。

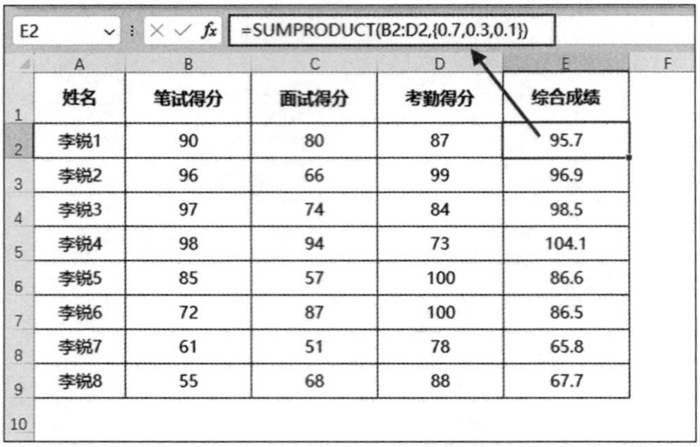

E2 =SUMPRODUCT(B2:D2,{0.7,0.3,0.1})

姓名	笔试得分	面试得分	考勤得分	综合成绩
李锐1	90	80	87	95.7
李锐2	96	66	99	96.9
李锐3	97	74	84	98.5
李锐4	98	94	73	104.1
李锐5	85	57	100	86.6
李锐6	72	87	100	86.5
李锐7	61	51	78	65.8
李锐8	55	68	88	67.7

图 10-12　使用 SUMPRODUCT 函数按权重进行加权计算

10.4.6　注意事项

在工作中使用 SUMPRODUCT 函数时要注意以下 3 点。

1）SUMPRODUCT 函数要求引用的各个数组必须具有相同的维数，否则公式结果会返回错误值 #VALUE!。例如，公式 =SUMPRODUCT(B2:B5,C2:C6) 将返回错误值，因为引用的数组 B2:B5 和 C2:C6 大小不同。

2）为了获得最佳性能，应该避免在 SUMPRODUCT 函数中引用整列计算。例如公式 =SUMPRODUCT(A:A,B:B)，即使实际数据只在表格上方占用了一小部分，SUMPRODUCT 函数也会将 A 列中的 1048576 个单元格乘以 B 列中的 1048576 个单元格，然后对这 1048576 个乘积进行求和。这样不仅白白浪费 CPU 算力，还会耗用大量系统内存，延迟生成运算结果，甚至导致表格程序卡顿或进程崩溃。

3）SUMPRODUCT 函数的数组中不支持使用通配符“*”或“?”。在根据需求构建条件表达式时应该避免使用通配符，否则可能会返回错误结果。

10.5　按条件进行计数统计

那么，如何使用 COUNTIFS 函数按条件计数统计呢？下面先来讲解它的使用方法，再结合示例深入理解。

10.5.1　COUNTIFS 函数的用法

COUNTIFS 函数是一个功能非常强大的 Excel 统计函数，用于根据一个或多个条件统计同时满足条件的数据个数。其语法结构如下：

=COUNTIFS（条件区域1，条件1，[条件区域2，条件2]，…）

COUNTIFS 函数要求条件区域和统计条件成对出现，最多支持 127 对条件区域和统计条件。COUNTIFS 函数的条件参数支持使用通配符，即问号"?"和星号"*"，其中问号"?"用于匹配任意单个字符，星号"*"用于匹配任意字符串。

为了帮助读者更好地掌握 SUMPRODUCT 函数的用法，来看几个示例加深理解。

10.5.2　示例 1：按单条件进行计数统计

某工作人员希望根据员工记录表统计男性员工的人数。对于该问题，可使用 COUNTIFS 函数按单条件进行计数统计，如图 10-13 所示。

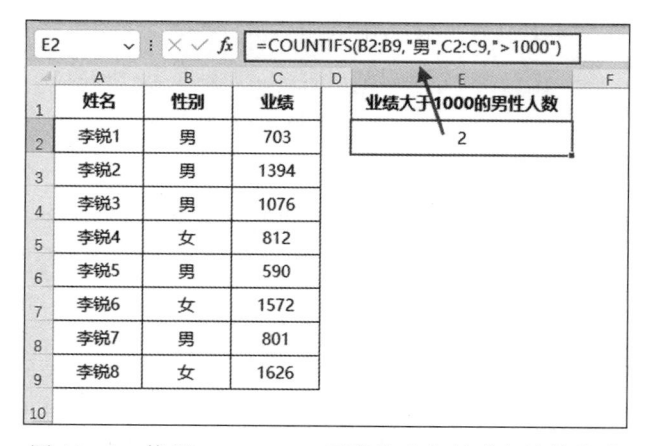

10.5.3　示例 2：按多条件进行计数统计

某企业销售主管希望根据销售记录表统计业绩大于 1000 元的男性人数。对于该问题，可使用 COUNTIFS 函数按多条件进行计数统计，如图 10-14 所示。

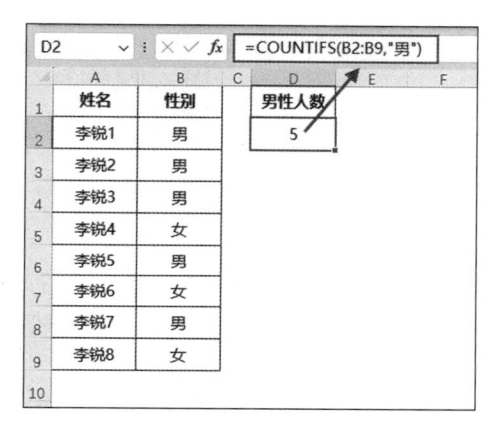

图 10-13　使用 COUNTIFS 函数按单条件进行计数统计

图 10-14　使用 COUNTIFS 函数按多条件进行计数统计

10.5.4　示例 3：按关键词进行计数统计

某工作人员希望在商品订单表中统计商品名称中包含"手机"的订单数。对于该问题，可使用 COUNTIFS 函数按关键词进行计数统计，如图 10-15 所示。

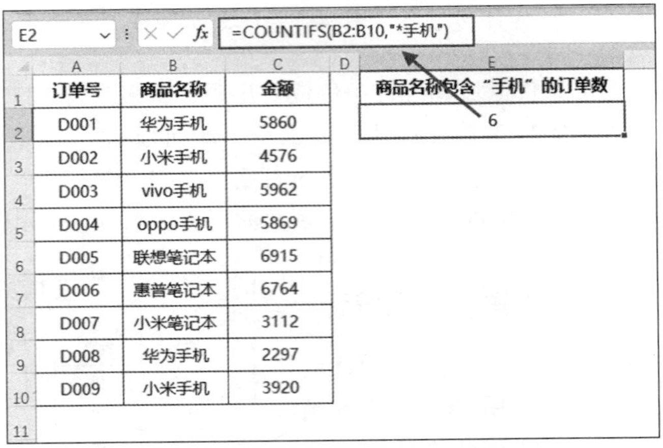

图 10-15　使用 COUNTIFS 函数按关键词进行计数统计

该公式利用 COUNTIFS 函数支持通配符的特性，将 "* 手机" 作为公式的第 2 个参数，以匹配所有以关键词"手机"结尾的商品名称，实现了按关键词模糊搜索并计数统计的目的。

由于 COUNTIFS 函数的条件参数支持使用通配符，所以直接出现在 COUNTIFS 函数条件参数中的问号"?"和星号"*"都会默认被当作通配符处理。如果用户想要查找的是问号"?"和星号"*"本身，需要在这两个字符前加上波形符"～"。这样做的目的是消除这两个字符的通配属性，将其转换为普通字符参与运算。

10.6　分段统计

那么，如何使用 FREQUENCY 函数分段统计呢？下面先来讲解它的使用方法，再结合示例深入理解。

10.6.1　FREQUENCY 函数的用法

FREQUENCY 函数是一个功能非常强大的 Excel 统计函数，用于计算数值在某个数值区间内的出现频率，即按照区间分隔节点计算归属每个区间内的数值个数，然后返回一个垂直数组。其语法结构如下：

=FREQUENCY（数值数组，分隔节点数组）

FREQUENCY 函数的语法说明比较晦涩难懂，只看文字说明容易把初学者绕进去。为了帮助读者直观理解 FREQUENCY 函数的用法，下面我们来看一个示例。

某公司人资主管希望在员工信息表中按年龄区间分段统计人数。这类问题的解决方案有多种，下面分别使用 COUNTIFS 函数和 FREQUENCY 函数来解决，通过对比帮助读者更深入地理解它们的用法。

使用 COUNTIFS 函数按年龄区间分段统计人数，如图 10-16 所示。

F2　=COUNTIFS(C$2:C$11,"<=20")

工号	姓名	年龄		年龄区间	人数	COUNTIFS公式
G001	李锐	45		20岁及以下	0	=COUNTIFS(C$2:C$11,"<=20")
G002	王芳	24		21～30岁(含)	4	=COUNTIFS(C$2:C$11,">20",C$2:C$11,"<=30")
G003	张伟	28		31～40岁(含)	2	=COUNTIFS(C$2:C$11,">30",C$2:C$11,"<=40")
G004	刘丽	38		41～50岁(含)	2	=COUNTIFS(C$2:C$11,">40",C$2:C$11,"<=50")
G005	陈强	36		51～60岁(含)	1	=COUNTIFS(C$2:C$11,">50",C$2:C$11,"<=60")
G006	杨静	25		61岁及以上	1	=COUNTIFS(C$2:C$11,">60")
G007	黄敏	50				
G008	赵勇	55				
G009	吴涛	29				
G010	郑霞	61				

图 10-16　使用 COUNTIFS 函数按年龄区间分段统计人数

使用 FREQUENCY 函数时，在 H2 单元格中输入图 10-17 所示的公式后，即可生成垂直数组 {0;4;2;2;1;1}。可以看到，使用一个 FREQUENCY 公式的结果与使用 6 个 COUNTIFS 公式分别统计的结果（F 列）完全一致。

H2　=FREQUENCY(C2:C11,{20,30,40,50,60})

工号	姓名	年龄		年龄区间	人数	FREQUENCY公式
G001	李锐	45		20岁及以下	0	0
G002	王芳	24		21～30岁(含)	4	4
G003	张伟	28		31～40岁(含)	2	2
G004	刘丽	38		41～50岁(含)	2	2
G005	陈强	36		51～60岁(含)	1	1
G006	杨静	25		61岁及以上	1	1
G007	黄敏	50				
G008	赵勇	55				
G009	吴涛	29				
G010	郑霞	61				

图 10-17　使用 FREQUENCY 函数按年龄区间分段统计人数

图 10-17 中，公式的关键是按照年龄区间构建第 2 个参数，将 C2:C11 区域的年龄按照 {20,30,40,50,60} 这 5 个节点分为 6 个区间段，分别统计归属每个区间内的数值个数，然后

返回一个垂直数组，从而一次性解决了多区间分段统计的问题。

10.6.2　优势与局限

通过这两种方法的对比，我们发现 FREQUENCY 函数在处理年龄数据的统计上是优于 COUNTIFS 函数的。然而，我们不能一概而论地认为 FREQUENCY 函数的功能就比 COUNTIFS 函数更强大。在上述示例中，年龄数据是数值类型，因此 FREQUENCY 函数能够很好地处理。但如果需要处理文本格式的计数统计，FREQUENCY 函数就不再适用，而 COUNTIFS 函数则能够支持包括文本格式在内的各种数据统计。因此，在工作中，我们需要根据业务需求和实际情况，选择最合适的方法来解决问题，这样才能事半功倍。

10.7　排除隐藏行统计

那么，如何使用 SUBTOTAL 函数排除隐藏行进行统计呢？下面先来讲解它的用法，再结合示例深入理解。

10.7.1　SUBTOTAL 函数的用法

SUBTOTAL 函数是一个功能非常强大的 Excel 统计函数，用于按照指定的功能参数对数据进行分类汇总统计。其语法结构如下：

=SUBTOTAL（功能参数，统计区域）

参数说明如下。

1）第 1 个参数：必需。此参数为数字 1～11 或 101～111，用于指定要对数据进行哪种类型的统计。若选择 1～11，在统计时会包括手动隐藏的行；若选择 101～111，在统计时会排除手动隐藏的行。无论哪种情况，已筛选掉的单元格始终会被排除在外。

2）第 2 个参数：必需。此参数指定了需要进行统计的数据区域或单元格引用。SUBTOTAL 函数的一个重要特性是：它能够根据功能参数的不同，执行多种统计函数，如求和、平均值、最大值、最小值等。SUBTOTAL 函数功能参数与具体函数类型的对应关系如表 10-1 所示。

表 10-1　SUBTOTAL 函数功能参数与具体函数类型的对应关系

功能参数 1～11	功能参数 101～111	函数类型
1	101	AVERAGE
2	102	COUNT

(续)

功能参数 1 ～ 11	功能参数 101 ～ 111	函数类型
3	103	COUNTA
4	104	MAX
5	105	MIN
6	106	PRODUCT
7	107	STDEV
8	108	STDEVP
9	109	SUM
10	110	VAR
11	111	VARP

此外，SUBTOTAL 函数还能智能地处理隐藏行。在 Excel 表格中，隐藏行可能由两种操作产生：一是通过筛选功能隐藏的行；二是用户手动隐藏的行。对于通过筛选功能隐藏的行，SUBTOTAL 函数始终会将它们排除在统计之外；而对于手动隐藏的行，只有使用 101 ～ 111 的功能参数时才会被排除。这意味着，如果用户希望统计结果不受手动隐藏行的影响，应选择 101 ～ 111 这组功能参数。

为了帮助读者直观理解 SUBTOTAL 函数的用法，下面通过几个示例进行详细介绍。

10.7.2 示例 1：排除筛选隐藏行后进行统计

某公司的补贴表中详细记录了数据部和财务部 6 位员工的补贴金额。我们在 C2 和 C3 单元格中分别使用 9 和 109 作为 SUBTOTAL 函数的第 1 个参数，在表格未进行筛选的状态下，两个公式的计算结果一致，都是 2100，如图 10-18 所示。

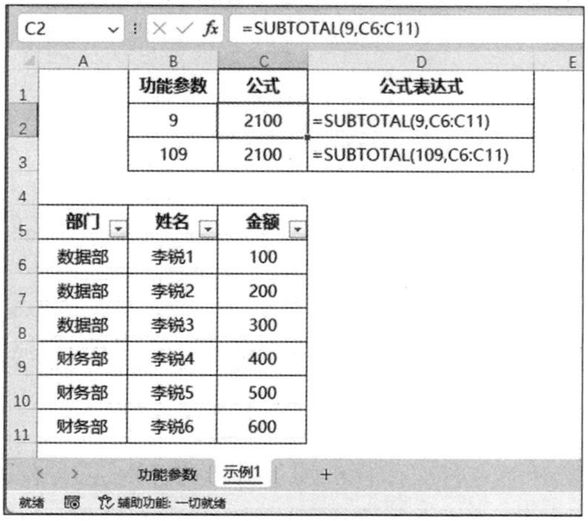

图 10-18　SUBTOTAL 函数在表格未筛选状态下的计算结果

当在表格中执行筛选操作，仅显示"财务部"员工时，C2 和 C3 单元格的公式计算结果依然保持一致，都是 1500。说明无论使用 9 还是 109 作为第 1 个参数，公式在计算时都会排除已被筛选掉的单元格，如图 10-19 所示。

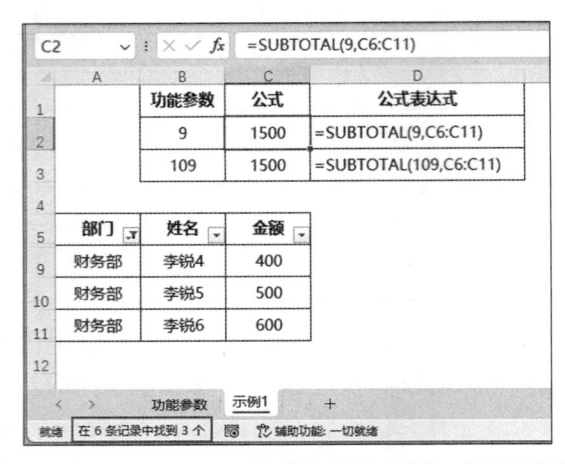

图 10-19　SUBTOTAL 函数在表格筛选状态下的计算结果

10.7.3　示例 2：排除手动隐藏行后进行统计

当我们清除表格中的筛选条件，手动隐藏财务部的数据（如第 9 ～ 11 行）后，C2 和 C3 单元格中的 SUBTOTAL 函数的计算结果出现了差异，如图 10-20 所示。

图 10-20　SUBTOTAL 函数在手动隐藏行时的计算结果

C2 单元格的公式使用 9 作为 SUBTOTAL 函数的第 1 个参数，依然包含手动隐藏行中财务部的数据；C3 单元格的公式使用 109 作为 SUBTOTAL 函数的第 1 个参数，可以在排除手动隐藏行后对显示出来的结果进行求和，得到了正确结果 600。

当在工作中需要仅对显示出来的数据进行统计时，建议使用 101～111 作为 SUBTOTAL 函数的第 1 个参数，以便排除各种情况下的隐藏行。

SUBTOTAL 函数可在排除隐藏数据后仅对显示值进行统计，适用于数据列或垂直区域的隐藏行，不适用于数据行或水平区域的隐藏列。例如，公式 =SUBTOTAL(109,B2:D2) 引用的是 B2:D2 水平行区域，所以在隐藏 C 列后该公式计算结果不变。

SUBTOTAL 函数无法忽略引用区域中的错误值。如果要忽略错误值进行统计，就需要用到 AGGREGATE 函数了。

10.8 忽略错误值后进行统计

那么，如何使用 AGGREGATE 函数忽略错误值统计呢？下面先来讲解它的使用方法，再结合示例深入理解。

10.8.1 AGGREGATE 函数的用法

AGGREGATE 函数是一个功能丰富的高级聚集函数，它根据第 1 个参数中指定的功能代码对数据进行相应的计算。此外，该函数还支持忽略隐藏行、错误值、空值，并允许用户选择特定的聚合函数进行计算。与 SUBTOTAL 函数相比，AGGREGATE 函数在处理复杂数据集时提供了更多的灵活性和功能。

AGGREGATE 函数的语法结构如下：

=AGGREGATE（计算功能代码，忽略选项，引用数据，[辅助计算选项]）

参数说明如下。

1）第 1 个参数：必需。该参数是一个 1～19 之间的数字，用于指定要使用的函数类型。例如，1 代表求和，2 代表平均值，14 代表第 k 个最大值等，具体如表 10-2 所示。

表 10-2　第 1 个参数的功能代码及对应函数

功能代码	函数	说明
1	AVERAGE	计算平均值
2	COUNT	计算数值的个数
3	COUNTA	计算非空值的个数
4	MAX	计算最大值
5	MIN	计算最小值
6	PRODUCT	计算所有数值的乘积
7	STDEV.S	计算标准偏差

（续）

功能代码	函数	说明
8	STDEV.P	计算样本总体标准偏差
9	SUM	求和
10	VAR.S	计算方差
11	VAR.P	计算样本总体方差
12	MEDIAN	计算中值
13	MODE.SNGL	计算众数（即出现次数最多的数值）
14	LARGE	计算第 k 个最大值
15	SMALL	计算第 k 个最小值
16	PERCENTILE.INC	计算第 k 个百分点值，其中 $k=[0, 1]$
17	QUARTILE.INC	计算四分位数（包含 0 和 1）
18	PERCENTILE.EXC	计算第 k 个百分点值，其中 $k=(0, 1)$
19	QUARTILE.EXC	计算四分位数（不包含 0 和 1）

2）第 2 个参数：必需。该参数是一个数值，用于指定在函数的计算区域内要忽略哪些类型的值，如隐藏行、错误值等，具体如表 10-3 所示。

表 10-3　第 2 个参数的忽略选项及说明

忽略选项	说明
0 或省略	不忽略任何值，包括 SUBTOTAL 和 AGGREGATE 函数的结果
1	忽略使用"自动筛选"功能筛选掉的行，但不忽略 SUBTOTAL 和 AGGREGATE 函数的结果
2	忽略错误值，但不忽略隐藏行中 SUBTOTAL 和 AGGREGATE 函数的结果
3	忽略隐藏行和错误值，但不忽略 SUBTOTAL 和 AGGREGATE 函数的结果
4	忽略空值
5	忽略隐藏行
6	忽略错误值
7	忽略隐藏行和错误值

3）第 3 参数：必需。该参数表示需要统计的数据区域或单元格引用。

4）第 4 参数：可选。当第 1 个参数使用特定功能代码（如 14）时，该选项可用于执行如计算第 k 个最大值等附加操作。

AGGREGATE 函数比 SUBTOTAL 函数提供了更多的选项，可以满足更加复杂的计算需求。为了帮助读者直观理解这个高级函数的用法，下面来看两个示例。

10.8.2 示例 1：忽略错误值后进行统计

某表格中包含错误值（如 C7 单元格）为了统计忽略错误值之后的总金额，可使用 AGGREGATE 函数，如图 10-21 所示。

在这个公式中，AGGREGATE 函数的第 1 个参数被设置为 9，执行的是 SUM 函数的求和功能；第 2 参数被设置为 6，这样函数在进行求和计算时，会自动忽略所有的错误值。

如果需要 AGGREGATE 函数在计算时既能忽略隐藏行，又能忽略错误值，仅需调整其第 2 个参数即可。来看下面的示例。

10.8.3 示例 2：忽略隐藏行和错误值后进行统计

当用户手动隐藏图 10-24 中的第 8 ～ 10 行数据后，为了统计忽略隐藏行和错误值之后的总和，可使用 AGGREGATE 函数，如图 10-22 所示。

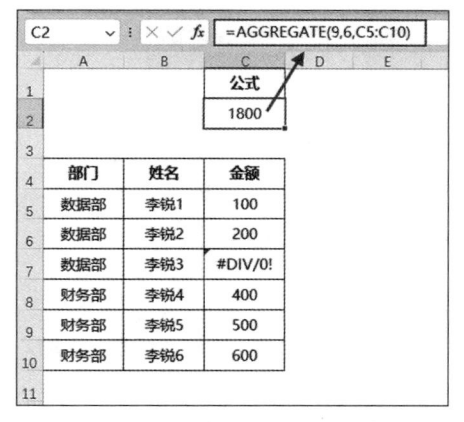

图 10-21　使用 AGGREGATE 函数忽略错误值后进行统计

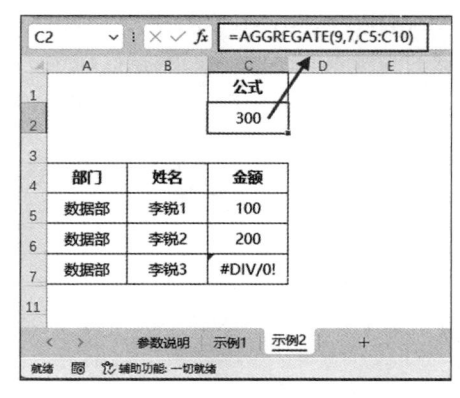

图 10-22　使用 AGGREGATE 函数忽略隐藏行和错误值后进行统计

在图 10-22 所示的公式中，AGGREGATE 函数的第 1 个参数被设置为 9，执行的是 SUM 函数的求和功能；第 2 个参数被设置为 7，这样函数在进行求和计算时，会自动忽略隐藏行和错误值。

在实际工作中，按照需求在 AGGREGATE 函数的参数列表中选择适合的参数，即可完成各种复杂计算。

10.8.4 扩展说明

上述示例仅展示了忽略错误值 #DIV/0! 后的计算，除此之外，AGGREGATE 函数还可以忽略多重错误值，如 #NAME?、#DIV/0!、#VALUE!、#NUM!、#REF!、#N/A、#NULL! 等。

AGGREGATE 函数的忽略隐藏行功能仅适用于垂直区域，不适用于水平区域。此特性与 SUBTOTAL 函数一致。

AGGREGATE 函数和 SUBTOTAL 函数都具备在表格处于筛选状态时，仅对显示出的数据进行统计的能力。如果用户并未实际执行筛选操作，就想统计在特定条件筛选下的最大值或最小值，就要用到条件统计函数 MAXIFS 和 MINIFS 了。

10.9　按条件计算极值

那么，如何使用 MAXIFS 和 MINIFS 按条件计算极值呢？下面先来讲解它们的使用方法，再结合示例深入理解。

10.9.1　MAXIFS 和 MINIFS 函数的用法

MAXIFS 和 MINIFS 函数是从 Excel 2019 版本起被纳入 Excel 函数库的，它们用于按指定条件筛选数据，并返回数据区域中的最大值或最小值。

MAXIFS 和 MINIFS 函数的语法结构如下：

=MAXIFS（数据区域，条件区域，筛选条件）
=MINIFS（数据区域，条件区域，筛选条件）

参数说明如下。

1）第 1 个参数：必需，指定要提取最大值（或最小值）的数据所在的单元格区域或数组。

2）第 2 个参数：必需，指定筛选条件所在的单元格区域或数组。

3）第 3 个参数：必需，指定筛选条件，即按什么条件进行筛选。

MAXIFS 函数和 MINIFS 函数最多支持 126 个区域 / 条件对。

为了帮助读者更好地掌握 MAXIFS 和 MINIFS 函数的用法，来看两个示例加深理解。

10.9.2　示例：按单 / 多条件筛选值

某教学主管希望在学生成绩表中分别统计男生和女生的最高分和最低分。对于该问题，可使用 MAXIFS 和 MINIFS 函数按单条件筛选最大值和最小值，如图 10-23 所示。

当实际工作中需要增加筛选条件时，仅需增加条件区域和条件参数即可。来看下一个示例。

某管理人员希望在学生班级成绩表中按照性别和班级双条件筛选数据，并对同时满足筛选条件的数据统计最大值和最小值。对于该问题，可使用 MAXIFS 和 MINIFS 函数按多条件筛选最大值和最小值，如图 10-24 所示。

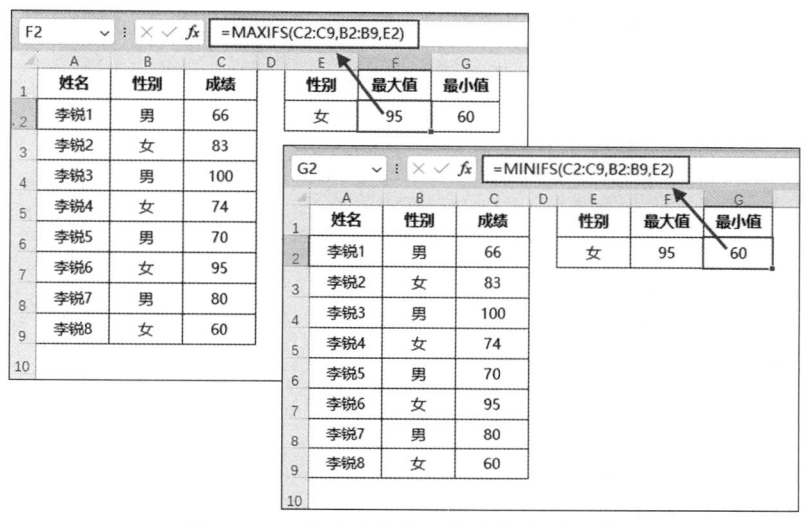

图 10-23　按单条件筛选最大值和最小值

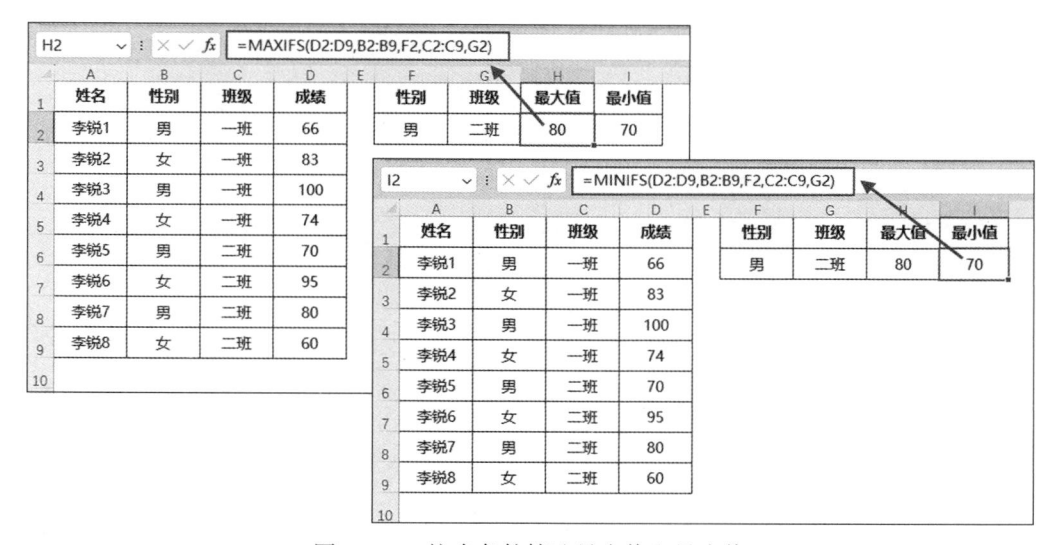

图 10-24　按多条件筛选最大值和最小值

在实际工作中，用户可以根据需要扩展 MAXIFS 函数和 MINIFS 函数的条件区域和条件参数，从而满足更加复杂的筛选计算需求。

需要注意的是，MAXIFS 函数和 MINIFS 函数要求第 1 个参数和第 2 个参数的大小和形状必须相同，否则会返回 #VALUE! 错误。例如，公式 =MAXIFS(C2:C9,B2:B10,E2) 就会返回错误值。

第三部分 *Part 3*

数据透视与数据分析

- 第 11 章　数据透视表的创建方法
- 第 12 章　数据透视表的布局变换
- 第 13 章　数据透视表的数据排序
- 第 14 章　数据透视表的数据筛选
- 第 15 章　数据透视表的统计计算
- 第 16 章　数据透视图

第 11 章 数据透视表的创建方法

Excel 数据透视表的创建方法有很多种，但是无论以何种方式创建数据透视表，都需要建立在表格数据源规范的前提下，否则会导致无法创建或透视结果错误。所以，在讲解数据透视表的创建方法前，有必要先掌握数据透视表对数据源的管理规范。

11.1 数据透视表的数据管理规范

那么，如何保证数据透视表数据管理规范呢？下面先介绍数据透视表对数据源规范性的要求，再结合示例讲解对不规范数据源进行数据管理的方法。

11.1.1 对数据源的规范性要求

要想正确地创建数据透视表，数据源至少要满足以下 5 点要求。

1）表格至少包含 2 行数据，并且要有完整的列标题；列字段不能缺失，任何空字段都需要补全字段名称后才能用于创建数据透视表。

2）表格中的源数据记录必须连续，不能包含空行或空列。否则，创建数据透视表时会遗漏数据，系统将以包含数据的最小完整区域为基础进行统计。

3）需要参与求和计算的数据要以数值格式记录，不能包含文本格式的数字。如果将文本数字导入数据透视表，系统会将其按文本进行计数统计。

4）代表日期的数据要以规范的日期格式进行记录。否则，在数据透视表中将无法进行年、月、日、季度等的分组计算。

5）表格中不能包含合并单元格，否则数据透视表会将合并单元格的左上角单元格填充为原值，其他单元格按 0 计算，导致结果错误。

在实际工作环境中，难免会遇到各种不规范的原始数据，所以下面结合示例具体介绍对不规范数据源进行数据管理的方法，帮助读者掌握必要的数据管理技术。

11.1.2　示例 1：补全列标题不完整的表格

如何补全列标题不完整的表格呢？来看一个示例：当表格的列标题不完整时，即使用户想强行创建数据透视表，也会被 Excel 的警告提示打断操作，如图 11-1 所示。此时，需要先补全表格的列标题，才能创建数据透视表。

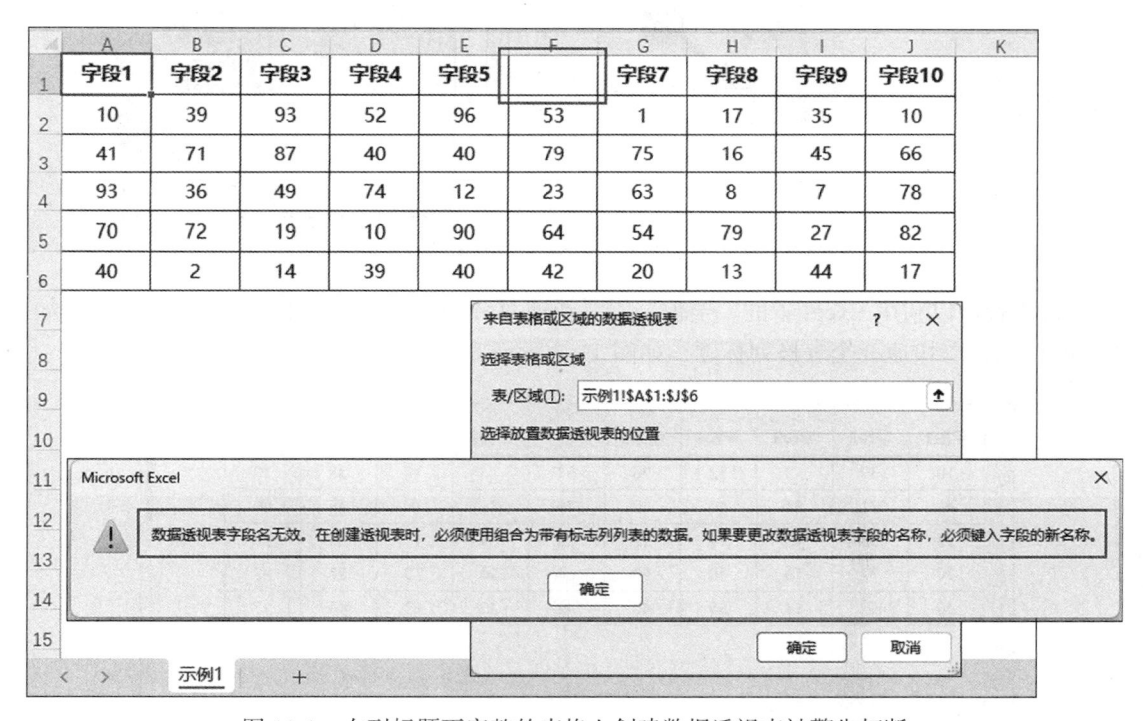

图 11-1　在列标题不完整的表格上创建数据透视表被警告打断

在字段数量较少的表格中，列标题一览无余，用户可以轻松地找到空字段并补全字段名称。但是如果遇到包含几十列甚至上百列的表格，如何快速定位空字段单元格所在位置呢？我们可以利用 Excel 中的"定位"工具进行快速定位，具体操作步骤如下：单击表格列标题所在的行号（如 1），全选列标题所在行；按"Ctrl+G"组合键调出"定位"对话框，如图 11-2 所示，单击"定位条件"；在弹出的"定位条件"对话框中选择"空值"，单击"确定"按钮。

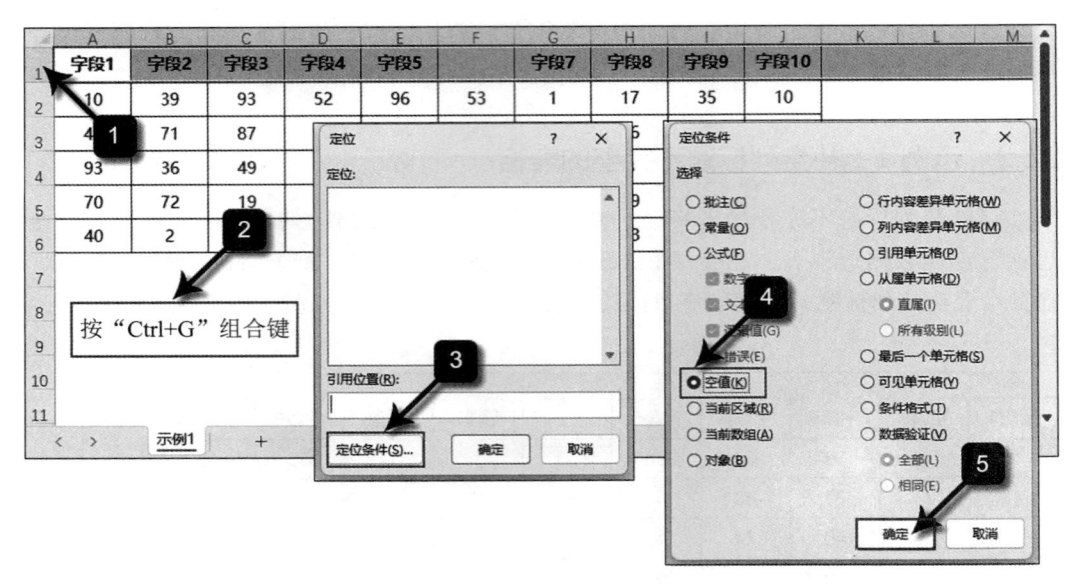

图 11-2 在包含大量列字段的表格中定位空字段位置

这样就可以利用 Excel 中的"定位"工具快速跳转到表格列标题中的空字段单元格（如 F1 单元格），以快速补全表格列标题，如图 11-3 所示。

图 11-3 快速定位至表格列标题中的空字段单元格

11.1.3 示例 2：批量删除表格中的多余空行

如何批量删除表格中的多余空行呢？来看一个示例：如图 11-4 所示，当表格中包含大量多余空行时，不必逐一手动删除，可以采用筛选空行的方法批量定位空行，一次性统一删除。

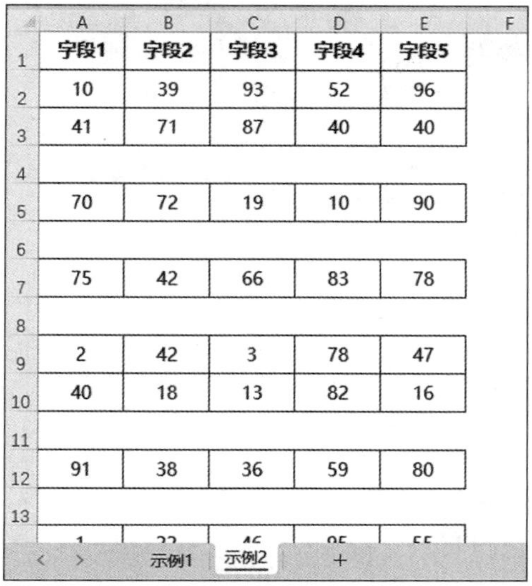

	A	B	C	D	E	F
1	字段1	字段2	字段3	字段4	字段5	
2	10	39	93	52	96	
3	41	71	87	40	40	
4						
5	70	72	19	10	90	
6						
7	75	42	66	83	78	
8						
9	2	42	3	78	47	
10	40	18	13	82	16	
11						
12	91	38	36	59	80	
13						

图 11-4　包含大量多余空行的表格

批量删除表格中多余空行的操作步骤如下。

1）单击 A 列的列标，以选中整列数据；在 Excel 的菜单栏中，单击“数据”选项卡下的“筛选”按钮，此时，A 列的列标题旁会出现一个筛选下拉按钮；单击该下拉按钮，在弹出的筛选菜单中清除“全选”的勾选状态，并将筛选滚动条向下拖动到底部，找到并勾选“空白”选项；完成上述筛选设置后，单击“确定”按钮，如图 11-5 所示。这一步的目的是筛选出 A 列中的空行。

2）按住鼠标左键不松开，在左侧行号处从上向下选中第 4 ～ 31 行，即所有蓝色的行；单击鼠标右键，在弹出的快捷菜单中单击“删除行”，如图 11-6 所示，即可批量删除表格中的所有空行。

完成空行删除后，清除表格筛选或在字段筛选下全选所有选项，即可查看完整的表格，如图 11-7 所示。可以看到表格中已经没有空行了。

11.1.4　示例 3：将文本数字批量转换为规范数值

如何将文本数字批量转换为规范数值呢？来看一个示例：如图 11-8 所示，在某企业数据系统导出的商品销售表中，“数量”和“金额”都是文本数字，直接创建数据透视表会将它们按照文本数据进行计数统计，而非按数值进行求和。为了解决该问题，可以利用 Excel 中的选择性粘贴功能，批量将系统导出的文本数字转换为规范数值。

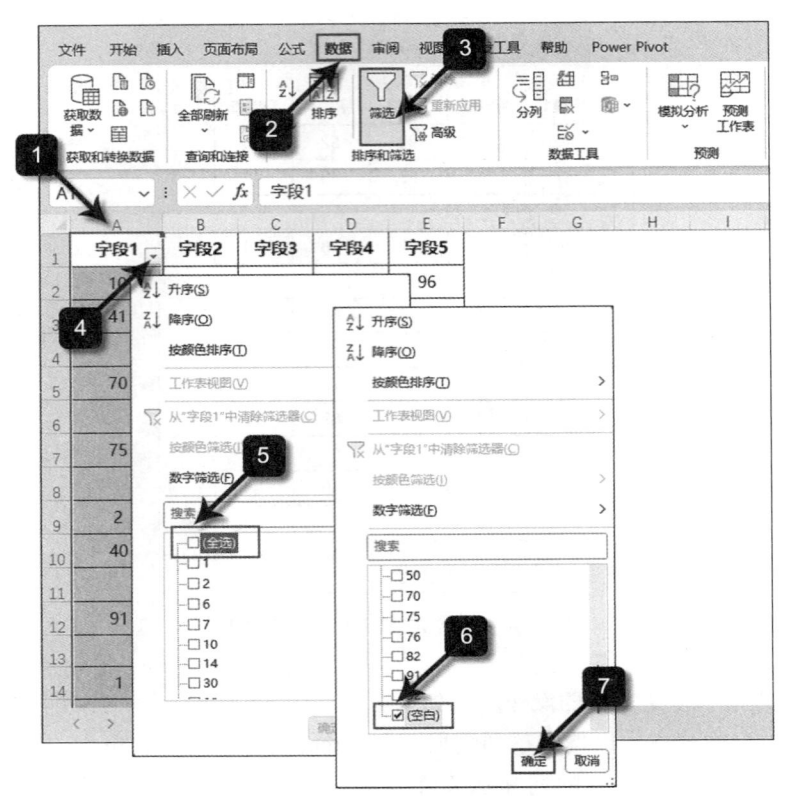

图 11-5　批量筛选多余空行所在位置

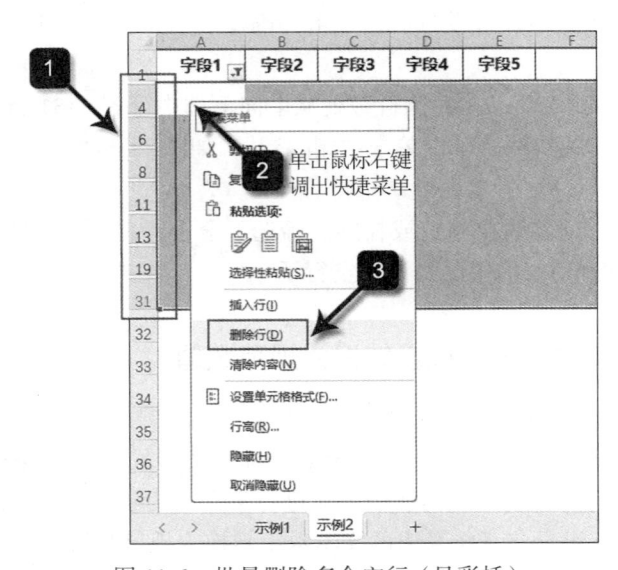

图 11-6　批量删除多余空行（见彩插）

图 11-7　删除多余空行后的表格　　　　图 11-8　某企业数据系统导出的商品销售表

将文本数字批量转换为规范数值的操作步骤如下：复制任意空白单元格（如 E1 单元格），选中 B:C 两列文本数字所在位置，单击鼠标右键，在弹出的快捷菜单中单击"选择性粘贴"；在弹出的"选择性粘贴"对话框中，勾选"数值"和"加"选项，单击"确定"按钮，如图 11-9 所示。这步操作可以将文本数字批量转换为规范数值，执行原理是将空白单元格的 0 值与文本数字相加，利用公式运算将文本数字转换为数值格式。

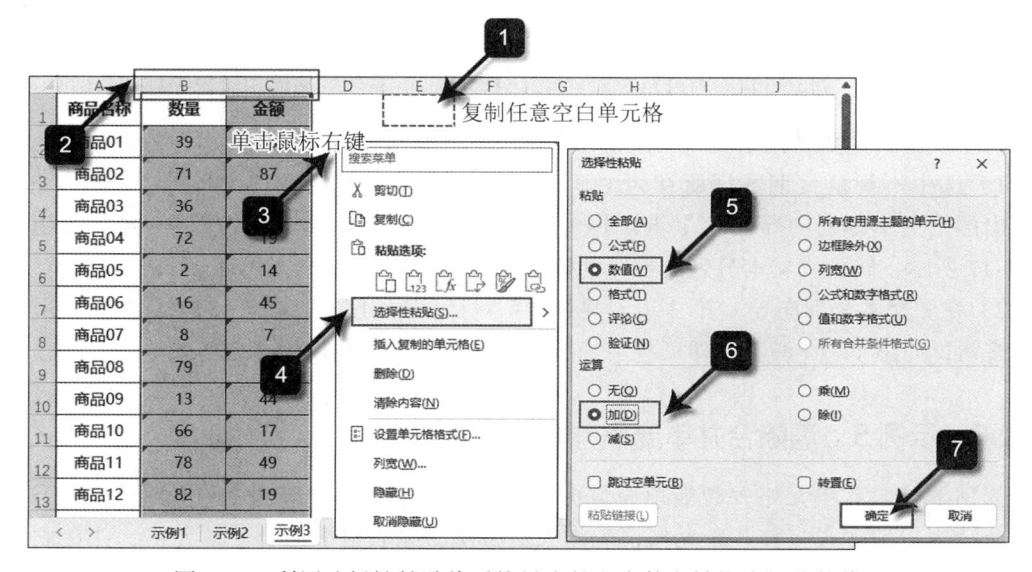

图 11-9　利用选择性粘贴将系统导出的文本数字转换为规范数值

操作完成后，商品销售表中的“数量”和“金额”数据全部变成了数值格式，如图 11-10 所示。

11.1.5 示例 4：对不规范日期数据进行批量转换

如何将不规范的日期数据批量转换为规范形式呢？来看一个示例：如图 11-11 所示，某系统导出的销量表中包含大量不规范的日期数据（如 20250613 和 2025.07.09），工作人员希望将它们转换为规范格式。这种需求可以利用 Excel 中的分列工具批量实现。

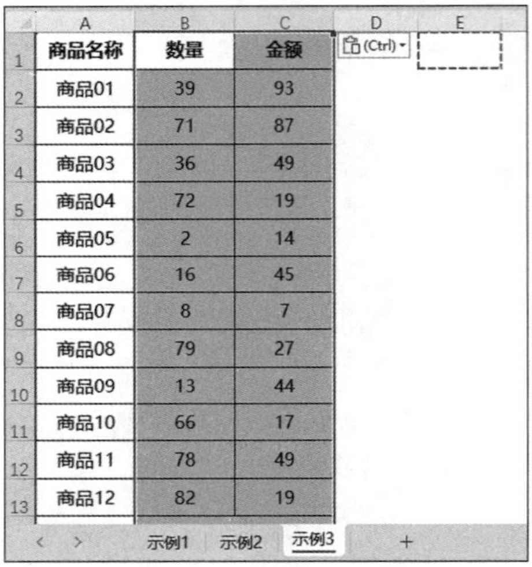

商品名称	数量	金额
商品01	39	93
商品02	71	87
商品03	36	49
商品04	72	19
商品05	2	14
商品06	16	45
商品07	8	7
商品08	79	27
商品09	13	44
商品10	66	17
商品11	78	49
商品12	82	19

图 11-10 变为数值格式的商品销售表

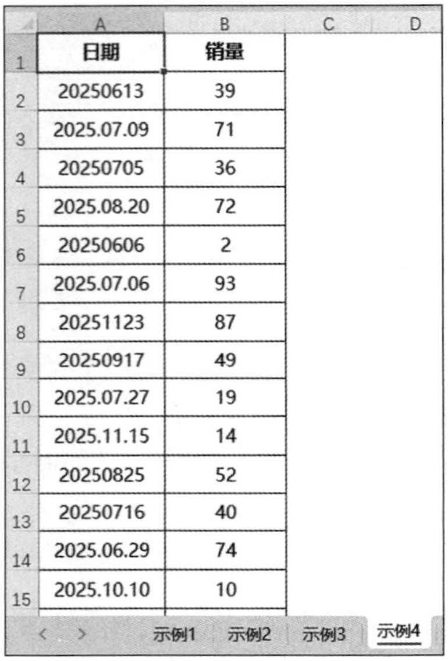

日期	销量
20250613	39
2025.07.09	71
20250705	36
2025.08.20	72
20250606	2
2025.07.06	93
20251123	87
20250917	49
2025.07.27	19
2025.11.15	14
20250825	52
20250716	40
2025.06.29	74
2025.10.10	10

图 11-11 系统导出的销量表中日期数据不规范

将不规范日期数据批量转换为规范形式的操作步骤如下。

1）选中不规范日期数据所在列（即 A 列），单击“数据”选项卡下的“分列”按钮；在弹出的“文本分列向导 - 第 1 步，共 3 步”对话框中连续单击两次“下一步”按钮，如图 11-12 所示，转到“文本分列向导”的第 3 步。

2）在“文本分列向导 - 第 3 步，共 3 步”对话框中勾选“日期”选项，然后单击“完成”按钮，如图 11-13 所示，即可将不规范的日期数据批量转换为规范格式。

11.1.6 示例 5：清除合并单元格并智能填充

如何清除合并单元格并智能填充数据呢？来看一个示例：如图 11-14 所示，某公司的部门业绩表中包含很多合并单元格，工作人员希望清除表格中的合并单元格，并在取消合并后的空单元格中填充相应数据。这个需求可以利用 Excel 中的定位工具配合公式实现。

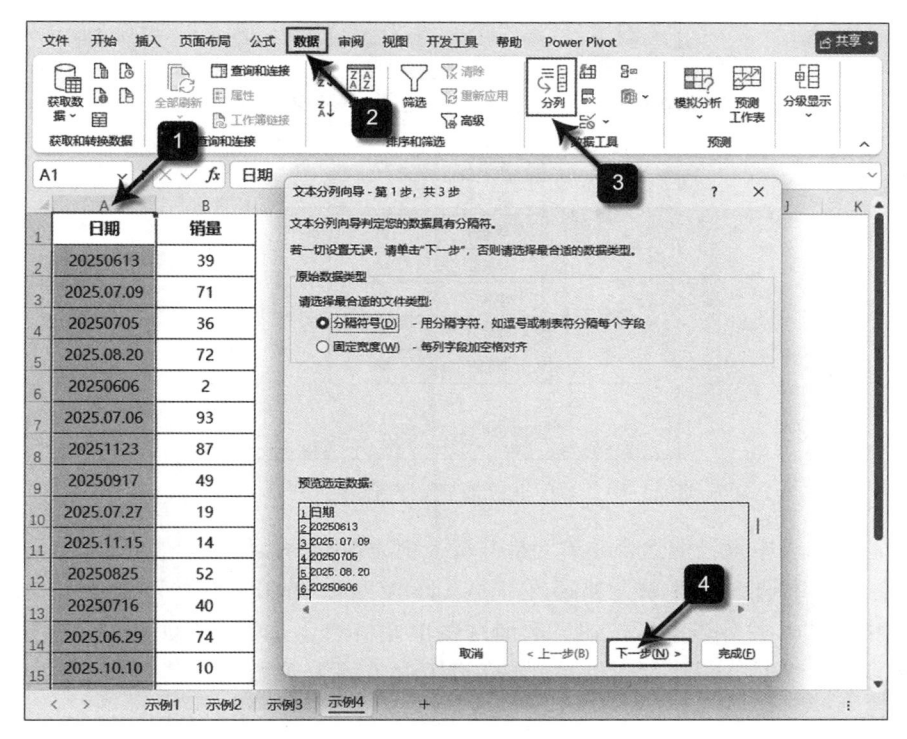

第 11 章 数据透视表的创建方法 ❖ 179

图 11-12 调用分列工具

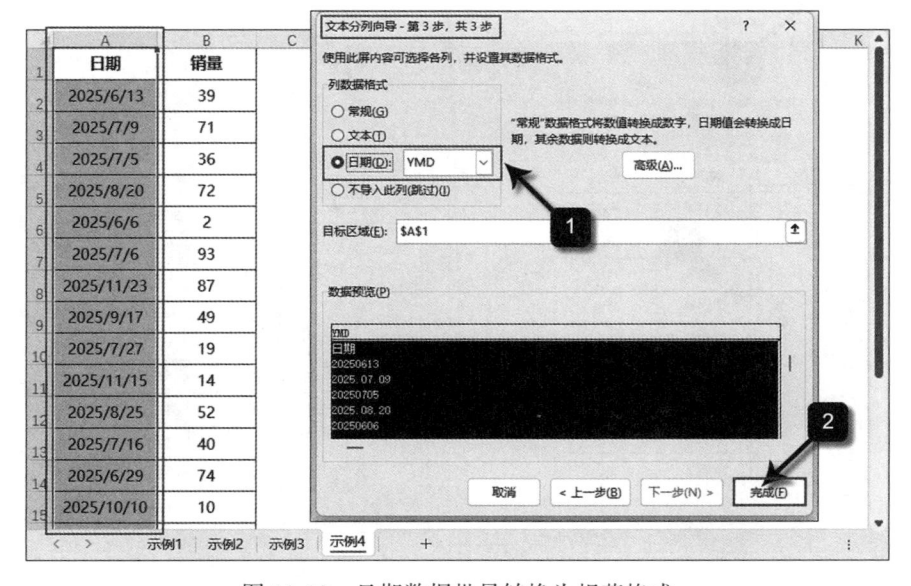

图 11-13 日期数据批量转换为规范格式

图 11-14　部门业绩表中包含很多合并单元格

在部门业绩表中批量清除合并单元格并智能填充数据的操作步骤如下。

1）在表格中选中合并单元格所在区域（即 A 列），单击"开始"选项卡下的"对齐方式"组中的"合并后居中"按钮，取消这些单元格的合并状态，如图 11-15 所示。合并单元格被取消合并后，只有原合并单元格左上角的单元格有数据，其他单元格会变成空单元格。

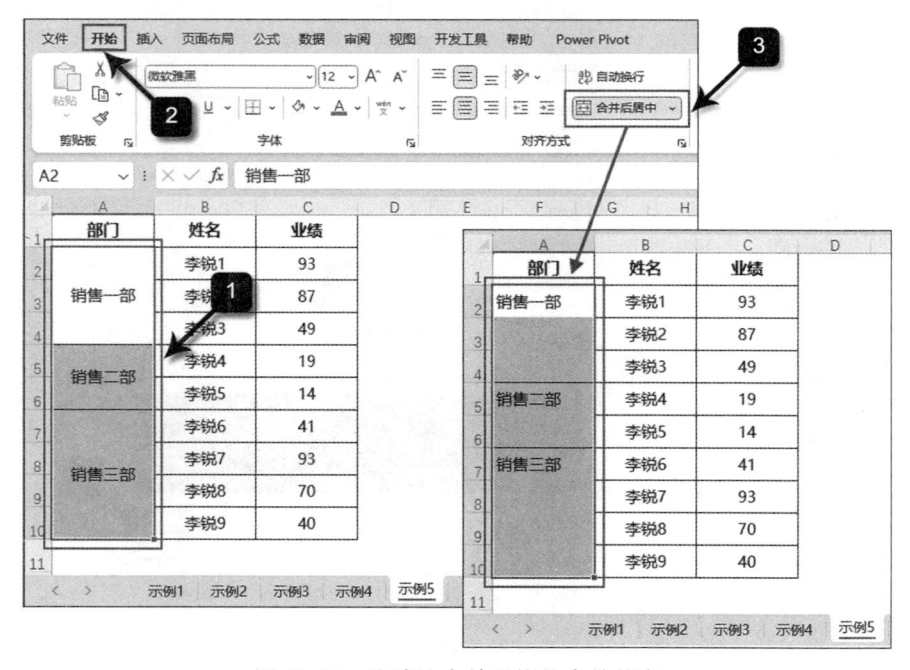

图 11-15　取消选中单元格的合并状态

2）按"Ctrl+G"组合键，调出 Excel 的定位工具，在"定位"对话框单击"定位条件"，如图 11-16a 所示；在弹出的"定位条件"对话框中勾选"空值"选项，单击"确定"按钮，如图 11-16b 所示；可以看到当前活动单元格是 A3（编辑栏左侧的名称框中会显示活动单元格），如图 11-16c 所示，这步操作的作用是批量定位那些因取消合并单元格而产生的空单元格，并确定当前的活动单元格位置，为下一步的公式填充数据做好准备。

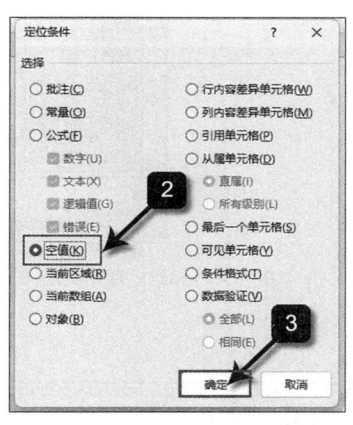

　　a）"定位"对话框　　　　b）勾选"空值"选项　　　　c）当前活动单元格为A3

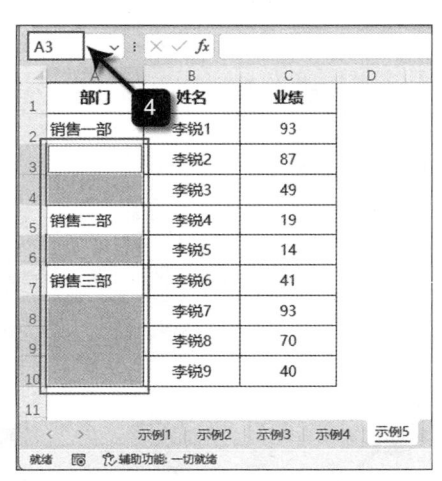

图 11-16　批量定位那些因取消合并单元格而产生的空单元格

3）输入公式＝上方单元格的引用。由于当前活动单元格为 A3，所以输入公式"=A2"，如图 11-17 所示。注意：此时不要直接按 Enter 键，而要同时按"Ctrl+Enter"组合键，以便将公式批量填充到所有空单元格中。这步操作的作用是将取消合并后产生的空单元格的值都填充为其上方单元格的数据。

利用 Excel 公式批量填充数据后，A 列会包含很多公式，为了清除这些公式并保留计算结果，可按以下步骤操作：选中包含公式的区域（即 A 列），按"Ctrl+C"组合键复制该列；在 A1 单元格处单击鼠标右键，在右键菜单中单击"粘贴选项"下的"值"按钮，如图 11-18 所示。操作完成后，所有公式都被清除，同时计算结果被保留在原处。通过观察我们可以发现 A3 单元格原有公式处的数据已填充为其上方单元格的数据"销售一部"。

利用定位工具+Excel 公式的方法可以批量清除表格中的合并单元格并智能填充数据。这种方法不仅适用于单列的情况，还可以同时处理多列中包含合并单元格的表格，实现批量转换。

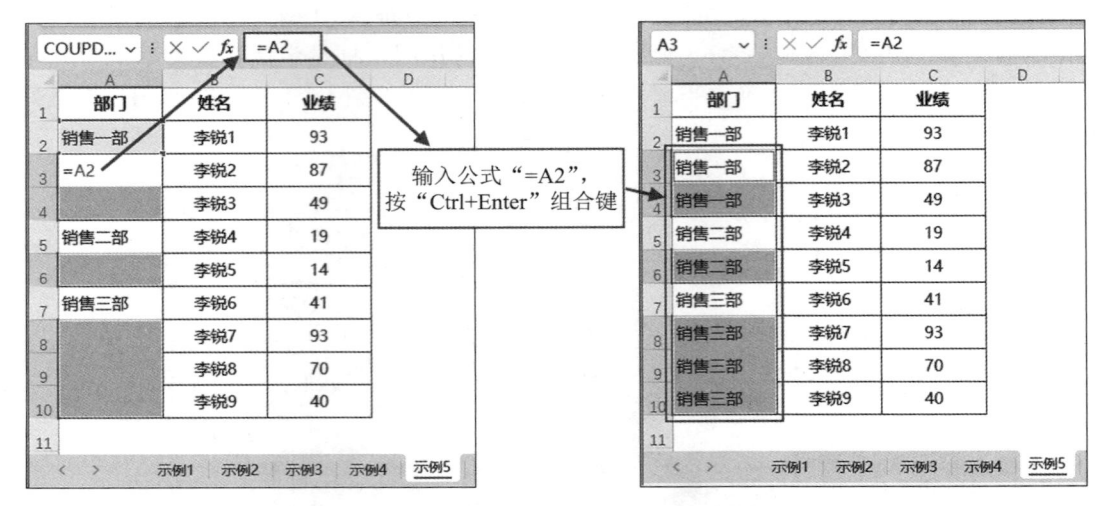

图 11-17　在空单元格中批量填充其上方单元格的数据

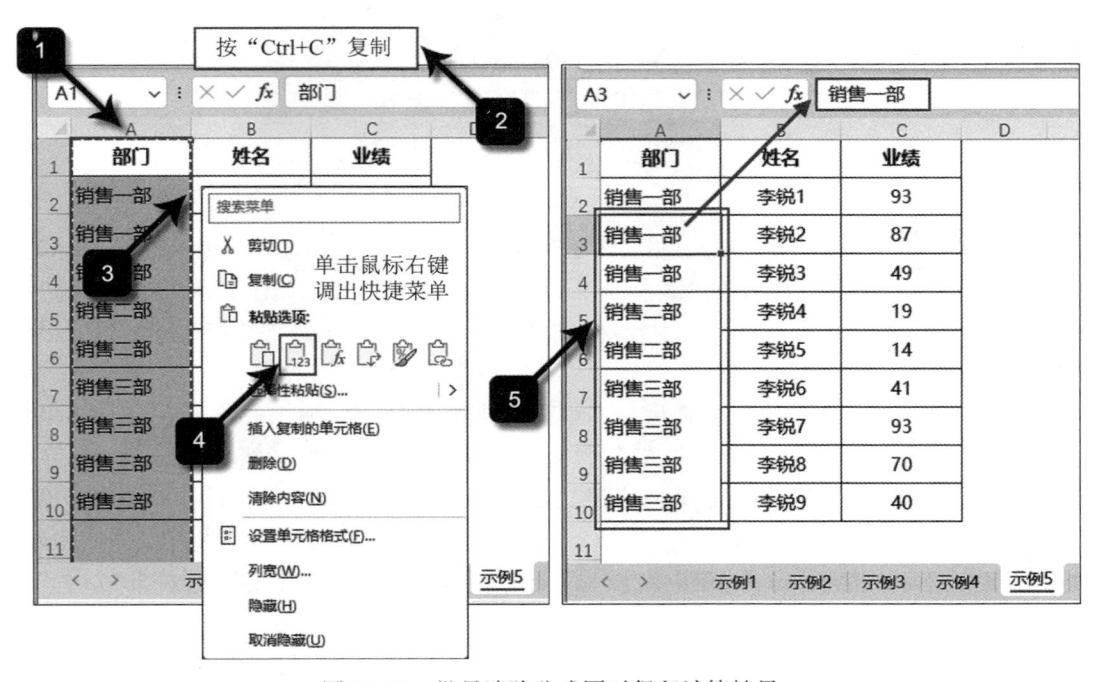

图 11-18　批量清除公式同时保留计算结果

11.2 数据透视表的 3 种常用创建方法

在 Excel 中如何创建数据透视表呢？下面介绍 3 种常用的数据透视表创建方法。

11.2.1 插入默认的数据透视表

在 Excel 表格中插入默认的数据透视表是大多数人的习惯选择，操作步骤如下：选中表格中任意单元格（如 A1 单元格），单击"插入"选项卡下的"数据透视表"按钮；在弹出的"来自表格或区域的数据透视表"对话框中检查 Excel 自动引用的区域是否完整，并确认放置数据透视表的位置；检查无误后单击"确定"按钮，即可创建数据透视表，如图 11-19 所示。

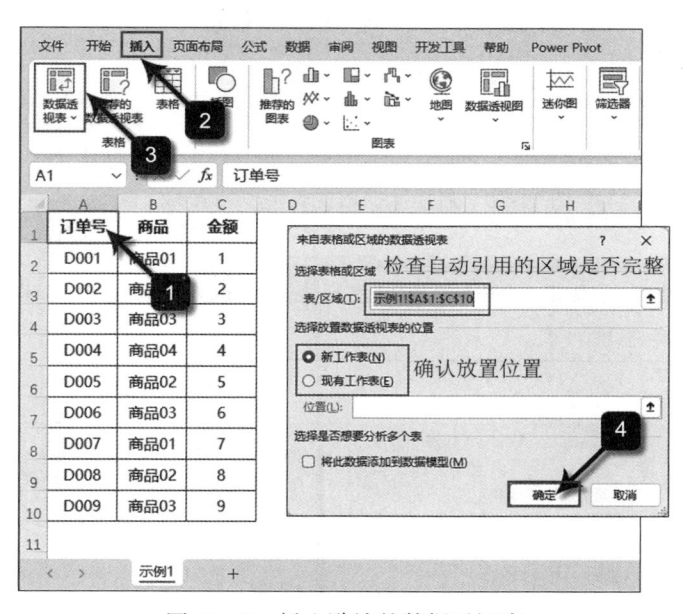

图 11-19　插入默认的数据透视表

在 Excel 中创建数据透视表后，如果没有显示数据透视表的字段列表，可以按以下方式启用数据透视表字段列表：在数据透视表区域（如 A3 单元格）单击鼠标右键，在弹出的快捷菜单中单击"显示字段列表"，如图 11-20 所示。

显示数据透视表字段列表后，根据需求选择要添加到报表的字段，将数据透视表字段拖动至对应的报表区域，即可生成对应的数据透视表报表布局，如图 11-21 所示。当用户在右侧的数据透视表字段布局区间操作时，可以在左侧的 Excel 工作表区域实时观察生成的报表效果。

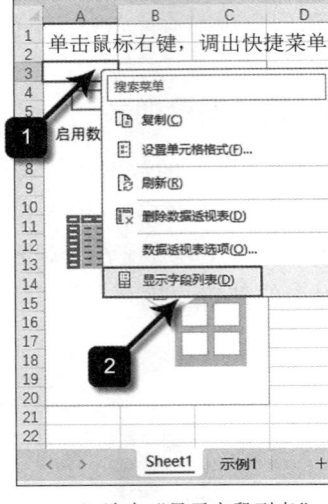

184 ❖ Excel数据管理与数据透视

a）选中A3单元格　　　　　　b）选中"显示字段列表"

图 11-20　启用数据透视表字段列表的方法

> **注意**　在 Excel 中首次启用数据透视表字段列表后，以后不必重复启用，数据透视表会默认显示其字段列表。

图 11-21　将数据透视表字段拖动至对应报表区域

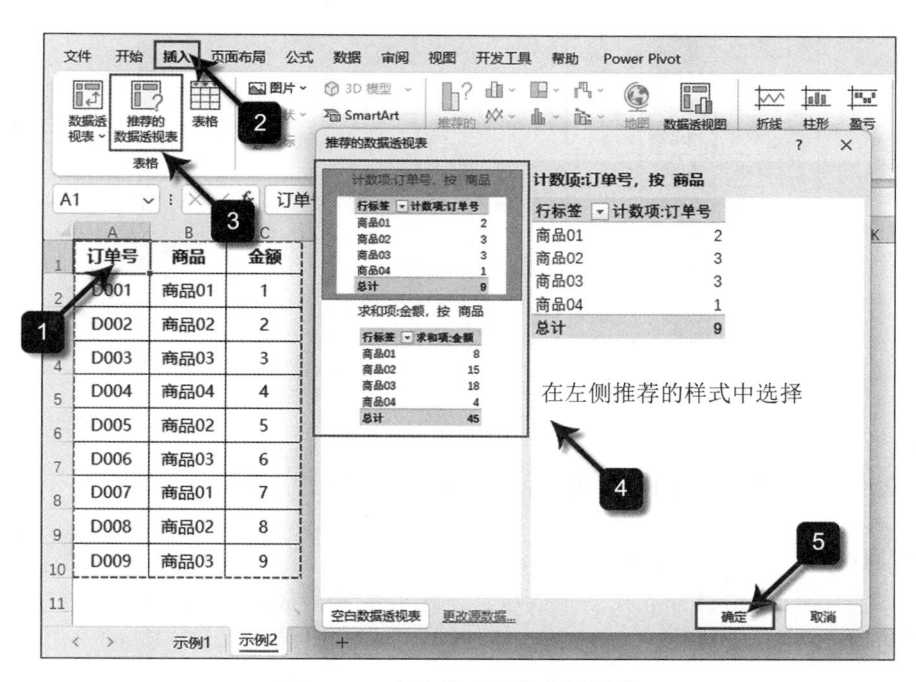

11.2.2 插入推荐的数据透视表

插入推荐的数据透视表的具体操作步骤如下：选中表格中任意单元格（如 A1 单元格），单击"插入"选项卡下的"推荐的数据透视表"按钮；在弹出的"推荐的数据透视表"对话框左侧单击推荐的报表样式进行选择，在右侧即可预览报表的展示效果；确认选择后，单击"确定"按钮，即可创建推荐的数据透视表，如图 11-22 所示。

图 11-22　插入推荐的数据透视表

11.2.3 插入数据透视图和数据透视表

插入数据透视图和数据透视表的具体操作步骤如下：选中表格中任意单元格（如 A1 单元格），单击"插入"选项卡下的"图表"组下的"数据透视图"下拉菜单按钮；在弹出的选项列表中单击"数据透视图和数据透视表"，即可同时创建数据透视表和数据透视图，如图 11-23 所示。余下的设置（包括数据透视表字段布局的设置）与方法 1 中一致，此处不再赘述。

以上 3 种方法都可以按照指定的数据区域创建数据透视表，用户可以根据需要自行选择。

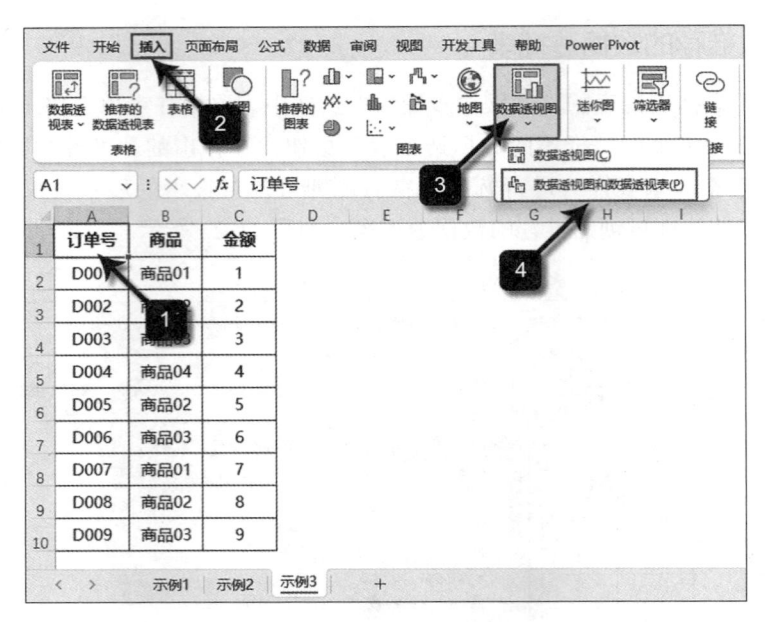

图 11-23　插入数据透视图和数据透视表

11.3　通过多重合并计算数据区域创建数据透视表

如何通过多重合并计算数据区域创建数据透视表呢？让我们来看一个示例：如图 11-24 所示，某企业的订单信息分散在多个区域，工作人员希望根据 3 笔订单所在的 3 个区域统一创建数据透视表。

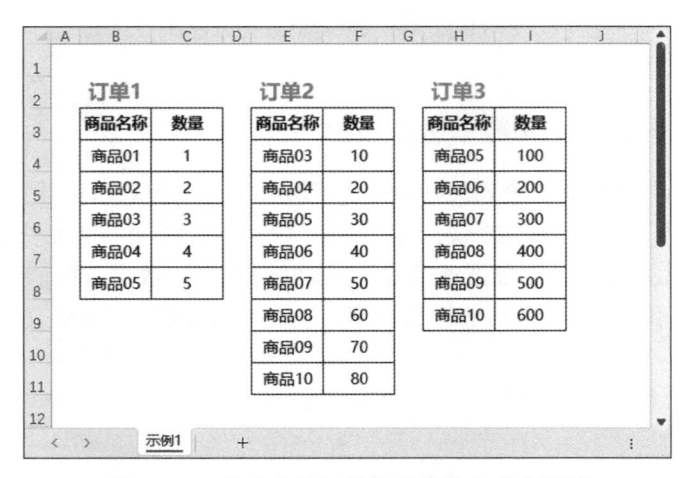

图 11-24　某企业的订单信息分散在多个区域

在 Excel 中，可以利用多重合并计算数据区域的功能，根据分散在多个区域的数据创建复合范围的数据透视表，具体步骤如下。

1）依次按下 Alt 键、D 键、P 键（注意不是同时按下这 3 个键），Excel 会自动弹出"数据透视表和数据透视图向导"对话框；勾选"多重合并计算数据区域"选项后，单击"下一步"按钮，将跳转到向导的第 2 步页面，如图 11-25 所示。

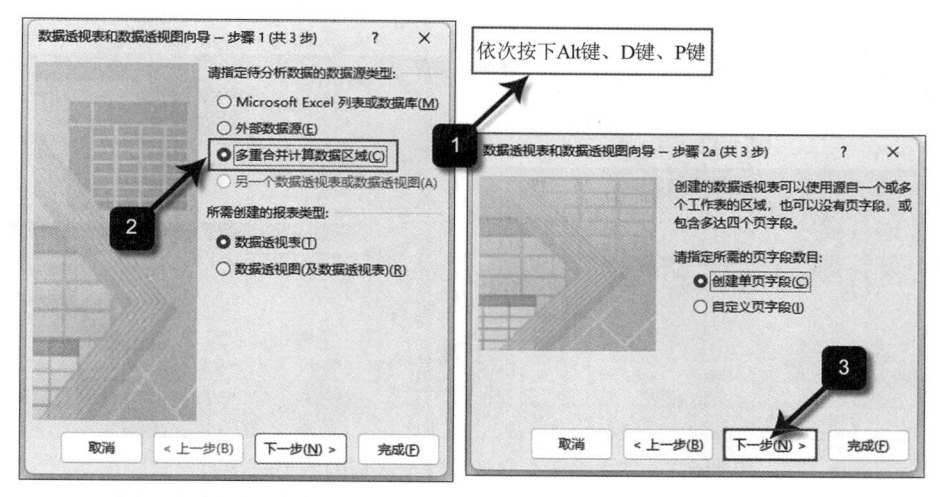

a）选中"多重合并计算数据区域"　　　　b）跳转到向导第2步页面

图 11-25　调出多重合并计算数据区域向导

2）在"数据透视表和数据透视图向导"对话框的第 2 步页面中，将鼠标定位到"选定区域"输入框中，依次选定每笔订单的数据源区域；然后单击"添加"按钮，将订单 1、订单 2、订单 3 的数据源区域全部添加进入数据透视表，如图 11-26 所示。

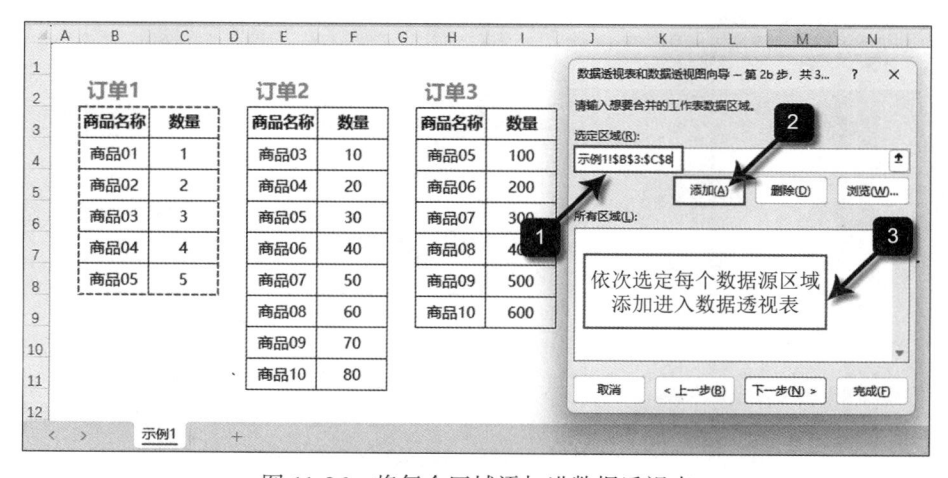

图 11-26　将每个区域添加进数据透视表

3）当"所有区域"中包含所有订单对应的数据源区域后，单击"下一步"按钮，跳转到向导的第 3 步页面；选择放置数据透视表的位置，单击"完成"按钮，即成功创建多重合并计算数据区域的数据透视表，如图 11-27 所示。

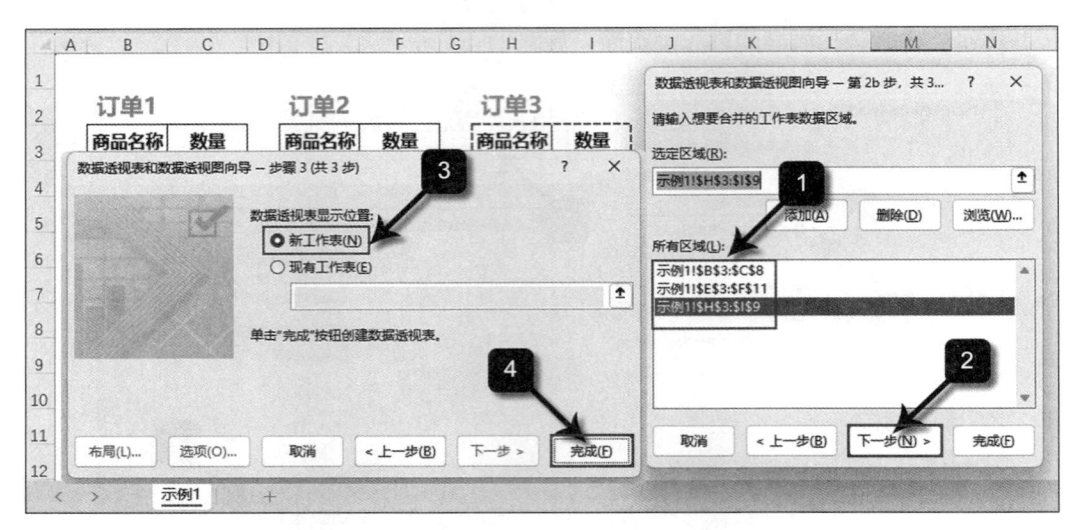

图 11-27　创建多重合并计算数据区域的数据透视表

完成设置后，Excel 工作表界面可以同步显示数据透视表的报表结果，如图 11-28 所示。

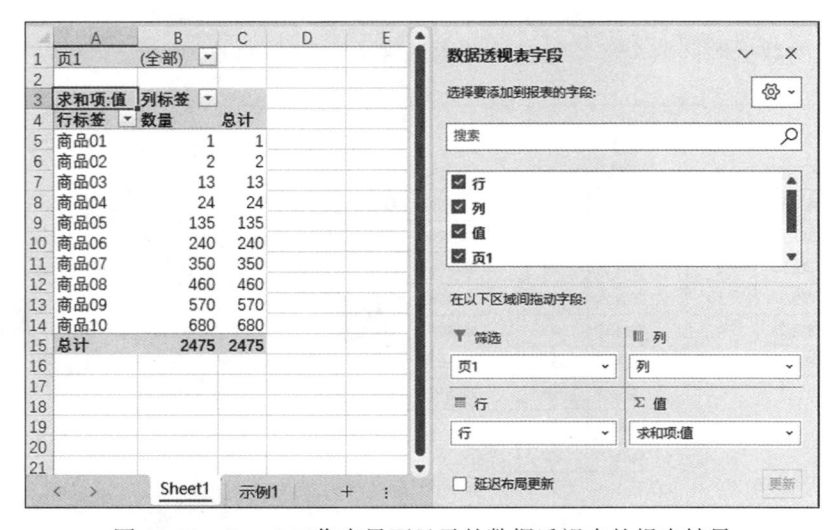

图 11-28　Excel 工作表界面显示的数据透视表的报表结果

创建多重合并计算数据区域的数据透视表功能强大，不仅能够将单个 Excel 工作表内的多个数据区域进行合并，还支持跨多个 Excel 工作表甚至多个 Excel 工作簿文件进行数据的整合。只是自从 Excel 2016 中引入了内置的 Power Pivot 功能后，在处理涉及多张工作表或多个工作簿文件合并的数据透视需求时，采用 Power Pivot 工具创建数据模型会比多重合并计算数据区域创建数据透视表的效率更高。这部分技术笔者会在 Power Pivot 图书或者在线视频中进行具体介绍，此处暂不展开。

11.4　利用超级表创建动态数据透视表

如何利用超级表创建动态数据透视表呢？让我们来看一个示例：如图 11-29 所示，某企业订单表中的记录随着业务发展会不断增加。企业管理者希望根据订单表创建动态数据透视表，让数据透视表的报表结果能与订单表中的新增记录保持同步更新。

要解决该问题，可以借助超级表创建动态数据透视表。这种方法的原理是 Excel 中的超级表拥有自动扩展行列数据的特性。具体来说，只需将普通表格区域转换为超级表，再用超级表作为数据源创建数据透视表，即可借助超级表自动扩展的特性使数据透视表的数据源也拥有自动扩展的特性。因此，每当数据源新增记录时，数据透视表的范围也会保持同步更新。

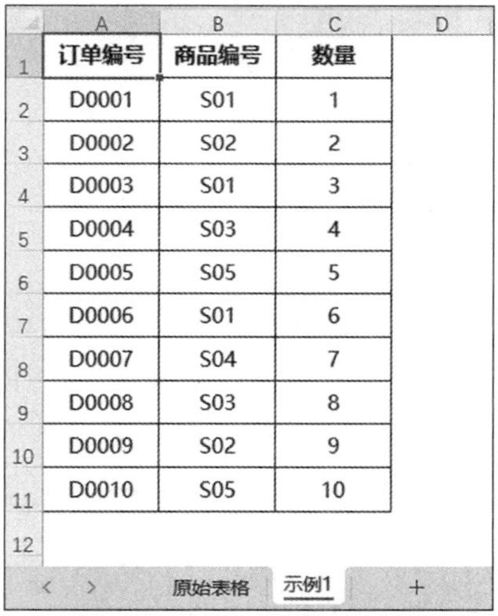

订单编号	商品编号	数量
D0001	S01	1
D0002	S02	2
D0003	S01	3
D0004	S03	4
D0005	S05	5
D0006	S01	6
D0007	S04	7
D0008	S03	8
D0009	S02	9
D0010	S05	10

图 11-29　某企业订单表的原始状态

借助超级表创建动态数据透视表的过程包括以下两步。

1）将数据源普通表格转换为超级表。

2）使用超级表创建动态数据透视表。

下面结合示例具体介绍操作步骤。

11.4.1　将普通表格转换为超级表

将数据源普通表格转换为超级表的操作步骤如下：选中表格中任意单元格（如 A1 单元格），按“Ctrl+T”组合键打开“创建表”对话框（或者单击“插入”选项卡下的“表格”按钮也能打开“创建表”对话框），如图 11-30a 所示；在“创建表”对话框中检查自动引用的表格区域是否正确，确认无误后单击“确定”按钮，即可将表格转换为超级表，如图 11-30b 所示。

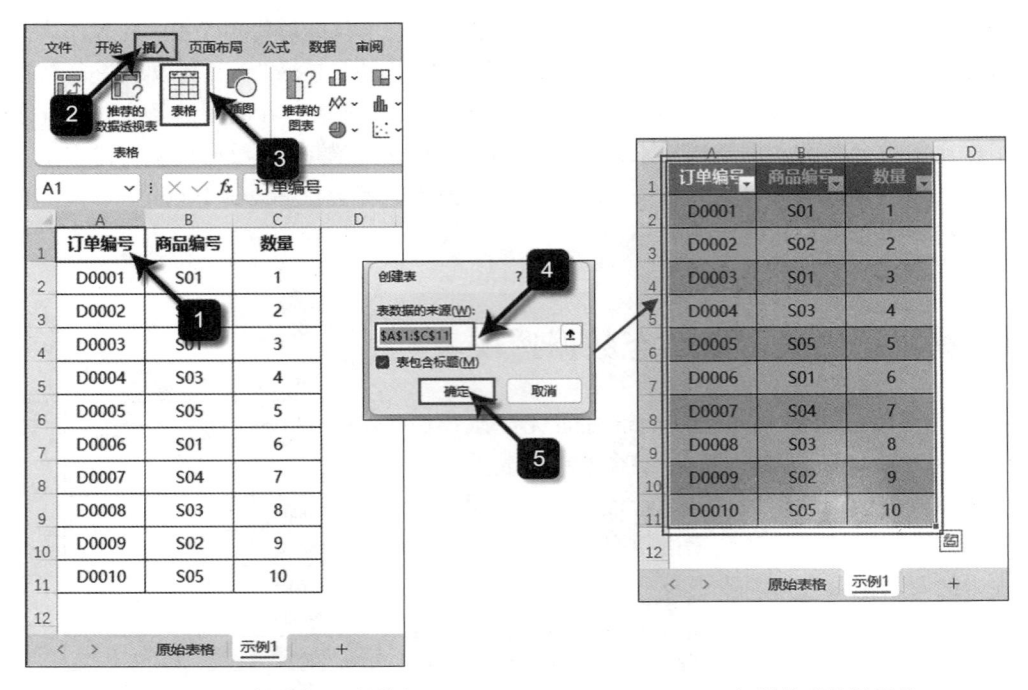

a）打开"创建表"对话框　　　　　　　　　　b）转换后的超级表

图 11-30　将普通表格转换为超级表

表格转换为超级表后外观会有一些变化：标题行字段会自动添加筛选按钮，行记录会自动隔行填充颜色。与外观上的调整相比，超级表在功能上的扩展更为显著。当用户选定超级表区域内的单元格时，Excel 的功能区菜单会出现"表设计"上下文选项卡，如图 11-31 所示。这个选项卡中提供了丰富的工具和选项，旨在进一步扩展超级表的功能。之所以说"表设计"是上下文选项卡，是因为它与用户选定的单元格位置密切相关。当 Excel 活动单元格不在超级表区域内部时，此选项卡将不再显示。

将原始表格转换为超级表（如"表 1"）后，即可使用超级表"表 1"作为数据源创建动态数据透视表。

11.4.2　使用超级表创建动态数据透视表

使用超级表创建动态数据透视表的具体操作步骤如下：选中超级表中任意单元格（如 A1 单元格），单击"插入"选项卡下的"数据透视表"按钮，在弹出的"来自表格或区域的数据透视表"对话框中检查"表/区域"输入框中的来源是否为"表 1"（此名称要与之前创建的超级表名称一致），并确认放置数据透视表的位置；检查无误后，单击"确定"按钮，即可创建数据透视表，如图 11-32 所示。

第 11 章　数据透视表的创建方法　❖　191

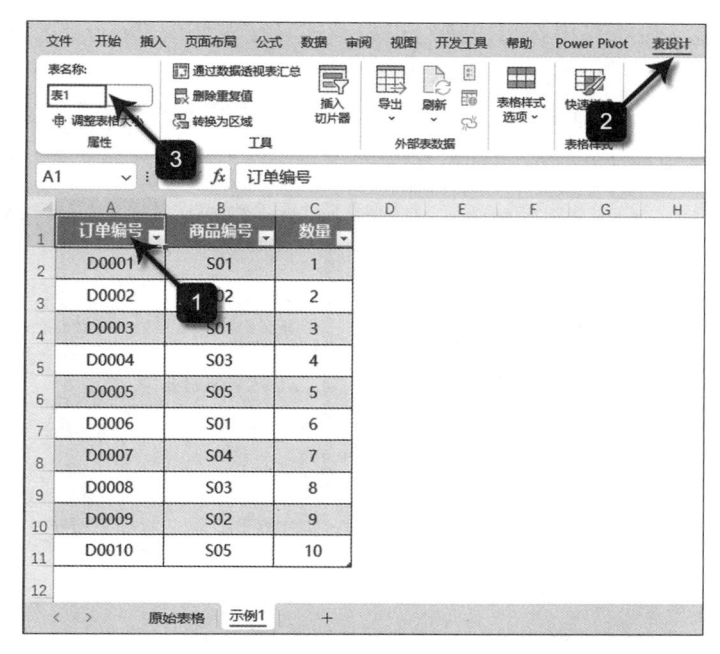

图 11-31　在表设计选项卡中查看超级表的表名称

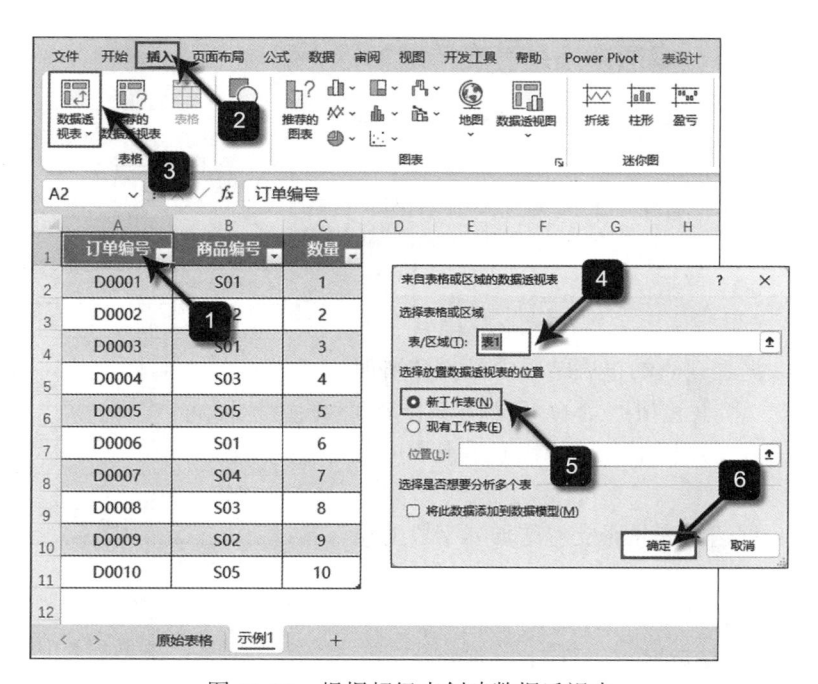

图 11-32　根据超级表创建数据透视表

在数据透视表字段布局中按需求进行设置，即可在左侧的 Excel 工作表区域同步生成对应的数据透视表报表，如图 11-33 所示。

创建数据透视表后，我们在数据源中增加记录，检查数据透视表能否动态更新数据。

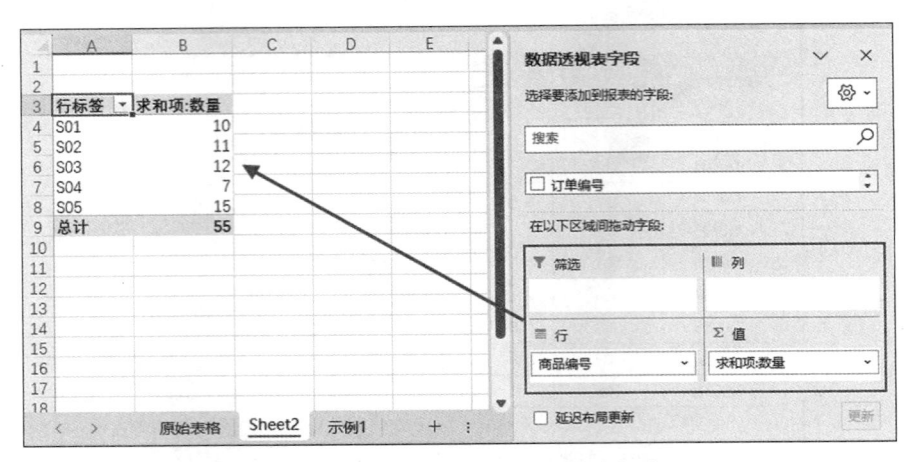

图 11-33　生成对应的数据透视表报表

11.4.3　检查动态数据透视表是否支持增加行/列

检查动态数据透视表是否支持增加行的操作步骤如下。

1）先在数据源"表 1"中增加记录行。为了方便查看，我们增加一个新的商品编号"S66"和数量 66，如图 11-34 所示。

2）单击"数据"选项卡下的"全部刷新"按钮，可以看到数据透视表的报表结果中已自动增加商品编号"S66"和求和项数量 66，如图 11-35 所示。说明当数据源增加行记录后，数据透视表可以同步更新数据。

检查动态数据透视表是否支持增加列字段的具体操作步骤如下。

1）先在数据源"表 1"右侧新增列字段"金额"，并输入一列金额数据，如图 11-36 所示。

图 11-34　在数据源中增加记录行

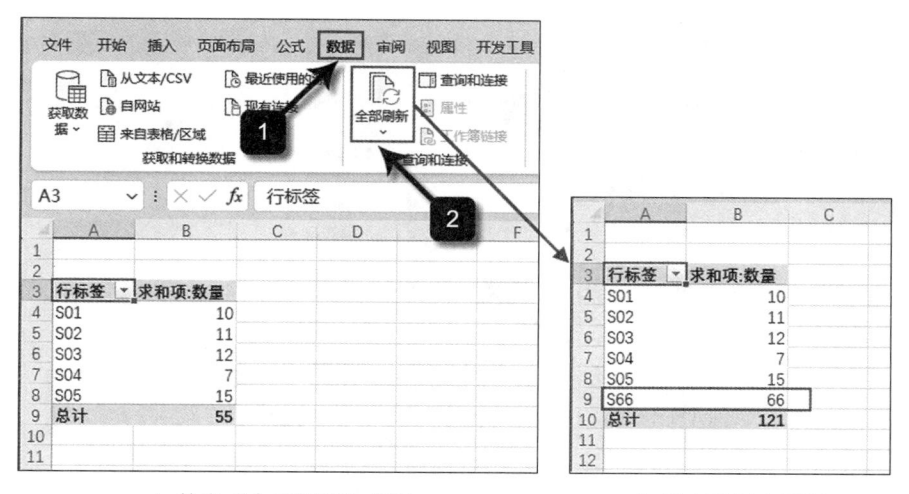

第 11 章　数据透视表的创建方法 ❖ 193

a）单击"全部刷新"按钮　　　　b）报表已同步更新

图 11-35　数据透视表已同步更新数据

图 11-36　在数据源中增加列

2）单击"数据"选项卡下的"全部刷新"按钮，数据透视表右侧的字段列表中新增"金额"字段，如图 11-37 所示。说明当数据源增加列字段后，数据透视表的字段列表可以同步更新。将"金额"字段拖动至数据透视表的"值"区域，Excel 工作表左侧的数据透视表报表中出现"求和项：金额"和对应数据，说明动态数据透视表可以支持数据源增加列字段。

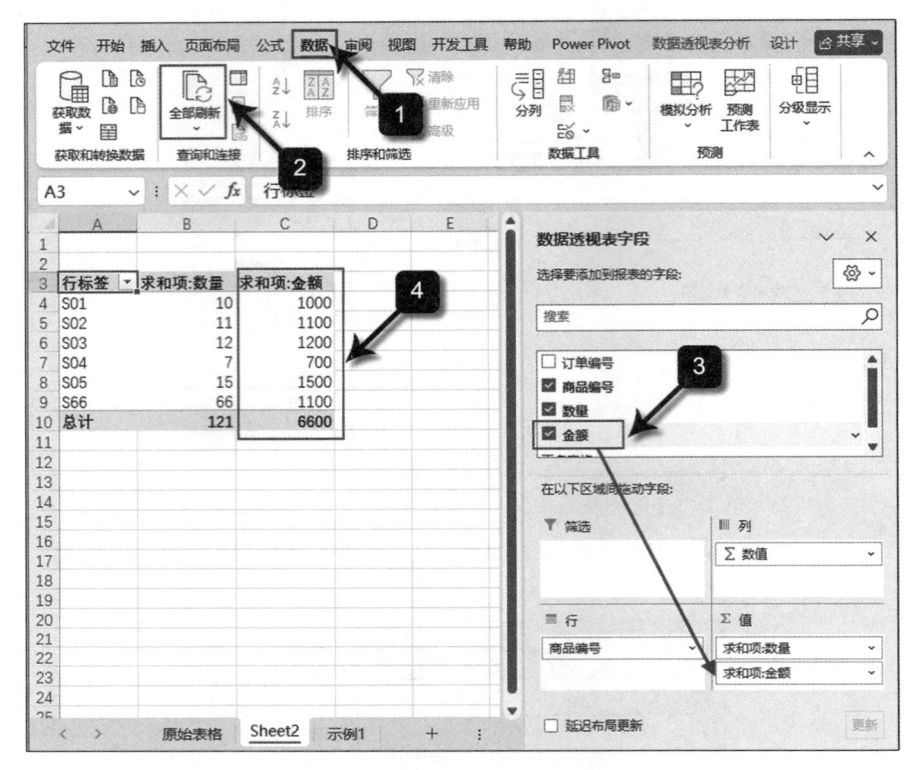

图 11-37　数据透视表可以同步更新字段和数据

11.4.4　刷新数据透视表的两种方式

动态数据透视表能够实时响应数据源的变化，无论是增加、删除行记录和列字段，还是修改数据，都能实现同步刷新。

数据透视表的刷新方式可以分为以下两种。

1）Excel 中的所有数据透视表全部刷新。

2）指定的某个数据透视表单独刷新。

由于本节示例中只有一个数据透视表，所以采用的刷新方式是全部刷新。当 Excel 中包含多个数据透视表时，用户可以根据需要选择适合的刷新方式。

指定某个数据透视表单独刷新也有两种方法。

1）在"数据"选项卡下单击"全部刷新"按钮下拉菜单列表中的"刷新"按钮，如图 11-38 所示。

2）选中数据透视表中的任意区域，单击鼠标右键，然后单击快捷菜单中的"刷新"按钮，如图 11-39 所示。

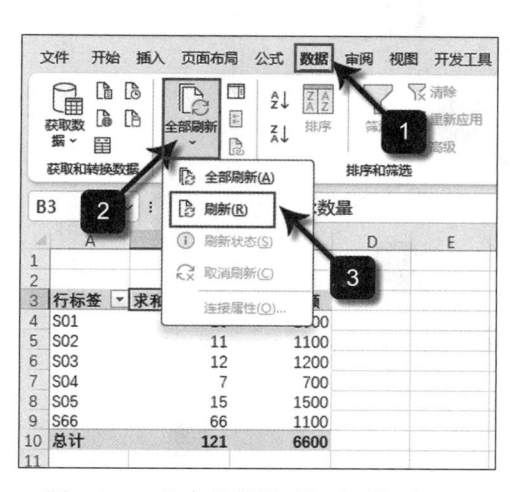

图 11-38　指定的数据透视表刷新方法 1　　　　图 11-39　指定的数据透视表刷新方法 2

11.5　通过定义名称创建动态数据透视表

如何通过定义名称创建动态数据透视表呢？可以利用 Excel 的"定义名称"功能。首先，我们需要明确这个方法的核心理念：使用 Excel 公式来定义一个动态名称，这个名称将指向数据源表格；接着，我们将这个动态名称作为数据透视表的数据源。这样，当数据源表格中的行列数据发生变化时，动态名称所引用的区域也会自动更新。因此，以这个动态名称作为数据源的数据透视表也会同步更新其结果。

通过定义名称创建动态数据透视表的过程可以分为以下两步。

1）定义名称，以动态引用数据源区域。

2）将名称作为数据透视表的数据源。

下面将结合示例介绍通过定义名称创建动态数据透视表的具体操作步骤。

11.5.1　通过定义名称动态引用数据源区域

通过定义名称动态引用数据源区域的具体操作步骤如下。

单击"公式"选项卡下的"定义名称"按钮，如图 11-40 所示，在弹出的"新建名称"对话框中输入名称"订单表"，并在"引用位置"框中输入以下公式：

=OFFSET(订单表 !A1,,,COUNTA(订单表 !$A:$A),COUNTA(订单表 !$1:$1))

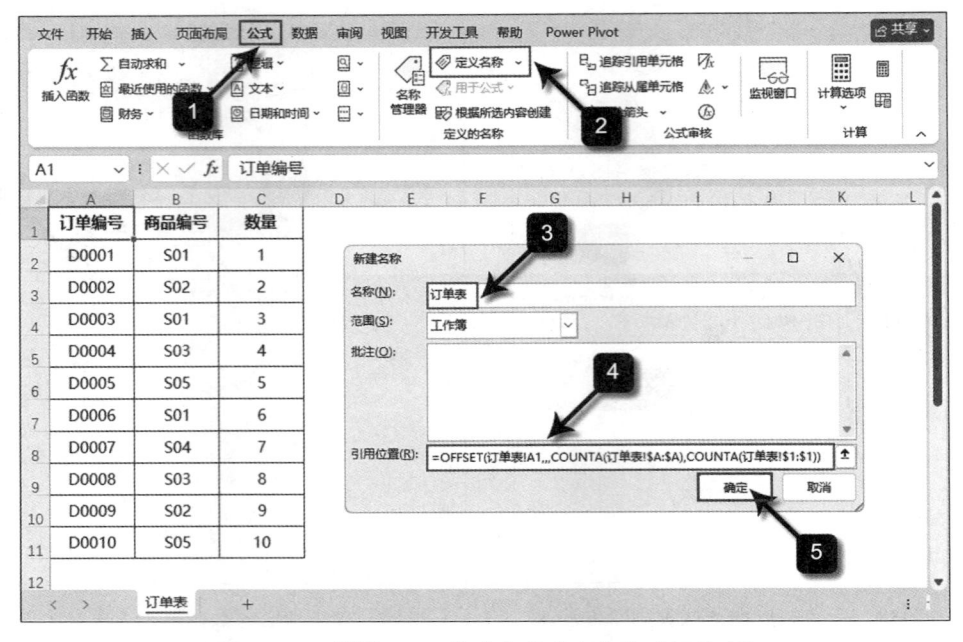

图 11-40　利用 Excel 公式定义动态名称"订单表"

该公式的作用是通过 OFFSET 函数和 COUNTA 函数组合动态地定义一个名为"订单表"的区域。这个区域以"订单表"工作表中的 A1 单元格为基准点，高度由 A 列中非空单元格的数量决定，宽度由第一行中非空单元格的数量决定。这样，就可以动态地引用"订单表"工作表中特定区域的数据了。

当"订单表"中的行记录或列字段发生更新时，名称"订单表"可以动态引用更新后的数据区域。

11.5.2　将名称作为数据透视表的数据源

将名称作为数据透视表数据源的具体操作步骤如下。

1）选中订单表中任意单元格（如 A1 单元格），单击"插入"选项卡下的"数据透视表"按钮，弹出"来自表格或区域的数据透视表"对话框；在"表/区域"输入框中输入定义好的动态名称"订单表"，并确认放置数据透视表的位置；检查无误后，单击"确定"按钮，即可创建数据透视表，如图 11-41 所示。

2）根据需求设置数据透视表的字段布局，如图 11-42 所示，即可在 Excel 工作表中查看动态数据透视表的报表。

检查动态数据透视表是否支持动态更新结果以及刷新数据透视表的方法，在 11.4.4 小节中已经讲解过，此处不再赘述。

第 11 章 数据透视表的创建方法 ❖ 197

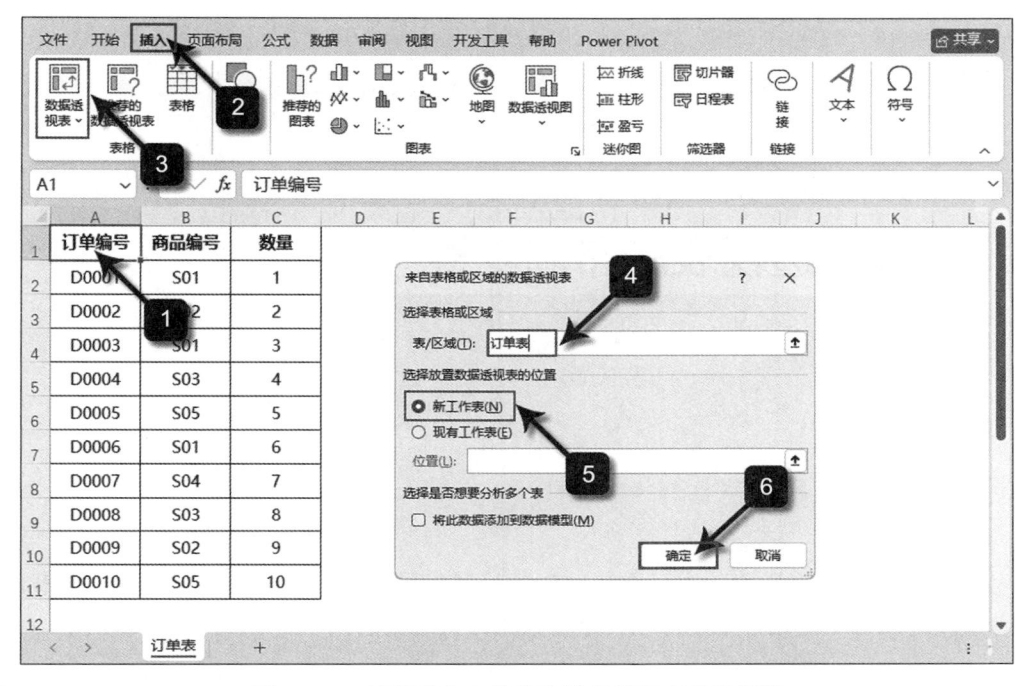

图 11-41 使用动态名称作为数据透视表的数据源

图 11-42 根据需求设置数据透视表的字段布局

通过定义名称创建的动态数据透视表同样支持数据源行记录、列字段变化后的同步更新结果。读者可以根据自己的习惯，选择创建动态数据透视表的方法。

第 12 章

数据透视表的布局变换

数据透视表支持多样化的布局变换，包括行列布局变换、页筛选布局变换、报表布局的整体变换等，以满足用户从不同角度进行数据分析的需求。

12.1 行列布局变换

如何在数据透视表中进行行列布局变换呢？让我们来看一个示例。某企业的销售记录表（见图 12-1）中包含各区域、各渠道、各产品 12 个月的销售金额。企业管理者希望从不同角度统计并分析销售情况。

利用 Excel 数据透视表的布局变换功能，可以轻松满足企业管理者从不同角度进行数据分析的需求。下面分别结合示例具体介绍。

12.1.1 示例 1：按区域分类汇总销售额

如何按区域分类汇总销售额呢？具体操作步骤如下：根据销售记录表创建数据透视表，按需求设置数据透视表的字段布局；将"区域"字段拖动至数据透视表的"行"区域，将"金额"字段拖动至数据透视表的"值"区域，如图 12-2 所示，即可实现按照区域分类汇总销售额。

图 12-1 某企业的销售记录表

12.1.2 示例 2：按渠道分类汇总销售额

如何按渠道分类汇总销售额呢？对于已经创建完成的数据透视表，用户只需调整数据透视表的字段布局，即可重新设置数据透视表的布局，满足新的数据分析需求。

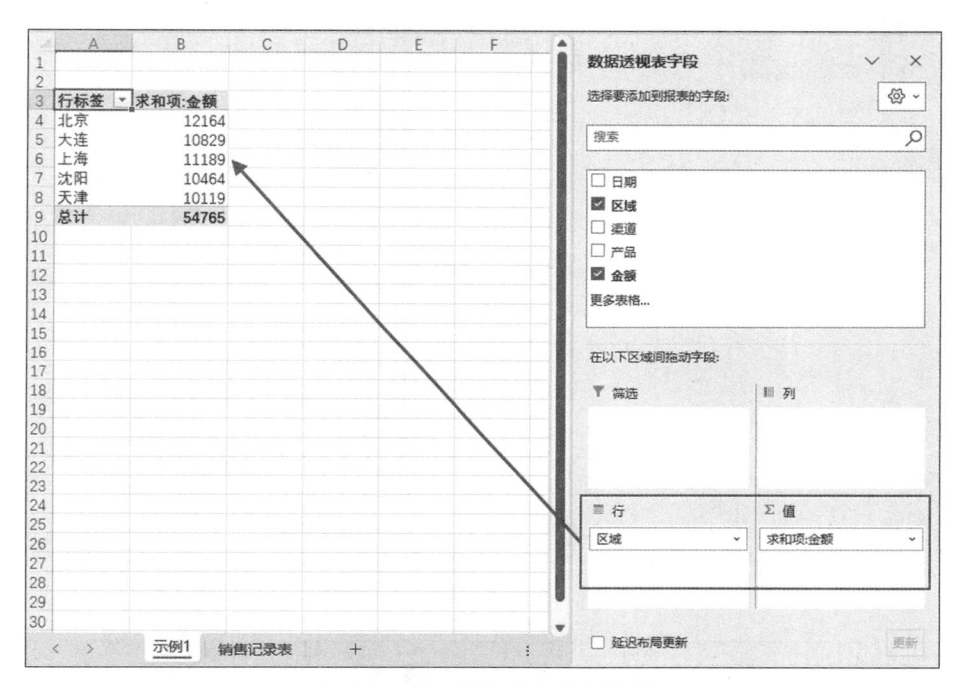

图 12-2　按区域分类汇总销售额

按渠道分类汇总销售额的具体操作步骤如下：在已经创建好的数据透视表中调整字段布局；取消"区域"字段的勾选状态，拖动"渠道"字段至数据透视表的"行"区域，如图 12-3 所示，即可实现按照渠道分类汇总销售额。

12.1.3 示例 3：按区域和渠道分类汇总销售额

如何同时按区域和渠道分类汇总销售额呢？具体操作步骤如下：在已经创建好的数据透视表中调整字段布局，将"区域"字段放置到"行"区域，将"渠道"字段放置到"列"区域，如图 12-4 所示，即可实现同时按照区域和渠道分类汇总销售额。

如果企业管理者想让报表中的"区域"由纵向转为横向排布，将"渠道"由横向转为纵向排布，仅需在数据透视表的字段布局中拖动字段，如图 12-5 所示，调换"区域"和"渠道"的行列位置，即可完成报表的行列转置。

图 12-3　按渠道分类汇总销售额

图 12-4　按区域和渠道分类汇总销售额

图 12-5　对报表进行行列转置

12.1.4　示例 4：按区域和渠道分级汇总销售额

如何按区域和渠道分级汇总销售额呢？具体操作步骤如下：在已经创建好的数据透视表中调整字段布局，将"区域"和"渠道"字段都放置到行区域，将"区域"排在"渠道"字段上方，如图 12-6 所示，即可实现按区域作为一级分类、渠道作为二级分类来进行分级汇总销售额。

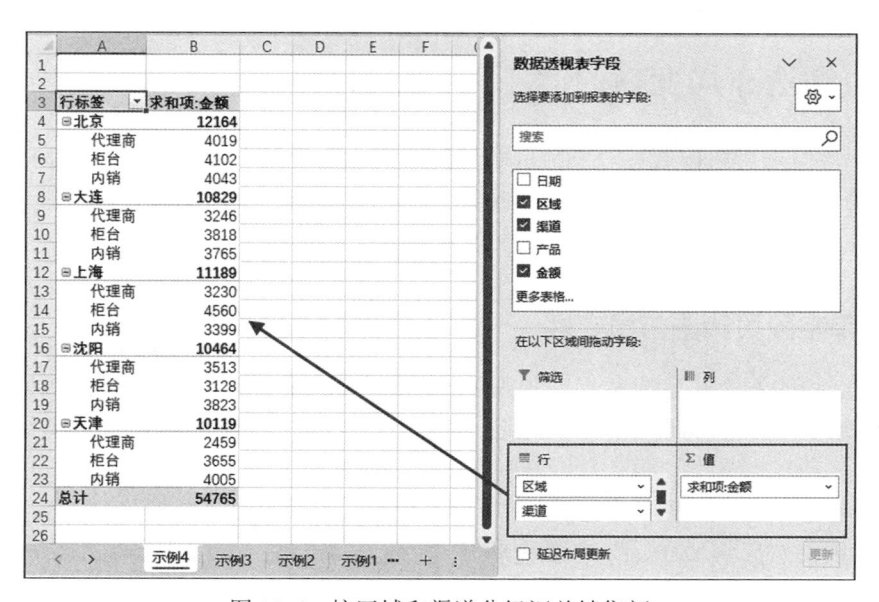

图 12-6　按区域和渠道分级汇总销售额

如果企业管理者希望改变报表结构，将"渠道"作为一级分类，"区域"作为二级分类，仅需在数据透视表的"行"区域将"渠道"字段拖动至"区域"上方，如图 12-7 所示，即可完成报表的重新布局。

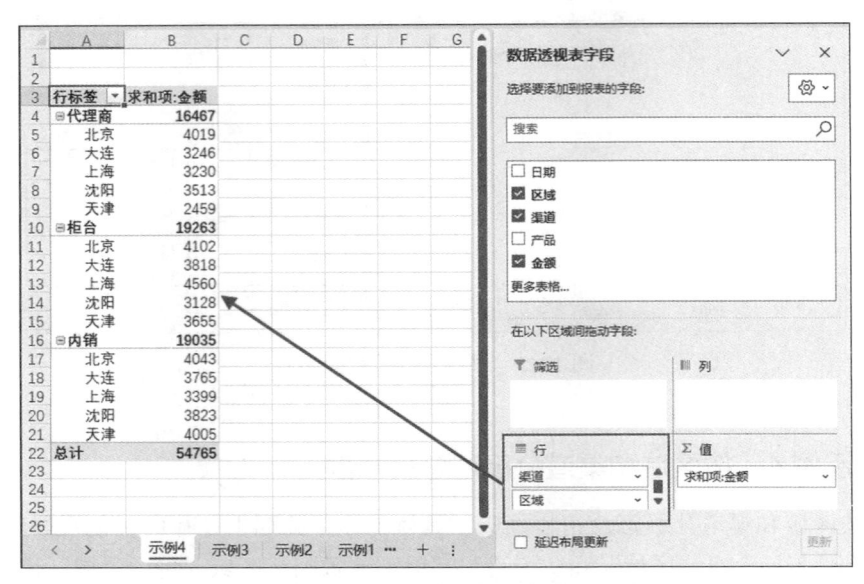

图 12-7　对报表进行重新布局

12.2　页筛选布局变换

那么，如何进行数据透视表页筛选布局变换呢？让我们来看两个示例。还用 12.1 节的销售记录表作为数据源，企业管理者提出了新的分析需求，下面结合具体需求和场景分别介绍单字段页和多字段页筛选数据透视表布局变换的方法。

12.2.1　单字段页筛选布局变换

如何进行单字段页筛选布局变换呢？仍以之前的销售记录表为例，如果企业管理者希望只查看"北京"区域产品的销售情况，不显示其他区域的数据，具体操作步骤如下。

1）在创建完成的数据透视表中设置页字段筛选，将"区域"字段拖动至数据透视表的"筛选"区域；然后将"产品"字段拖动至"行"区域，将"金额"字段拖动至"值"区域，如图 12-8 所示。

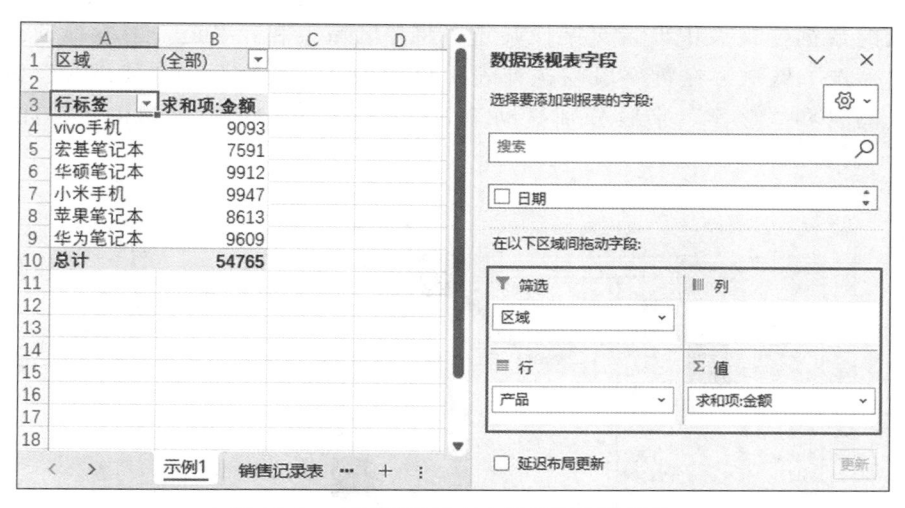

图 12-8　在数据透视表中设置页字段筛选

2）单击页字段右侧的筛选按钮，在打开的"搜索"对话框中勾选"选择多项"复选框，在选项列表中仅勾选"北京"；单击"确定"按钮，即可在数据透视表中只显示"北京"区域的销售数据，如图 12-9 所示。

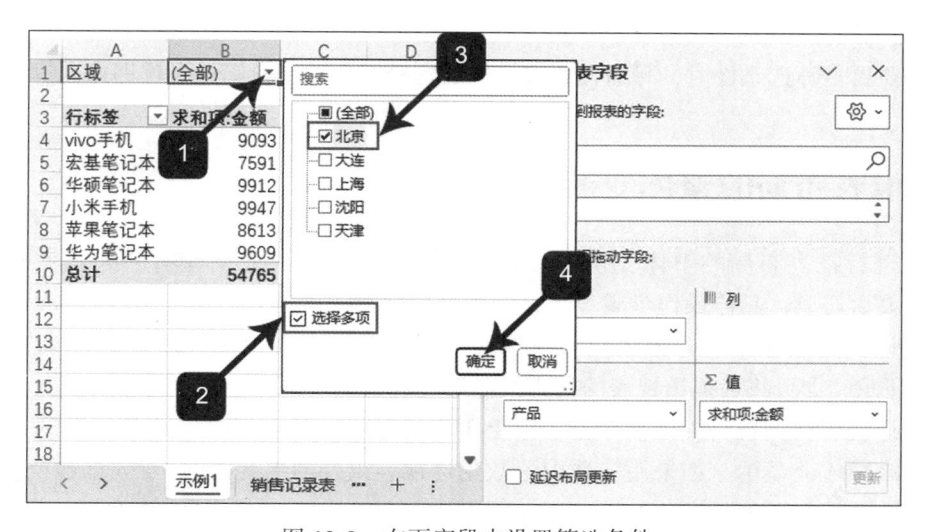

图 12-9　在页字段中设置筛选条件

12.2.2　多字段页筛选布局变换

如何进行多字段页筛选的布局变换呢？如果企业管理者希望只查看"北京"区域"代

理商"渠道的产品销售情况，不显示其他区域和渠道的数据，具体操作步骤如下：在创建完成的数据透视表中设置页字段筛选，将"区域"和"渠道"字段拖动至数据透视表的"筛选"区域，在页字段筛选列表中分别勾选"北京"和"代理商"选项，然后将"产品"和"金额"字段分别拖动至"行"区域和"值"区域即可，如图12-10所示。

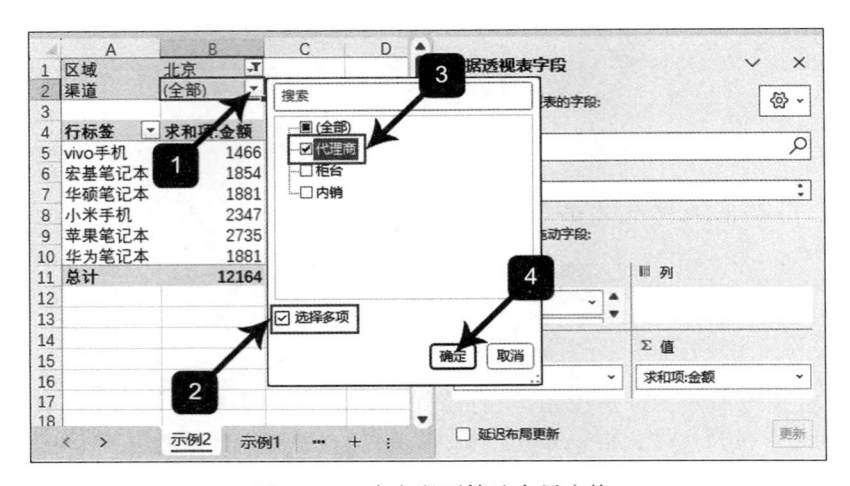

图12-10 多字段页筛选布局变换

当需要更多筛选条件时，只需按要求设置数据透视表的字段筛选条件即可。

12.3 报表布局的整体变换

如何进行报表布局的整体变换呢？利用数据透视表的上下文选项卡可以实现3种报表布局的灵活切换，具体操作步骤如下：选中数据透视表中的任意单元格（如A3单元格），单击"设计"选项卡下的"报表布局"按钮，从展开的列表中选择需要的报表布局，如图12-11所示，即可将数据透视表的报告按对应形式显示。

数据透视表的"设计"选项卡是一个上下文选项卡，只有当前活动单元格位于数据透视表范围内时才会显示。如果用户选中了数据透视表以外的单元格时，"数据透视表分析"和"设计"选项卡都会自动隐藏。

数据透视表的报表布局有3种形式：压缩形式、大纲形式、表格形式。下面分别展开介绍。

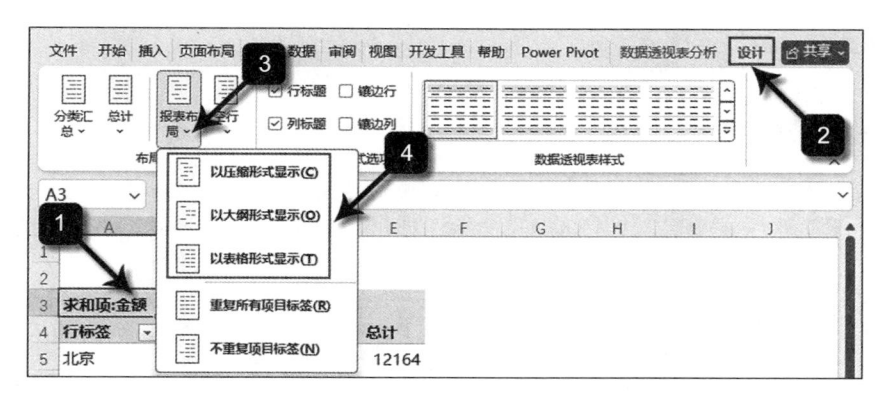

图 12-11　在设计选项卡设置数据透视表报表布局

12.3.1　以压缩形式显示

如何以压缩形式显示数据透视表呢？单击数据透视表"设计"选项卡下的"报表布局"按钮，在展开的列表中选择"以压缩形式显示"即可，如图 12-12 所示。

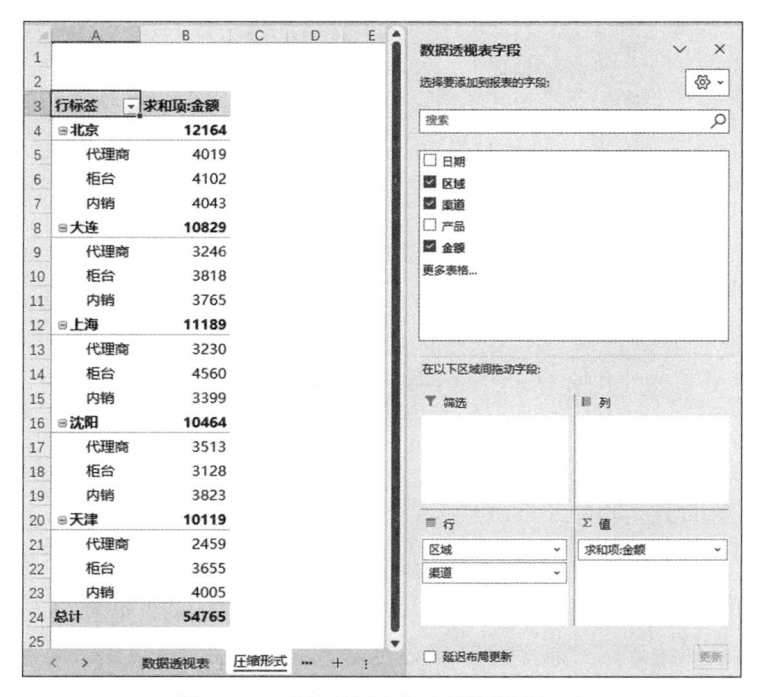

图 12-12　以压缩形式显示数据透视表

压缩形式是数据透视表默认的报表布局。当用户在 Excel 中首次创建数据透视表时，默认以压缩形式显示数据透视表。

12.3.2 以大纲形式显示

如何以大纲形式显示数据透视表呢？单击数据透视表"设计"选项卡下的"报表布局"按钮，在展开的列表中选择"以大纲形式显示"即可，如图 12-13 所示。

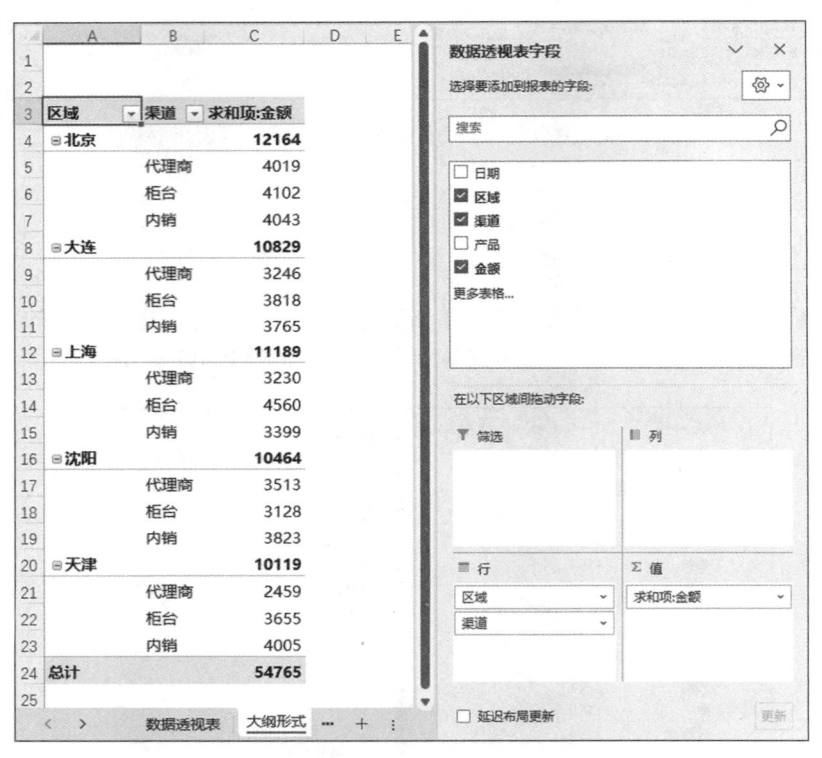

图 12-13　以大纲形式显示数据透视表

12.3.3 以表格形式显示

如何以表格形式显示数据透视表呢？单击数据透视表"设计"选项卡下的"报表布局"按钮，在展开的列表中选择"以表格形式显示"即可，如图 12-14 所示。

当数据透视表以大纲形式或表格形式显示时，会因多级分类汇总产生一些空白单元格（如 A5:A6 区域）。如果想将这些空白单元格自动补全，可以通过设置项目标签实现。

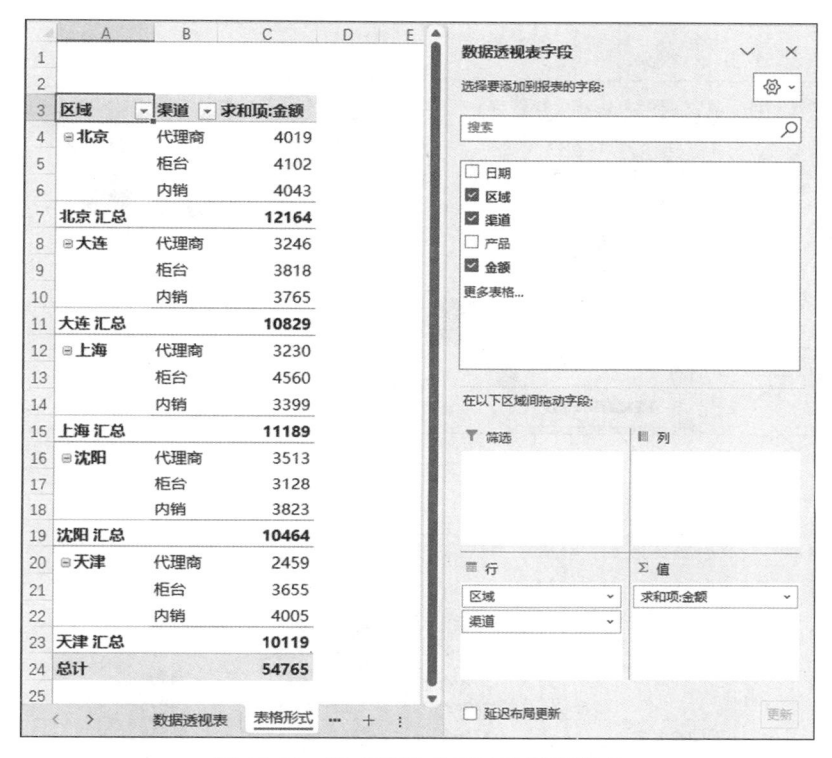

图 12-14　以表格形式显示数据透视表

12.3.4　设置是否重复项目标签

当数据透视表的"行"区域包含多个字段进行分级显示时，父级分类项目（如"区域"）所在列（如 A 列）会因包含多个子级分类项目（如"渠道"）而出现一些空单元格（如 A5:A6 区域）。这些空单元格的数量会随着子级项目数量的增加而增加。当某个子级项目数量很多（占用的行数很多）时，在报表中就难以清晰查看对应的父级项目。此时，可在父级项目中设置重复显示项目标签，以便明确多级项目之间的对应关系。

设置是否重复项目标签的操作步骤如下：单击数据透视表"设计"选项卡下的"报表布局"按钮，在展开的列表中选择"重复所有项目标签"或"不重复项目标签"即可，如图 12-15 所示。

设置完成后的数据透视表如图 12-16 所示。在实际工作中，读者可以根据工作要求或自身习惯选择项目标签的设置方式。

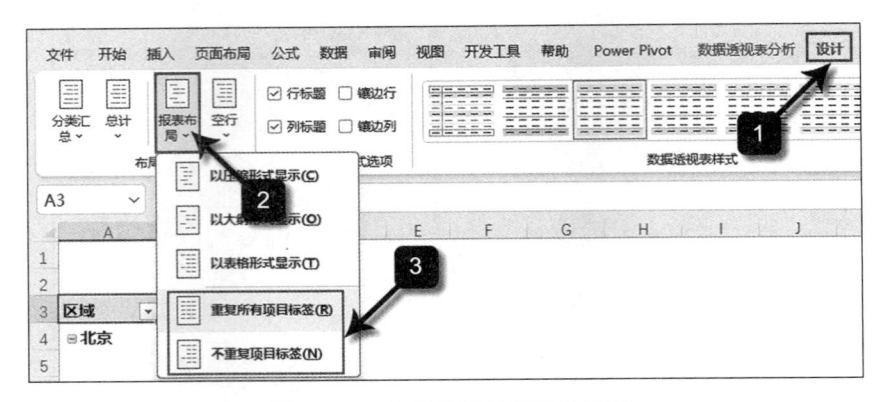

图 12-15　设置是否重复项目标签

图 12-16　设置完成后的数据透视表

在 Excel 中以表格形式显示数据透视表时，默认会按照父级项目生成子项目的分类汇总行（如第 7 行、第 11 行、第 15 行等）并显示在每组数据的底部。

12.4　分类汇总设置

那么，如何进行数据透视表分类汇总设置呢？下面结合示例具体介绍设置是否显示分类汇总行的两种方法，以及设置分类汇总行显示位置的方法。

12.4.1　设置是否显示分类汇总行

在数据透视表中设置是否显示分类汇总行有以下两种方法。
1）通过"设计"选项卡功能菜单进行设置。
2）通过分类汇总行的快捷菜单进行设置。
因为数据透视表默认是显示分类汇总行的，所以如果用户不希望显示分类汇总行，可以通过这两种方法将其隐藏。

通过"设计"选项卡隐藏分类汇总行的具体操作步骤如下：单击"设计"选项卡下的"分类汇总"选项，在展开的下拉列表中单击"不显示分类汇总"选项，如图 12-17 所示。

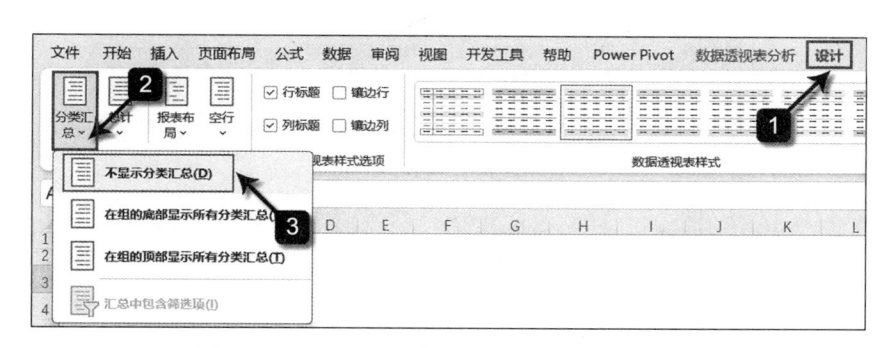

图 12-17　通过"设计"选项卡隐藏分类汇总行

通过分类汇总行的快捷菜单设置其显示或隐藏的具体操作步骤如下：选中要设置的分类汇总区域（如 A7 单元格），单击鼠标右键，在弹出的快捷菜单中选择"分类汇总"命令，切换分类汇总行的显示与隐藏状态，如图 12-18 所示。

如果数据透视表中已显示分类汇总行，快捷菜单中的分类汇总命令前会有对勾标识，单击后清除对勾的同时会隐藏分类汇总；反之亦然。

是否显示分类汇总行的数据透视表的对比如图 12-19 所示。

210　◆　Excel 数据管理与数据透视

图 12-18　通过分类汇总行的快捷菜单设置其是否显示

图 12-19　是否显示分类汇总行的数据透视表的对比

12.4.2 设置分类汇总行的显示位置

如何设置分类汇总行的显示位置呢？具体操作步骤如下：单击"设计"选项卡下的"分类汇总"选项，在展开的下拉列表中选择"在组的底部显示所有分类汇总"或"在组的顶部显示所有分类汇总"即可，如图 12-20 所示。

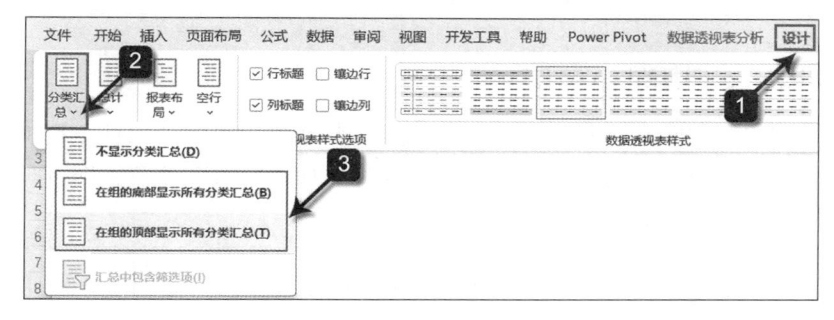

图 12-20　设置分类汇总行的显示位置

需要说明的是，当数据透视表以表格形式显示时，所有分类汇总是强制显示在组的底部的，不支持顶部显示；以压缩形式或大纲形式显示数据透视表时，支持分类汇总行在底部或顶部显示。

下面对比一下在组的底部和顶部显示分类汇总行的数据透视表，如图 12-21 所示。

图 12-21　在底部和顶部显示分类汇总行的数据透视表的对比

12.5 数据透视表的空行设置

如何进行数据透视表的空行设置呢？当数据透视表中包含的项目较多时，为了避免工作人员误读报表，可以在每个项目后插入空行间隔，以便查看。当不再需要项目之间的空行间隔时，可以批量删除每个项目后的空行。下面介绍具体操作步骤。

12.5.1 在每个项目后插入空行

在数据透视表的每个项目后插入空行的操作步骤如下：单击"设计"选项卡下的"空行"选项，在展开的下拉列表中选择"在每个项目后插入空行"命令，即可批量在每个项目后插入空行间隔，如图 12-22 所示。

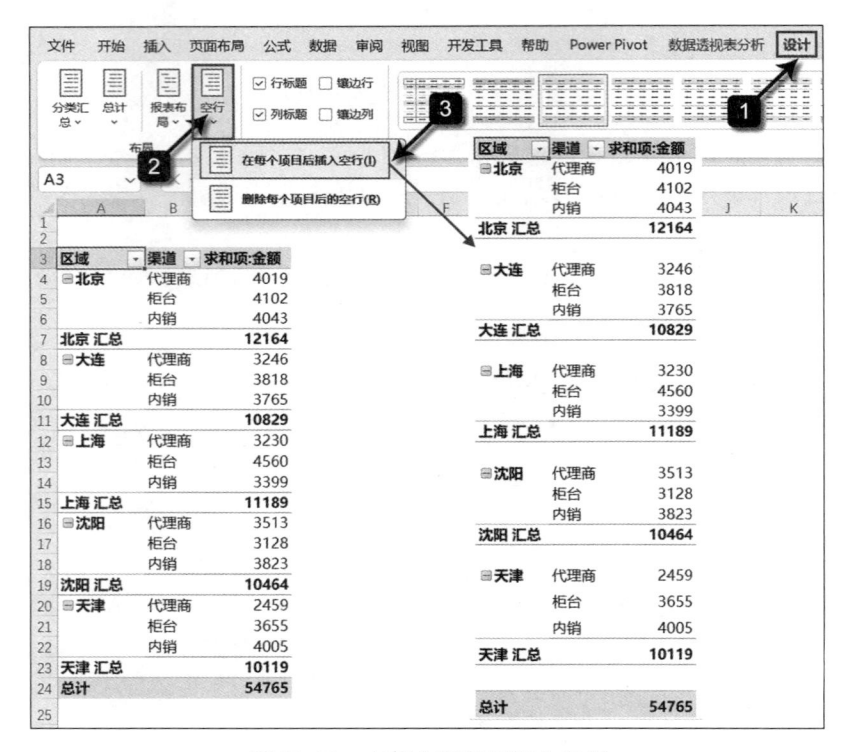

图 12-22　在每个项目后插入空行

12.5.2 删除每个项目后的空行

在数据透视表中删除每个项目后的空行的操作步骤如下：单击"设计"选项卡下的"空行"选项，在展开的下拉列表中选择"删除每个项目后的空行"命令，即可批量删除所

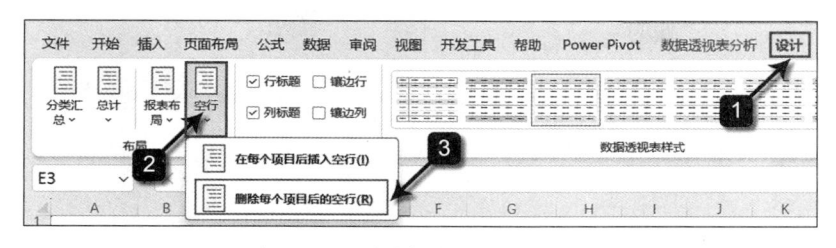

有空行，如图 12-23 所示。

图 12-23　删除每个项目后的空行

12.6　数据透视表的移动、复制和全选

那么，如何对数据透视表进行移动和复制呢？只要利用数据透视表的"数据透视表分析"工具就可以轻松实现。下面分别介绍具体操作步骤。

12.6.1　移动数据透视表

移动数据透视表的具体操作步骤如下：选中数据透视表中任意单元格（如 A3 单元格），单击"数据透视表分析"选项卡下的"移动数据透视表"选项；在弹出的"移动数据透视表"对话框中选择要放置数据透视表的位置（如 G3 单元格），并单击"确定"按钮，即可对数据透视表进行移动，如图 12-24 所示。

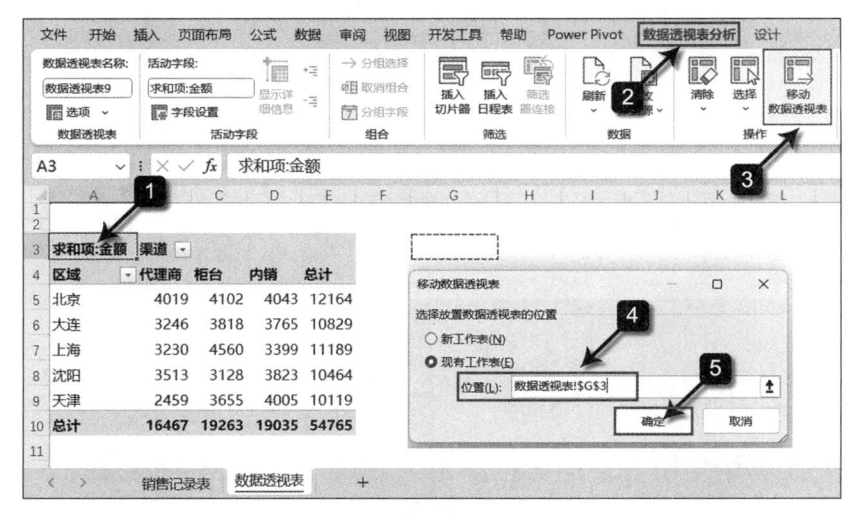

图 12-24　移动数据透视表的方法

操作完成后，Excel 会以选定位置（如 G3 单元格）作为左上角来放置移动后的数据透视表，如图 12-25 所示。

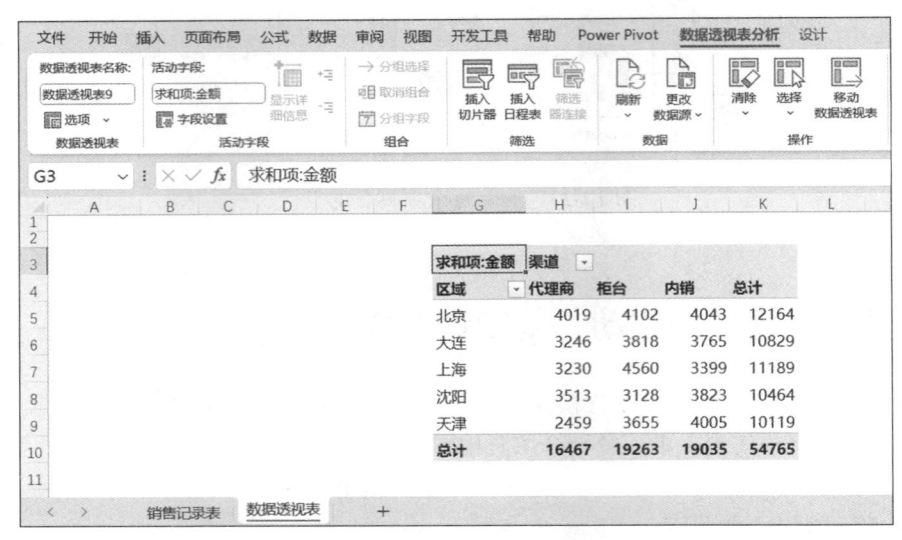

图 12-25　移动位置后的数据透视表

12.6.2　复制数据透视表

复制数据透视表的具体操作步骤如下：选中数据透视表全部区域（如 A3:E10 区域），按"Ctrl+C"组合键复制数据透视表；选定要放置数据透视表的位置（如 G3 单元格），按"Ctrl+V"组合键粘贴数据透视表，如图 12-26 所示。

图 12-26　复制数据透视表

12.6.3　全选数据透视表

在复制数据透视表时，务必要将数据透视表全部区域选中后再复制。如果在复制时遗漏了部分区域，会导致粘贴的报表失去数据透视表的属性。

当遇到占据区域较大的数据透视表时，应该避免采用鼠标拖动来选择数据透视表区域，建议用户使用"数据透视表分析"选项卡下的"选择"功能来快速选中整个数据透视表，具体操作步骤如下：选中数据透视表中的任意单元格（如 A3 单元格），单击"数据透视表分析"选项卡下的"选择"按钮，在展开的下拉列表中单击"整个数据透视表"命令，如图 12-27 所示，即可快速选中数据透视表所在的全部区域。

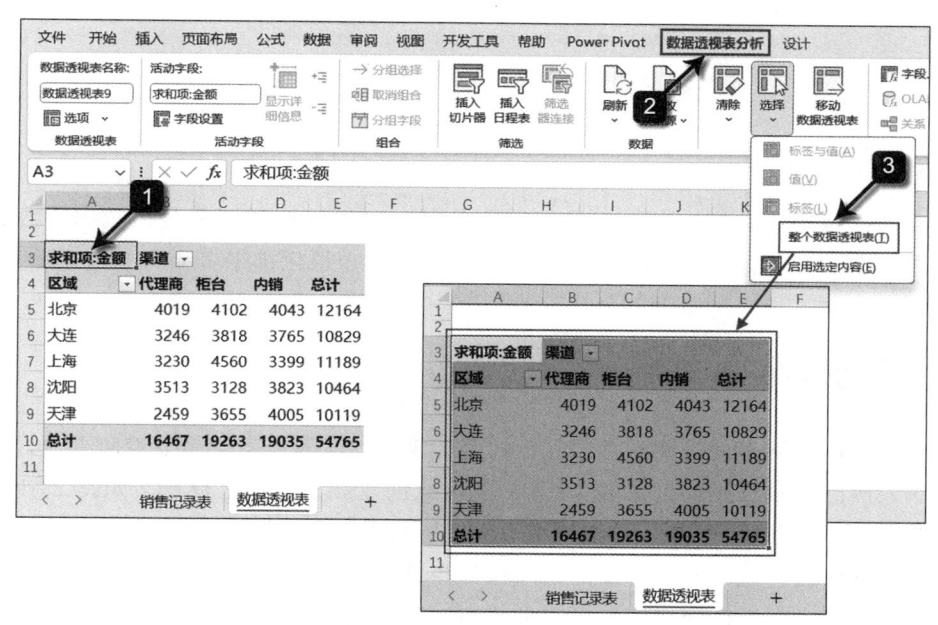

图 12-27　利用"选择"工具选中整个数据透视表

利用"选择"功能选定的数据透视表区域不会出现遗漏，从而保证了复制数据透视表的有效性。

需要注意的是，在移动和复制数据透视表时，需要先检查要放置数据透视表的位置是否有足够的空间容纳其全部数据，以免导致数据被覆盖或引发其他错误。

Chapter 13 第 13 章
数据透视表的数据排序

在数据透视表中，用户可以对数据进行排序，以更好地理解和分析数据。数据透视表提供了多种排序功能：手动排序、自动排序和自定义个性化排序。

13.1 手动排序

如何对数据透视表进行手动排序呢？让我们来看一个示例：某企业专营办公设备的销售，工作人员已经根据销售订单表（见图13-1a）创建好了数据透视表，如图13-1b所示。企业现希望将"多功能一体机"放置在最上方，进行重点查看。

在数据透视表中进行手动排序的具体操作步骤如下：将鼠标的光标移动至"多功能一体机"的边框处，当光标变成四向箭头形状时，按住鼠标左键不松开，将边框拖动至"传真机"上方；松开鼠标左键，即可将"多功能一体机"所包含的数据组移动至最上方，如图13-2所示。

13.2 自动排序

如何在数据透视表中进行自动排序呢？仅需在数据透视表中选定要排序的数据，就可以利用"数据"选项卡中的排序工具自动排序了。

例如，要按"类别"的分类汇总数量将办公设备按类别进行升序排列，具体操作步骤如下：选中任意"类别"的分类汇总数量（如C7单元格），单击"数据"选项卡下的"升序"按钮，即可将数据透视表按"类别"升序排列，如图13-3所示。

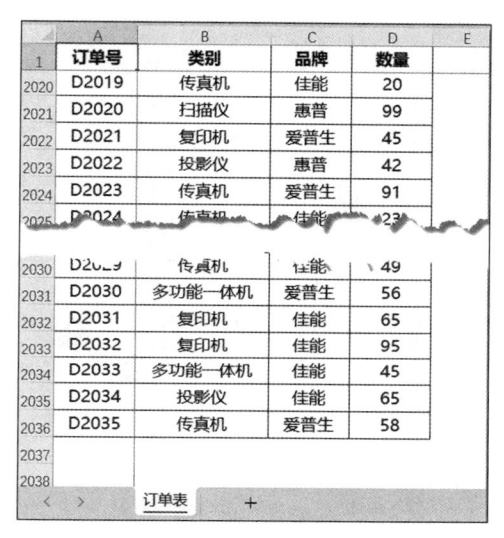

第 13 章 数据透视表的数据排序 ❖ 217

a）订单表

b）数据透视表

图 13-1 订单表及其生成的数据透视表

a）边框处出现四向箭头时按住鼠标左键

b）将边框拖动至指定位置

c）松开鼠标释放到指定位置

图 13-2 手动排序的操作步骤

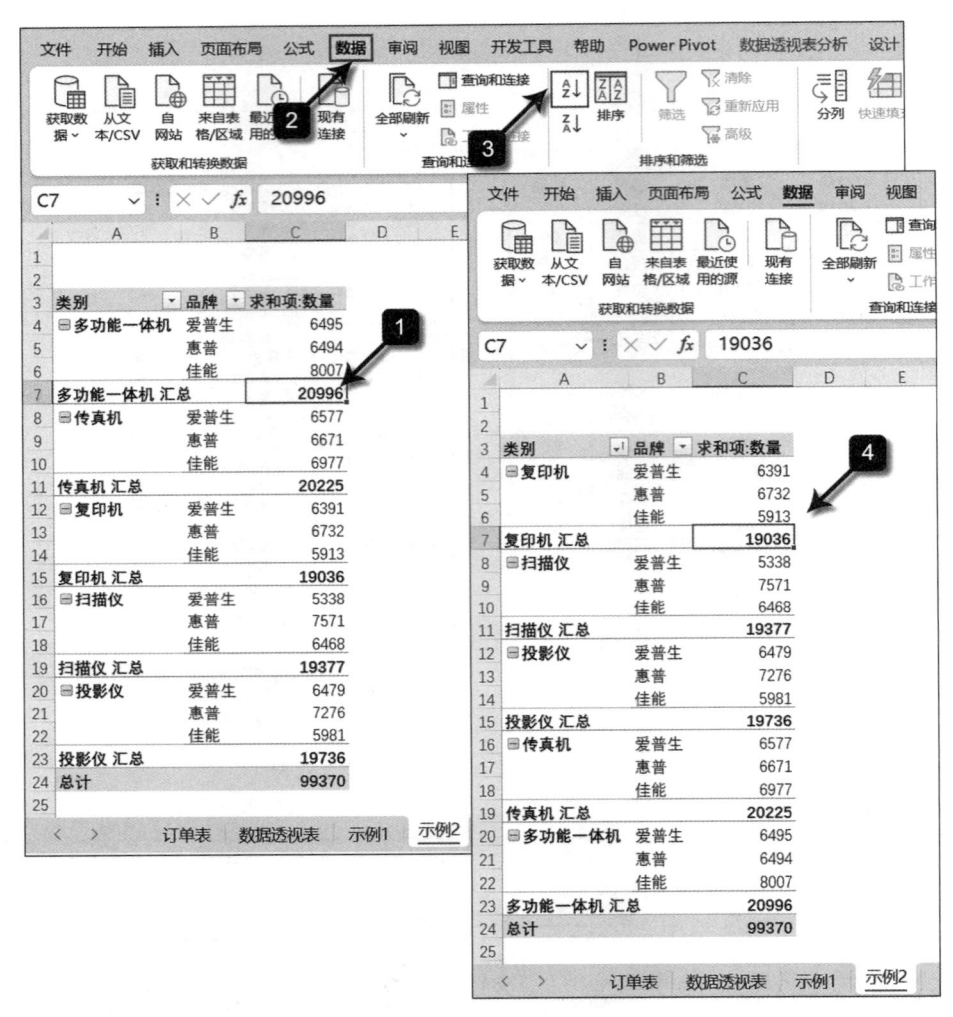

图 13-3　自动排序

13.3　自定义个性化排序

如何在数据透视表中进行自定义个性化排序呢？让我们来看一个示例。如图 13-4a 所示，某公司的加班表中包含全年各部门、各职务人员的加班记录。工作人员已经创建好了数据透视表汇总报告，按照职务和部门统计加班时长，如图 13-4b 所示。现公司希望汇总报告按照职务从高到低进行排列。

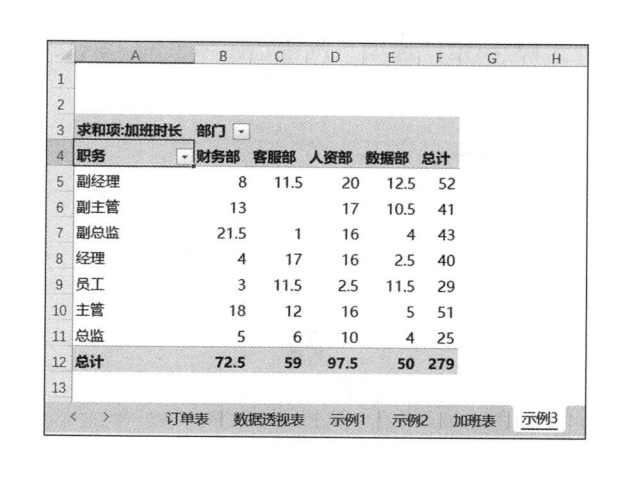

a）加班表

b）按职务和部门汇总报告

图 13-4　某公司加班表及按职务和部门汇总报告

由于该公司的职务高低和加班时长没有关联关系，所以无法利用数据透视表的自动排序功能。同时考虑到该公司的职务数量较多，使用手动排序需要频繁操作且易出错。所以在这种情况下，最好的方法是自定义个性化排序，具体操作步骤如下。

1. 按自定义的顺序输入职务

在任意空白区域（如"加班表"的 H2:H8 区域）输入自定义顺序的职务，如图 13-5 所示，然后单击"文件"选项卡，调出 Excel 选项页面。

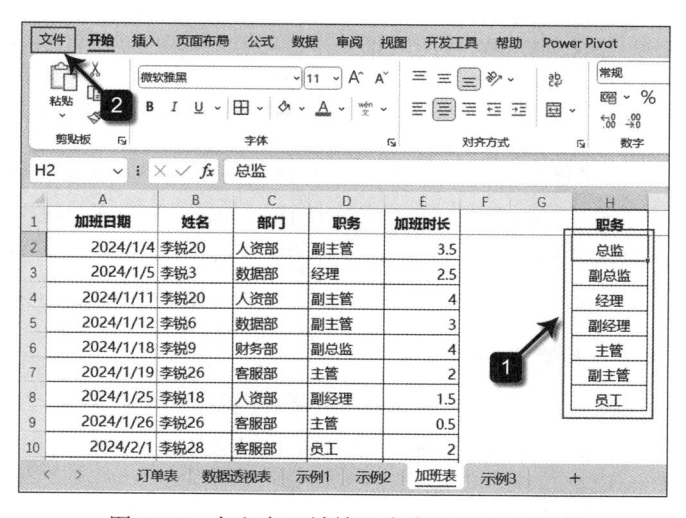

图 13-5　在空白区域输入自定义的职务顺序

2. 将自定义顺序的职务导入自定义序列

1）单击"选项"按钮，在弹出的"Excel 选项"对话框的左侧导航栏中单击"高级"按钮；将滚动条拖动至最下方，单击"编辑自定义列表"按钮，如图 13-6 所示。

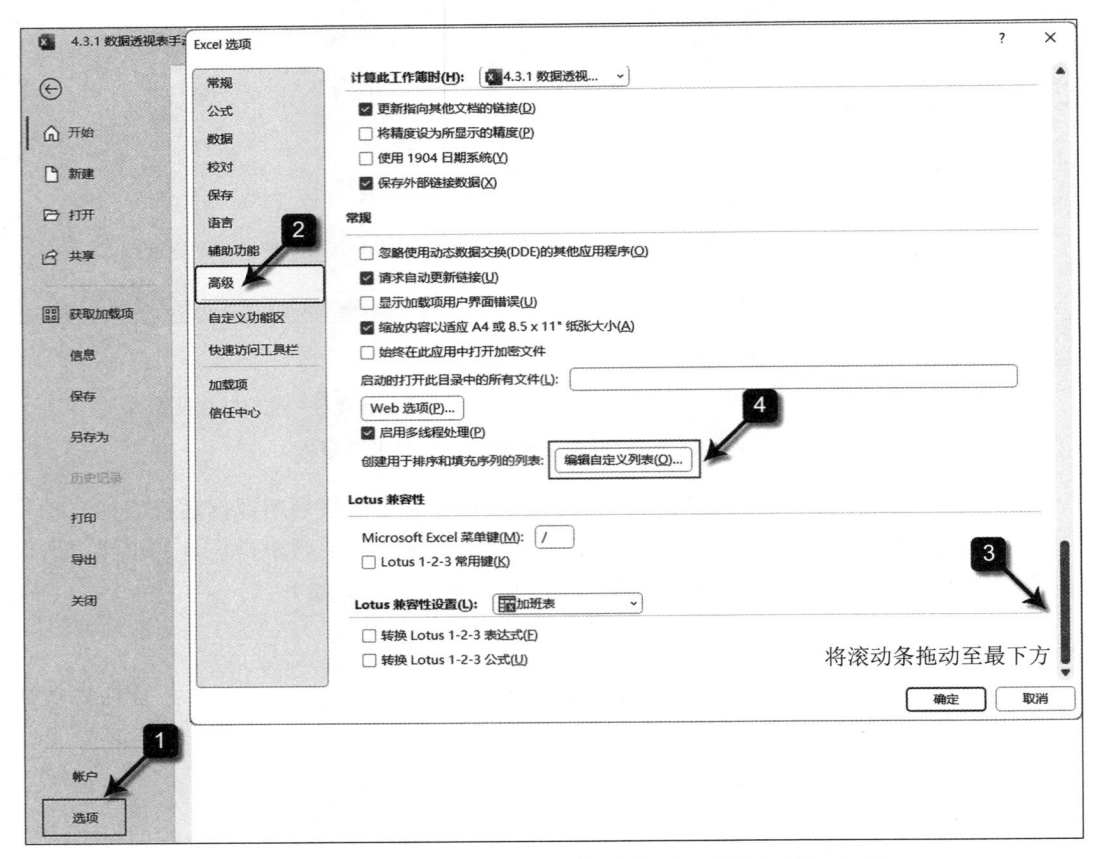

图 13-6 在"Excel 选项"高级功能中找到"编辑自定义列表"

2）在弹出的"自定义序列"对话框中，将光标定位至"从单元格中导入序列"的输入框；选择工作表的 H2:H8 区域，单击"导入"按钮，如图 13-7a 所示；将自定义顺序的职务导入自定义序列，单击"确定"按钮，如图 13-7b 所示。

设置完成后，用户即可在 Excel 中按照自定义的个性化顺序进行排序。

3. 在数据透视表中按自定义序列排序

在数据透视表中按自定义的职务顺序排序的操作步骤如下：单击"职务"组中的任意单元格（如 A4 单元格），然后单击"数据"选项卡下的"升序"按钮，即可将数据透视表中的职务按照自定义的顺序进行排列，如图 13-8 所示。

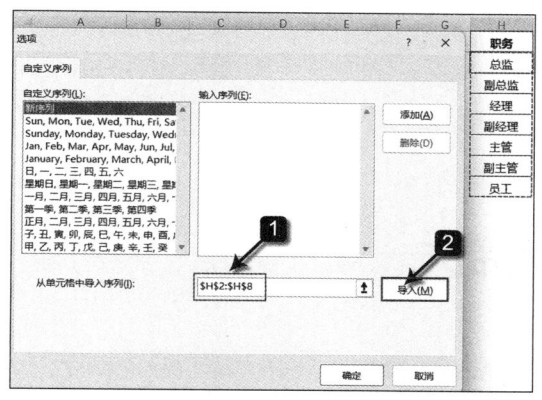

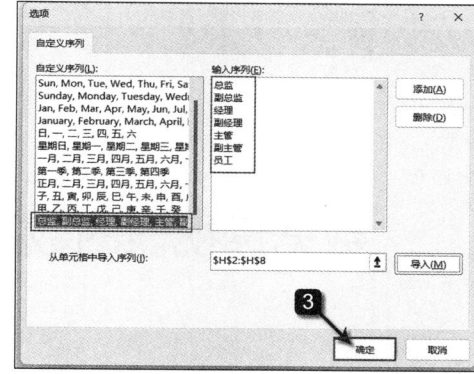

a）单击"导入"按钮　　　　　　　　　　　　b）单击"确定"按钮

图 13-7　将自定义顺序的职务导入自定义序列

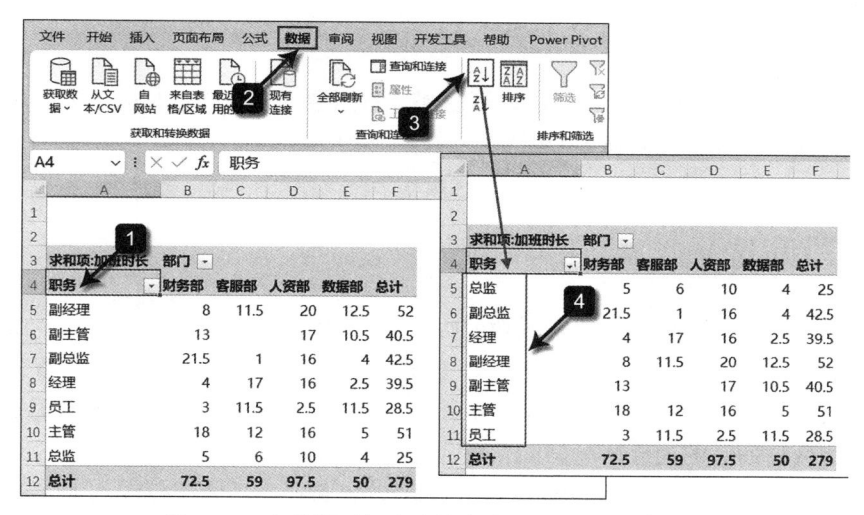

图 13-8　在数据透视表中按自定义的职务顺序排序

13.4　扩展说明

关于 Excel 的自定义序列功能，使用时要注意以下 3 点。

1）自定义序列不仅适用于数据透视表，还可以用于 Excel 表格排序。

2）当需要删除或修改某个自定义序列时，可以在"Excel 选项"的高级功能中重新编辑自定义列表（见图 13-6），将其删除或重新导入。

3）当用户已设置好自定义序列，但数据透视表中的数据排序状态还没有更新时，可以刷新数据透视表以更新结果。

第 14 章 数据透视表的数据筛选

如何在 Excel 数据透视表中进行数据筛选呢?数据透视表拥有丰富的数据筛选功能,包括字段筛选、标签筛选和模糊筛选功能。

14.1 字段筛选

如何在数据透视表中使用字段筛选功能呢?让我们来看一个示例。如图 14-1a 所示,某企业的商品销售记录表中包含全年各区域、各渠道、各商品的销量数量,工作人员已经使用数据透视表做好了汇总报表,如图 14-1b 所示。现企业希望只查看"苹果笔记本"和"华为笔记本"这两种商品的销售情况。

利用数据透视表的字段筛选功能可以轻松实现此需求,具体操作步骤如下:在数据透视表的标题行中选定"商品"字段所在单元格(如 A4 单元格),单击右下角的筛选按钮;在弹出的下拉列表中清除"全选"前面的勾选,仅勾选"苹果笔记本"和"华为笔记本"选项,单击"确定"按钮,如图 14-2a 所示;"苹果笔记本"和"华为笔记本"的销售情况如图 14-2b 所示。

14.2 标签筛选

如何在数据透视表中使用标签筛选功能呢?让我们来看一个示例。如果希望查看所有笔记本类别的商品销售情况,具体操作步骤如下:单击数据透视表"商品"字段右下角的筛选按钮,在弹出的下拉列表中单击"标签筛选"按钮,在展开的列表中单击"结尾是"

命令，如图 14-3a 所示；在弹出的"标签筛选"对话框中输入"笔记本"，单击"确定"按钮，如图 14-3b 所示；最后，即可得到仅显示以"笔记本"结尾的商品数据，如图 14-3c 所示。

a）商品销售记录表　　　　　　　　　　　b）数据透视表

图 14-1　某企业的商品销售记录表及数据透视表

14.3　模糊筛选

如何在数据透视表中使用模糊筛选功能呢？让我们来看一个示例。如果企业希望查看所有名称中包含"手机"的商品的销售情况，具体操作步骤如下：单击数据透视表"商品"字段右下角的筛选按钮，将鼠标光标定位到"搜索"输入框中并输入"手机"；在下拉列表中查看模糊搜索的结果，确认结果无误后，单击"确定"按钮，如图 14-4a 所示；即可查看所有名称中包含"手机"的商品的销售情况，如图 14-4b 所示。

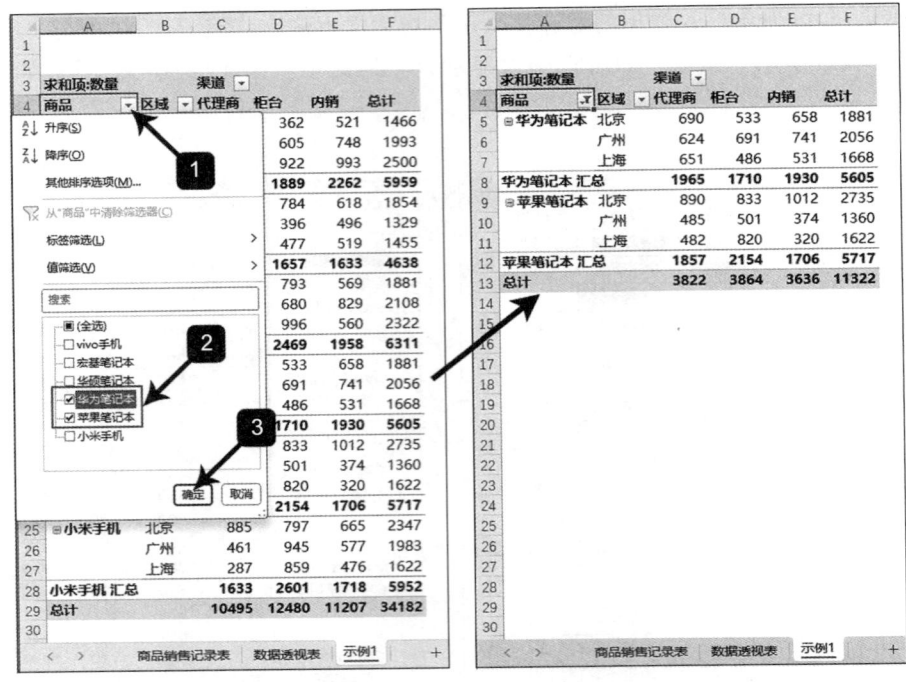

a）单击"确定"按钮　　　　　　　　b）两种笔记本的销售情况

图 14-2　利用数据透视表的字段筛选功能

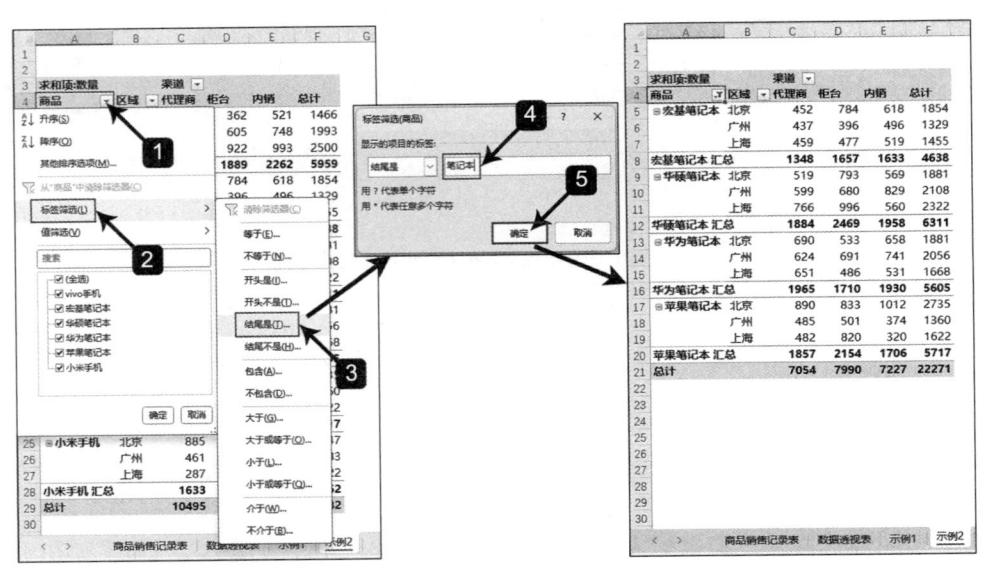

a）单击"结尾是"命令　　b）"标签筛选（商品）"　　c）仅显示以"笔记本"结尾
　　　　　　　　　　　　　　　对话框　　　　　　　　　　的商品数据

图 14-3　利用数据透视表的标签筛选功能

a）输入"手机"　　　　　　　　　　b）查看名称中包含"手机"的商品的销售情况

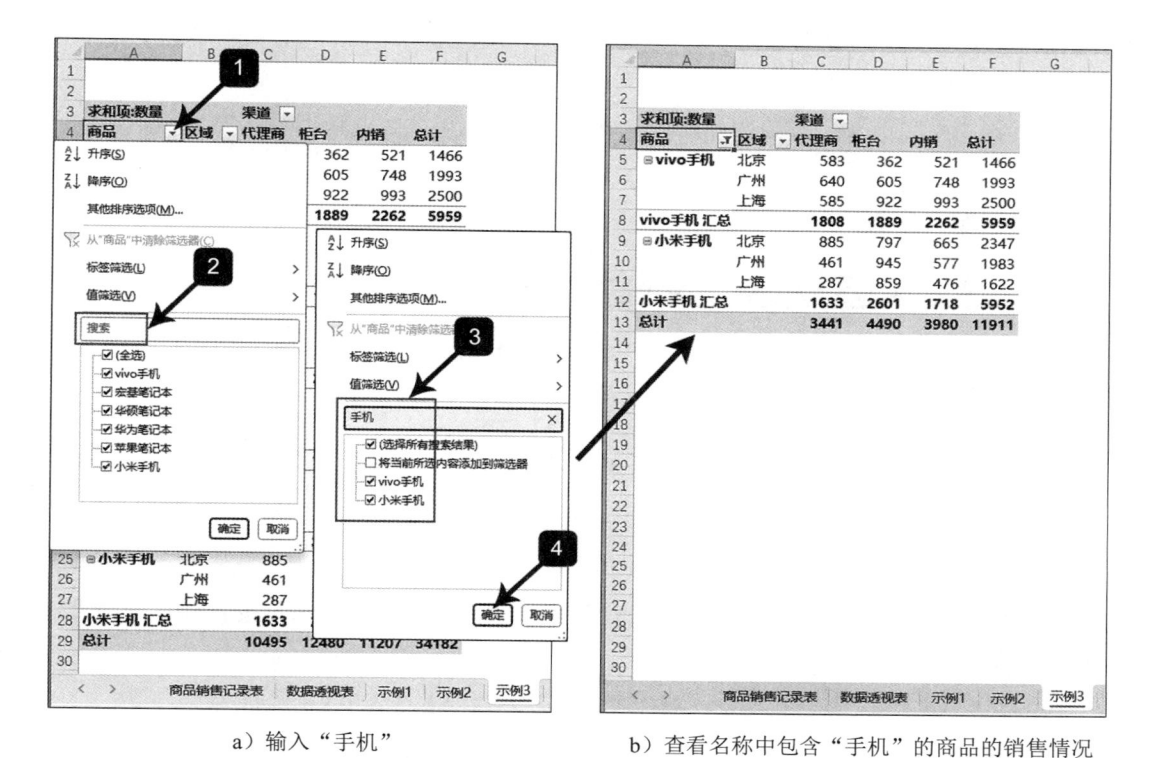

图 14-4　利用数据透视表的模糊筛选功能

第 15 章 数据透视表的统计计算

如何利用数据透视表按要求进行统计计算呢？数据透视表支持用户按各种统计需求设置值汇总依据和值显示方式。

15.1 设置值汇总依据

如何利用数据透视表设置值汇总依据呢？让我们来看一个示例。如图 15-1 所示，某企业的客户订单表中包含客户姓名和购买的商品及金额，现要求统计每位客户的购买次数、消费总额及单次购买的最高金额。该问题可以通过设置数据透视表的值汇总依据轻松解决。

订单编号	客户姓名	商品	金额
DD0111	李锐2	商品L	12
DD0112	李锐8	商品E	61
DD0113	李锐4	商品A	89
DD0114	李锐5	商品B	91
DD0115	李锐2	商品C	79
DD0116	李锐7	商品B	63
DD0117	李锐7	商品C	24
DD0118	李锐7	商品D	37
DD0119	李锐8	商品E	70
DD0120	李锐8	商品B	45

图 15-1 某企业的客户订单表

利用数据透视表统计每位客户购买次数和消费总额的具体步骤如下：创建数据透视表，将"客户姓名"拖动至"行"区域，将"订单编号"和"金额"拖动至"值"区域，如图15-2所示。因为"订单编号"字段中是文本格式的数据，所以默认按照计数统计；"金额"字段中是数值格式的数据，默认按照求和方式统计，这样就实现了统计每位客户的购买次数和消费总额。

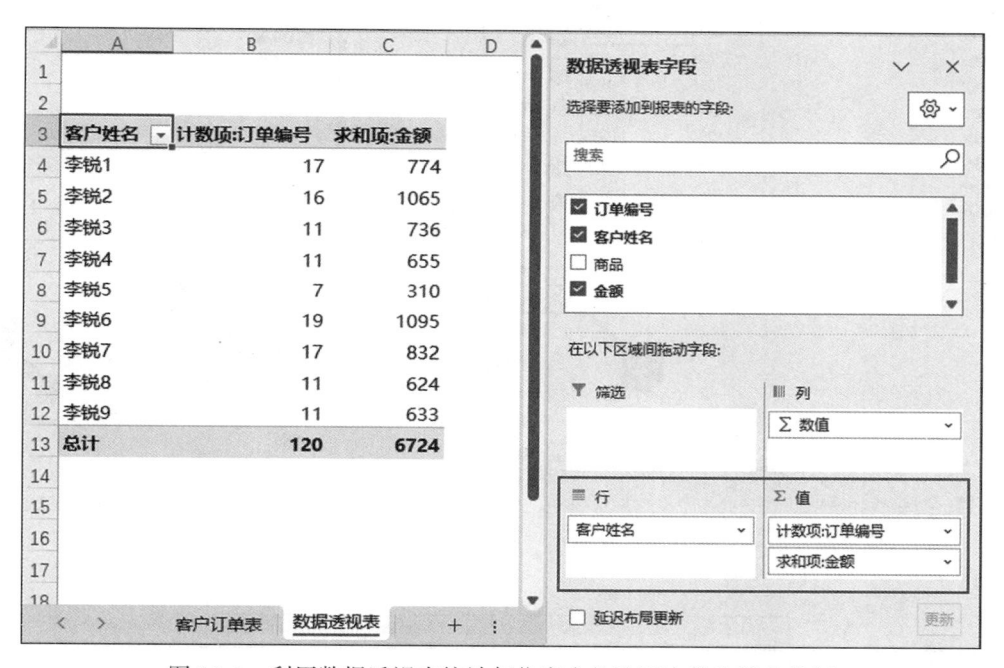

图 15-2　利用数据透视表统计每位客户的购买次数和消费总额

因为还要求统计每位客户单次购买的最高金额，所以继续在数据透视表中设置值汇总条件，具体操作步骤如下：在数据透视表字段布局中再次将"金额"字段拖动至值区域；在数据透视表"求和项：金额2"组的任意单元格（如D5单元格）中单击鼠标右键，在弹出的快捷菜单中依次单击"值汇总依据"→"最大值"命令，如图15-3所示。

设置完成后，即可统计每位客户单次购买的最高金额，如图15-4所示。

为了便于用户查看报表，可以优化一下数据透视表的标题行，将字段名称改为易识别的名称，如"购买次数""消费总额"和"单次购买的最高金额"，如图15-5所示。

数据透视表的值汇总依据不仅求和、计数和最大值，还支持平均值、最小值、乘积等计算类型。

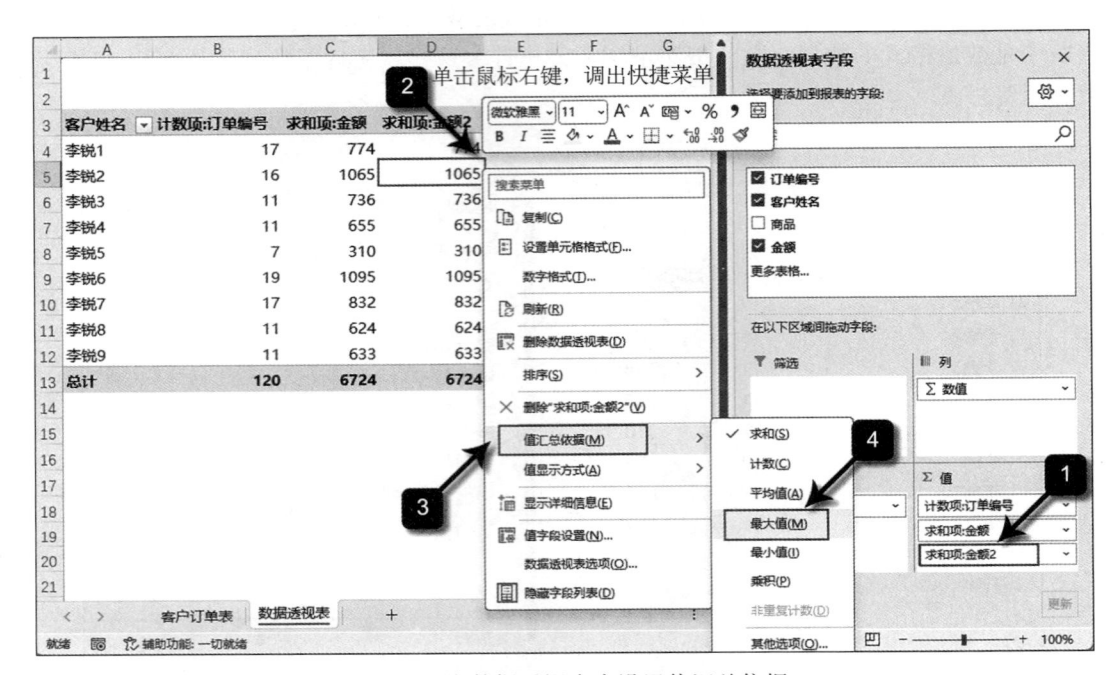

图 15-3　在数据透视表中设置值汇总依据

图 15-4　统计每位客户单次购买的最高金额

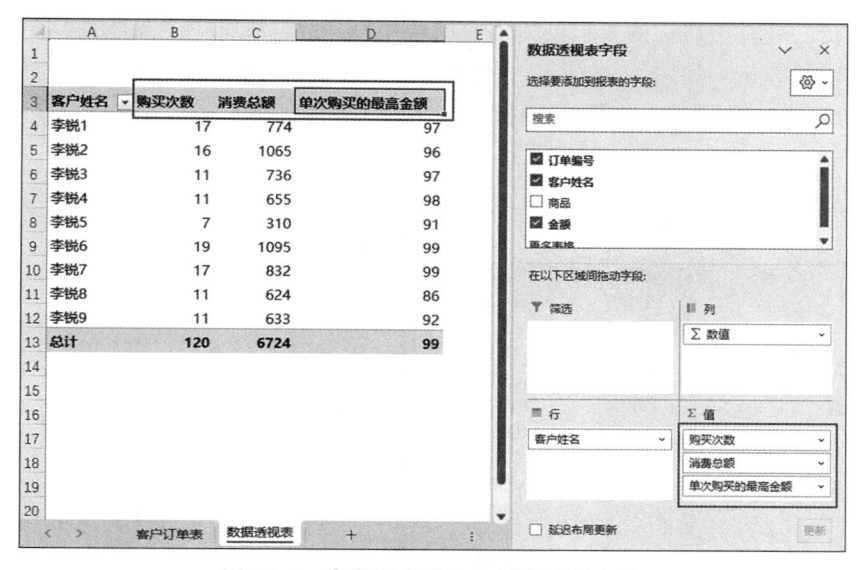

图 15-5　将字段名称改为易识别的名称

15.2　设置值显示方式

如何在数据透视表中按需求设置值显示方式呢？让我们来看一个示例。如图 15-6 所示，某服装店的服装订货表中包含各款商品各尺码的订货数量。店长要求统计每款商品的订货数量（包括每个尺码的数量）以及每款商品在总订货量中的比例和每款商品中各个尺码所占的比例。

图 15-6　某服装店的服装订货表

工作人员已经按照店长的要求创建了数据透视表，并且统计出了每款商品的订货数量，包括每个尺码的数量，如图15-7所示。但是在计算每款商品在总订货量中的比例以及每款商品中各个尺码所占的比例时遇到了困扰。

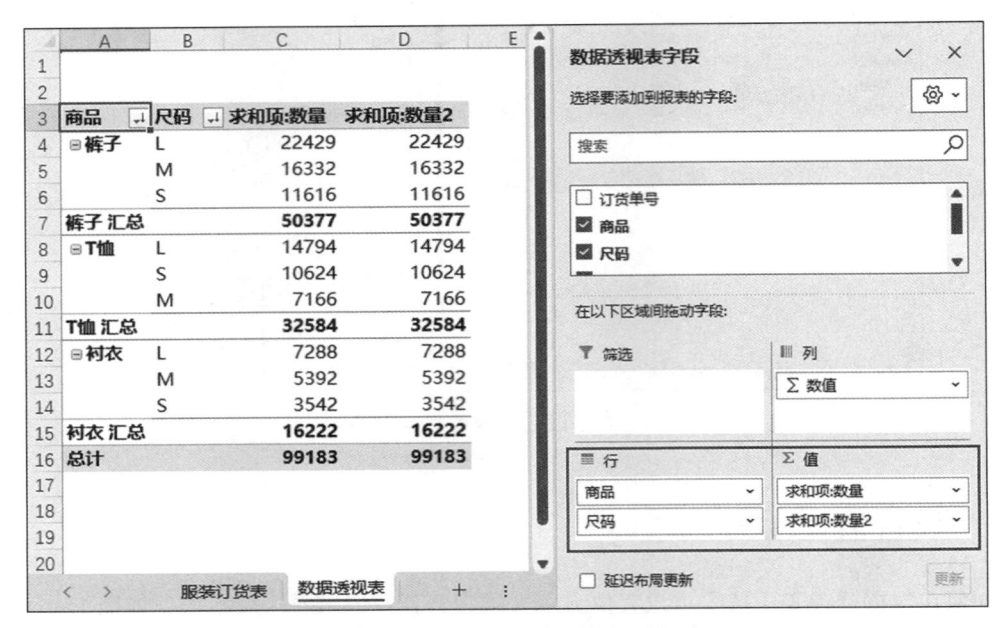

图 15-7　工作人员创建的数据透视表

通过设置值显示方式可以很好地解决该问题，具体操作步骤如下：选定数据透视表中"数量2"组中的任意数据（如D5单元格），单击鼠标右键，在弹出的快捷菜单中依次单击"值显示方式"→"父行汇总的百分比"命令，如图15-8所示。

设置完成后，即可计算每款商品在总订货量中的比例以及每款商品中各个尺码所占的比例，如图15-9所示。

数据透视表中的值显示方式，不仅可以实现分级比例的灵活计算，还可以计算同比增长，15.3节将结合示例具体介绍。

15.3　计算同比增长

如何在数据透视表中计算同比增长呢？让我们来看一个示例。如图15-10所示，某企业要根据2023年和2024年的销售记录表进行销售分析，要求按照年份和月份统计销售金额，并且计算出每个月的同比增长金额和同比增长百分比。

第 15 章　数据透视表的统计计算　231

图 15-8　在数据透视表中设置值显示方式

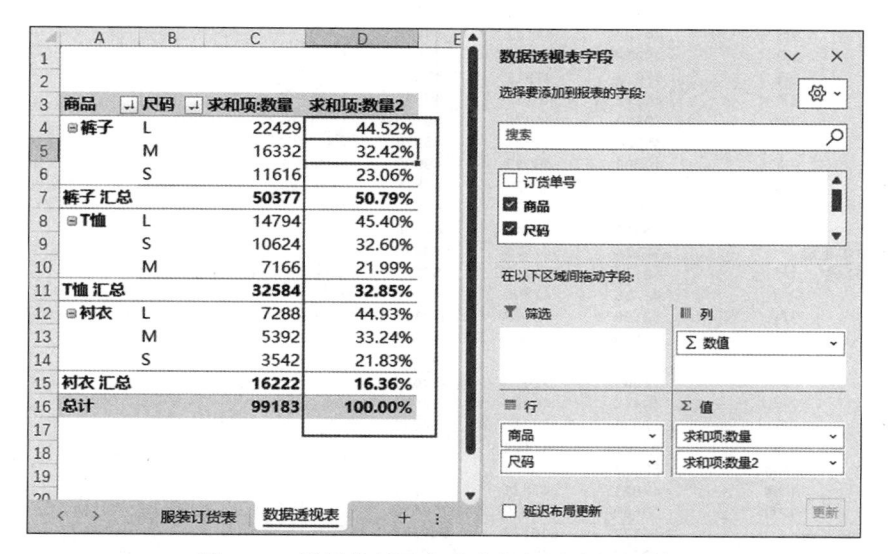

图 15-9　设置值显示方式为父行汇总的百分比

图 15-10　某企业 2023 年和 2024 年的销售记录表

工作人员已经创建了数据透视表，可按照年份和月份统计销售金额，如图 15-11 所示。但是在计算每个月的同比增长金额和同比增长百分比时遇到了困扰。

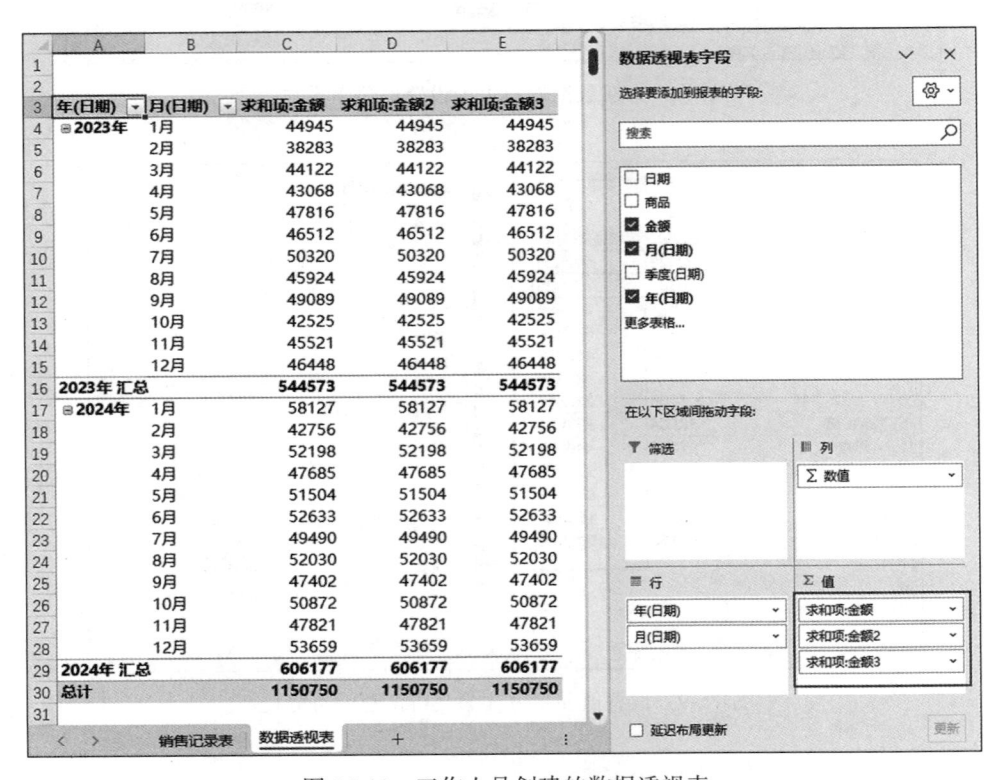

图 15-11　工作人员创建的数据透视表

通过设置值显示方式可以轻松解决同比计算的问题，具体操作步骤如下：选定"求和项：金额 2"组中的任意数据（如 D5 单元格），单击鼠标右键，在弹出的快捷菜单中依次单击"值显示方式"→"差异"按钮；在弹出的"值显示方式（求和项：金额2）"对话框中，在"基本字段"中选择"年（日期）"，在"基本项"中选择"（上一个）"；单击"确定"按钮，如图 15-12 所示。

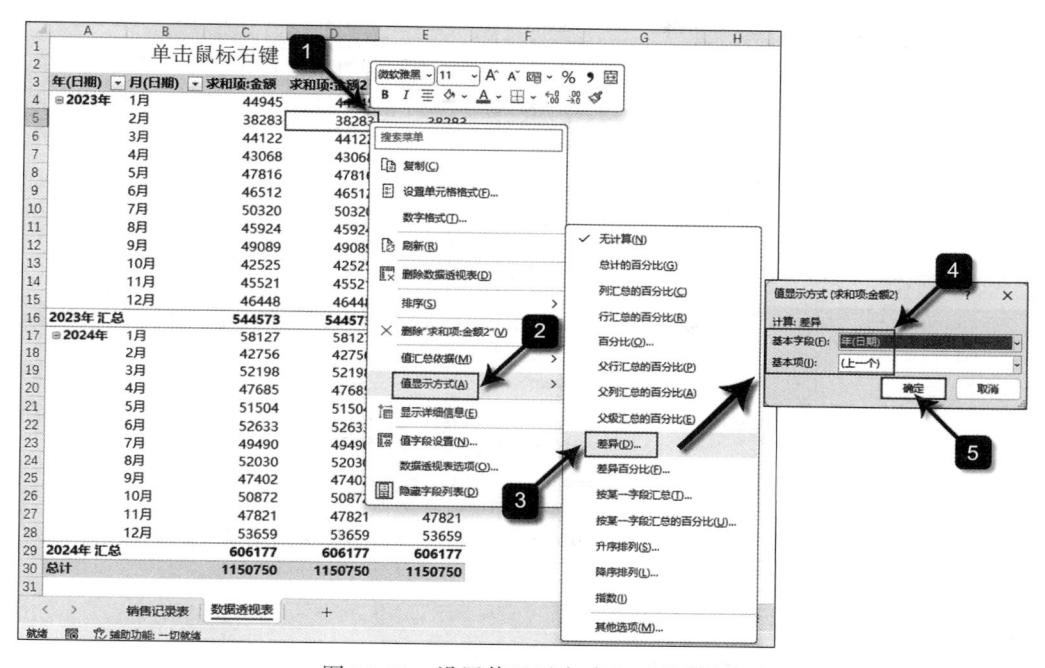

图 15-12　设置值显示方式为"差异"

设置完成后，即可利用值显示方式计算出每个月的同比增长金额，如图 15-13 所示。

计算每个月的同比增长百分比的执行过程与上一步类似，唯一区别是设置"值显示方式"为"差异百分比"，如图 15-14 所示。

设置完成后，即可自动计算出每个月的同比增长百分比，如图 15-15 所示。

将数据透视表标题行中的字段名称改为易识别的名称"同比增长"和"同比增长百分比"，便于查阅报表。

15.4　计算环比增长

如何在数据透视表中计算环比增长呢？计算环比增长与计算同比增长类似，关键区别在于同比增长是将某一年的特定月份与上一年相同月份的销售金额进行对比，而环比增长是将某一月份与上个月的销售金额进行对比。

图 15-13 利用值显示方式计算出每个月的同比增长金额

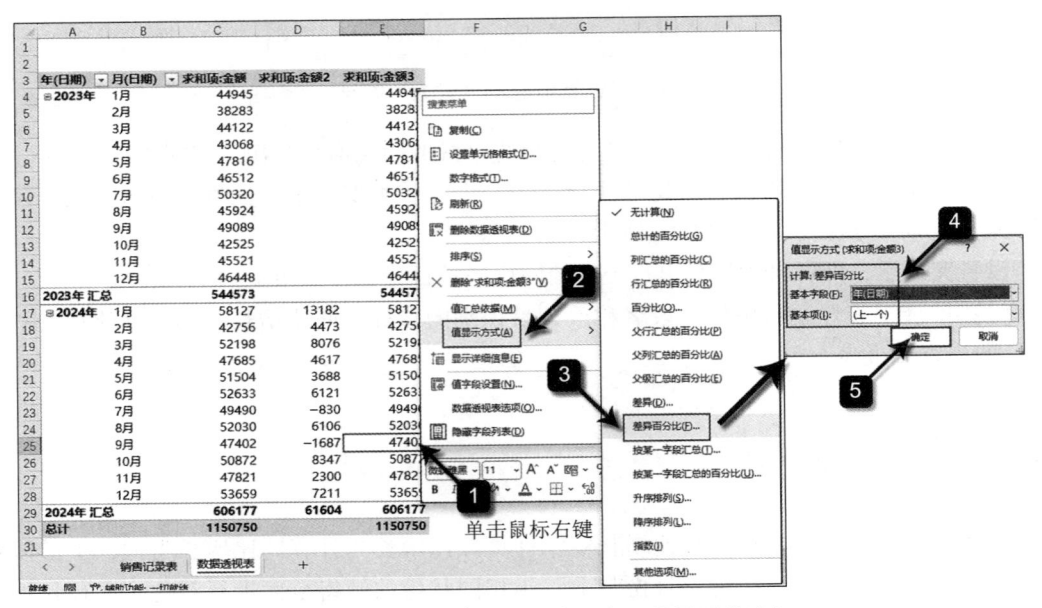

图 15-14 设置"值显示方式"为"差异百分比"

第 15 章　数据透视表的统计计算　❖　235

	A	B	C	D	E
3	年(日期)	月(日期)	求和项:金额	同比增长	同比增长百分比
4	⊟2023年	1月	44945		
5		2月	38283		
6		3月	44122		
7		4月	43068		
8		5月	47816		
9		6月	46512		
10		7月	50320		
11		8月	45924		
12		9月	49089		
13		10月	42525		
14		11月	45521		
15		12月	46448		
16	2023年 汇总		544573		
17	⊟2024年	1月	58127	13182	29.33%
18		2月	42756	4473	11.68%
19		3月	52198	8076	18.30%
20		4月	47685	4617	10.72%
21		5月	51504	3688	7.71%
22		6月	52633	6121	13.16%
23		7月	49490	-830	-1.65%
24		8月	52030	6106	13.30%
25		9月	47402	-1687	-3.44%
26		10月	50872	8347	19.63%
27		11月	47821	2300	5.05%
28		12月	53659	7211	15.52%
29	2024年 汇总		606177	61604	11.31%
30	总计		1150750		

图 15-15　利用值显示方式计算出每个月的同比增长百分比

明确思路后，就可以设置数据透视表的值显示方式了。将上一节中计算同比增长示例中的"值显示方式"的"基本字段"的值由"年（日期）"改为"月（日期）"，即可实现环比增长和环比增长百分比的计算，如图 15-16 所示。

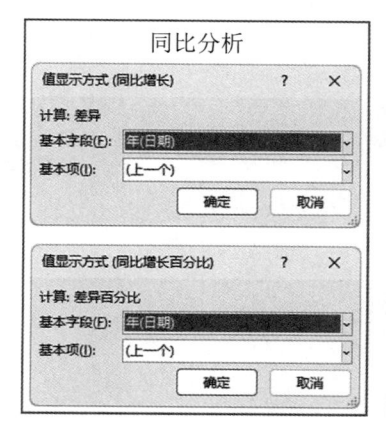

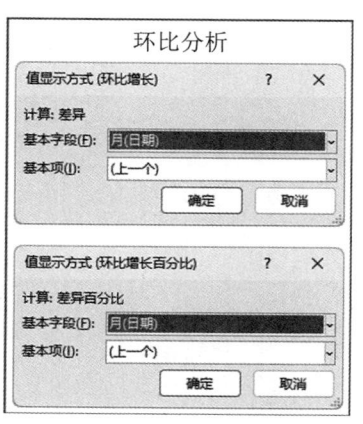

图 15-16　将"基本字段"设置为"月（日期）"

设置完成后，即可计算出每个月的环比增长金额和环比增长百分比，如图 15-17 所示。

	A	B	C	D	E
1					
2					
3	年(日期)	月(日期)	求和项:金额	环比增长	环比增长百分比
4	⊟2023年	1月	44945		
5		2月	38283	−6662	−14.82%
6		3月	44122	5839	15.25%
7		4月	43068	−1054	−2.39%
8		5月	47816	4748	11.02%
9		6月	46512	−1304	−2.73%
10		7月	50320	3808	8.19%
11		8月	45924	−4396	−8.74%
12		9月	49089	3165	6.89%
13		10月	42525	−6564	−13.37%
14		11月	45521	2996	7.05%
15		12月	46448	927	2.04%
16	2023年 汇总		544573		
17	⊟2024年	1月	58127		
18		2月	42756	−15371	−26.44%
19		3月	52198	9442	22.08%
20		4月	47685	−4513	−8.65%
21		5月	51504	3819	8.01%
22		6月	52633	1129	2.19%
23		7月	49490	−3143	−5.97%
24		8月	52030	2540	5.13%
25		9月	47402	−4628	−8.89%
26		10月	50872	3470	7.32%
27		11月	47821	−3051	−6.00%
28		12月	53659	5838	12.21%
29	2024年 汇总		606177		
30	总计		1150750		
31					

图 15-17　利用数据透视表计算环比增长金额和环比增长百分比

第 16 章 数据透视图

Excel 数据透视图是一个强大的数据可视化和分析工具，它通过图形化的方式将数据透视表中的信息直观地展示出来，帮助用户更好地理解数据背后的规律和趋势。

16.1 数据透视图的作用与优势

1. 数据可视化呈现

数据透视图将数据透视表中的汇总信息以图形化的方式呈现，如柱状图、折线图、饼图等。这种可视化方式能够帮助用户快速抓住数据的重点，识别数据中的变化趋势和异常值。例如，通过柱状图可以直观地比较不同产品的销售额，通过折线图可以展示销售额随时间的变化趋势。

2. 具备动态交互性

数据透视图与数据透视表紧密结合，支持动态更新。当数据透视表中的数据发生变化时，数据透视图也会同步更新，确保图表的实时性和准确性。此外，数据透视图支持切片器等交互功能，用户可以通过单击筛选器快速切换数据视图，例如选择特定的时间段或特定的产品，从而快速获取所需信息。

3. 便于快速创建和调整

创建数据透视图非常简单，只需在数据透视表中选择数据区域，然后插入图表即可。图表类型和样式可以根据需求灵活调整，例如改变颜色、字体、背景等，以增强视觉效果。同时，通过拖拽字段可以快速改变图表的布局，以满足不同场景的分析需求。

4. 提升数据分析效率

数据透视图可以帮助用户快速完成复杂数据的汇总和分析。例如，通过数据透视图可以直观展示不同地区、不同产品的销售占比情况，或对销售趋势进行深入分析。这种高效的工具在处理大量数据时尤为适用，避免了手动计算和重复调整的烦琐操作。

数据透视图是 Excel 中不可或缺的功能，它通过直观的图形化展示和动态交互性，极大地提升了数据分析的效率和效果。

16.2 由表格直接创建数据透视图

如何由表格直接创建数据透视图呢？让我们来看一个示例。如图 16-1 所示，某企业全年的销售记录表中包含各区域、各渠道的产品销售数据，现要求使用图表展示各区域的销售对比情况。

	A	B	C	D	E
1	日期	区域	渠道	产品	金额
2	2024/1/1	沈阳	柜台	苹果笔记本	78
3	2024/1/1	上海	内销	宏碁笔记本	37
4	2024/1/1	天津	代理商	小米手机	33
5	2024/1/2	北京	代理商	小米手机	44
6	2024/1/2	上海	柜台	华为笔记本	48
7	2024/1/2	沈阳	柜台	华硕笔记本	83
8	2024/1/3	天津	内销	华为笔记本	34
...	...	...	...	...	10
1089	2024/12/28	上海	代理商	小米手机	54
1090	2024/12/28	沈阳	代理商	华硕笔记本	33
1091	2024/12/29	北京	内销	vivo手机	77
1092	2024/12/29	天津	柜台	苹果笔记本	13
1093	2024/12/29	沈阳	代理商	小米手机	47
1094	2024/12/30	天津	代理商	vivo手机	35
1095	2024/12/30	天津	内销	华为笔记本	15
1096	2024/12/30	北京	柜台	小米手机	74
1097	2024/12/31	北京	代理商	苹果笔记本	53
1098	2024/12/31	北京	内销	华硕笔记本	32
1099	2024/12/31	北京	代理商	小米手机	12

图 16-1 某企业全年的销售记录表

由表格直接创建数据透视图的操作步骤如下：选中销售记录表中的任意单元格（如 B2 单元格），单击"插入"选项卡下的"数据透视图"下拉列表，选择其中的"数据透视图"选项；在弹出的"创建数据透视图"对话框中确认"表/区域"的引用区域是否正确，设置

"选择放置数据透视图的位置"为"新工作表";单击"确定"按钮,即可由表格直接创建数据透视图,如图 16-2 所示。

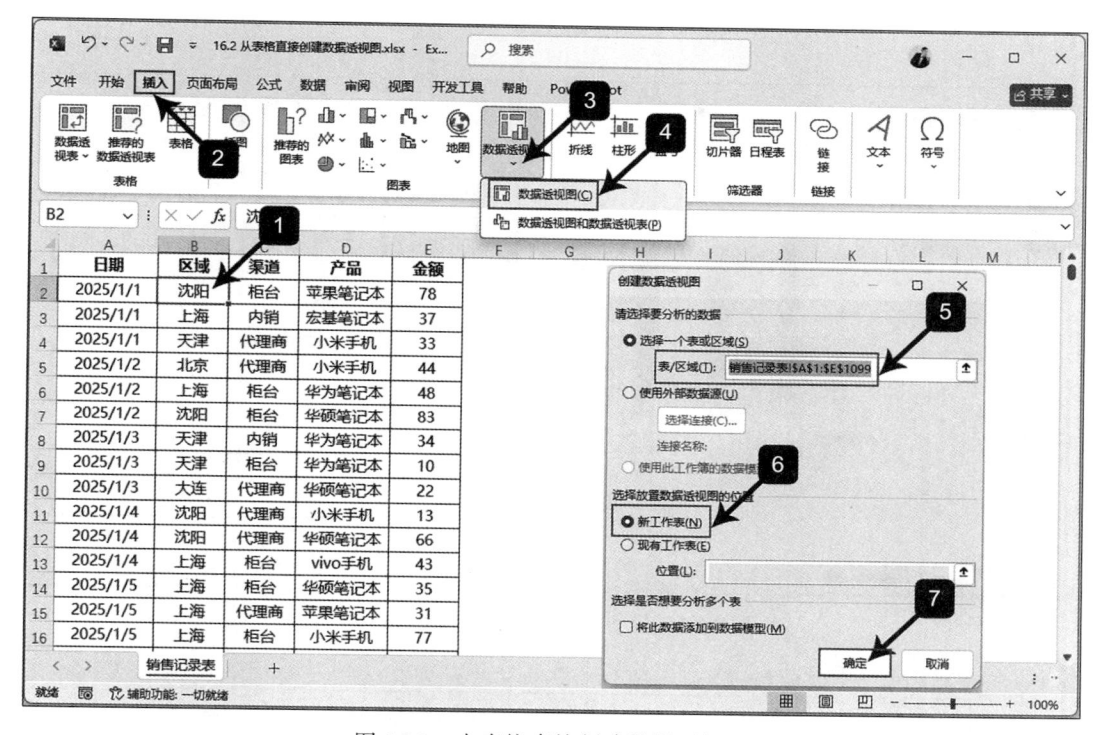

图 16-2 由表格直接创建数据透视图

由于还要求展示各区域的销售对比情况,所以将"区域"字段拖动至"行"区域,将"金额"字段拖动至"值"区域,如图 16-3 所示,即可在 Excel 工作表区域自动生成柱形图形式的数据透视图。

16.3 由数据透视表创建数据透视图

如何由数据透视表创建数据透视图呢?让我们来看一个示例。某企业已经创建好了数据透视表,如图 16-4 所示,现要求使用图表对比各区域和渠道的销售情况。

由数据透视表创建数据透视图的操作步骤如下:选中数据透视表中的任意单元格(如 A3 单元格),单击"插入"选项卡下的"数据透视图"下拉列表,选择其中的"数据透视图"选项;在弹出的"插入图表"对话框左侧导航栏选择图表类型(如"柱形图"),单击"确定"按钮,如图 16-5 所示,即可由数据透视表创建数据透视图。

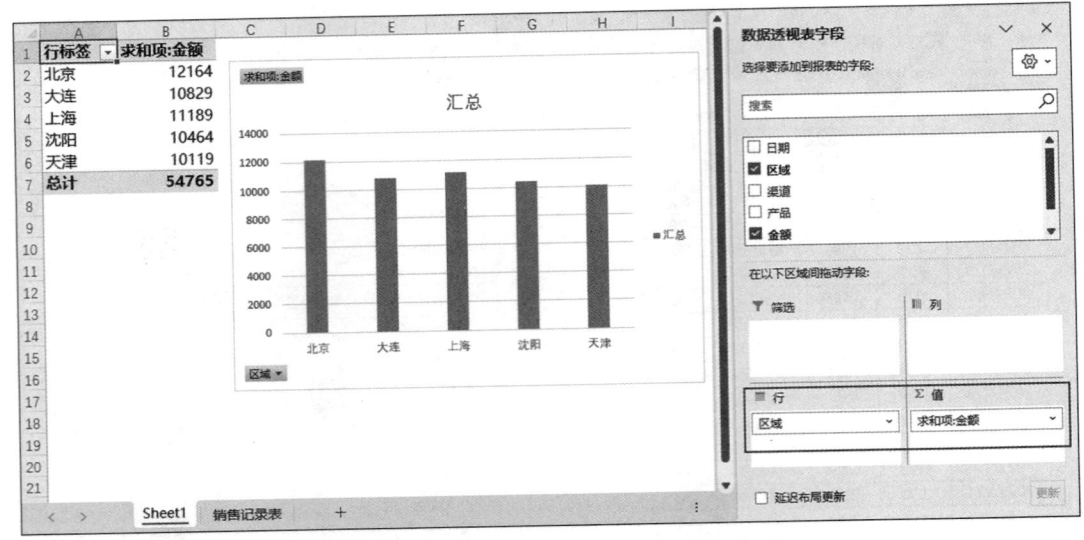

图 16-3 设置数据透视表的字段布局

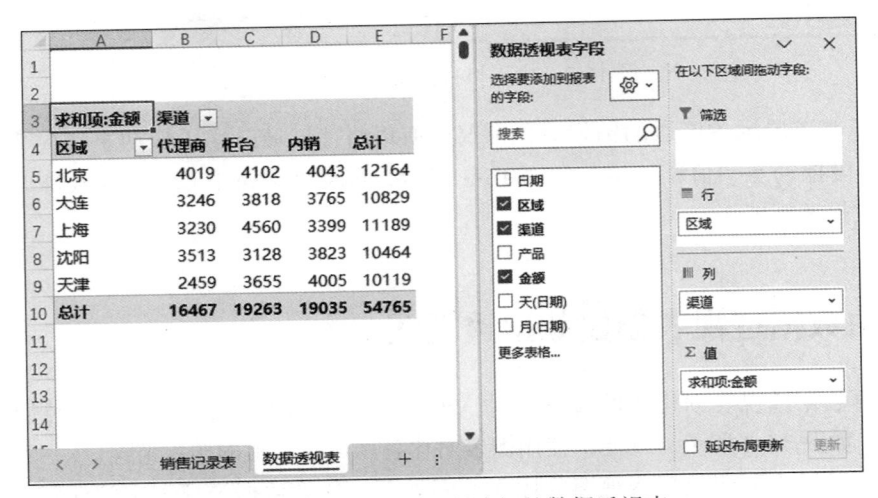

图 16-4 某企业已经创建好的数据透视表

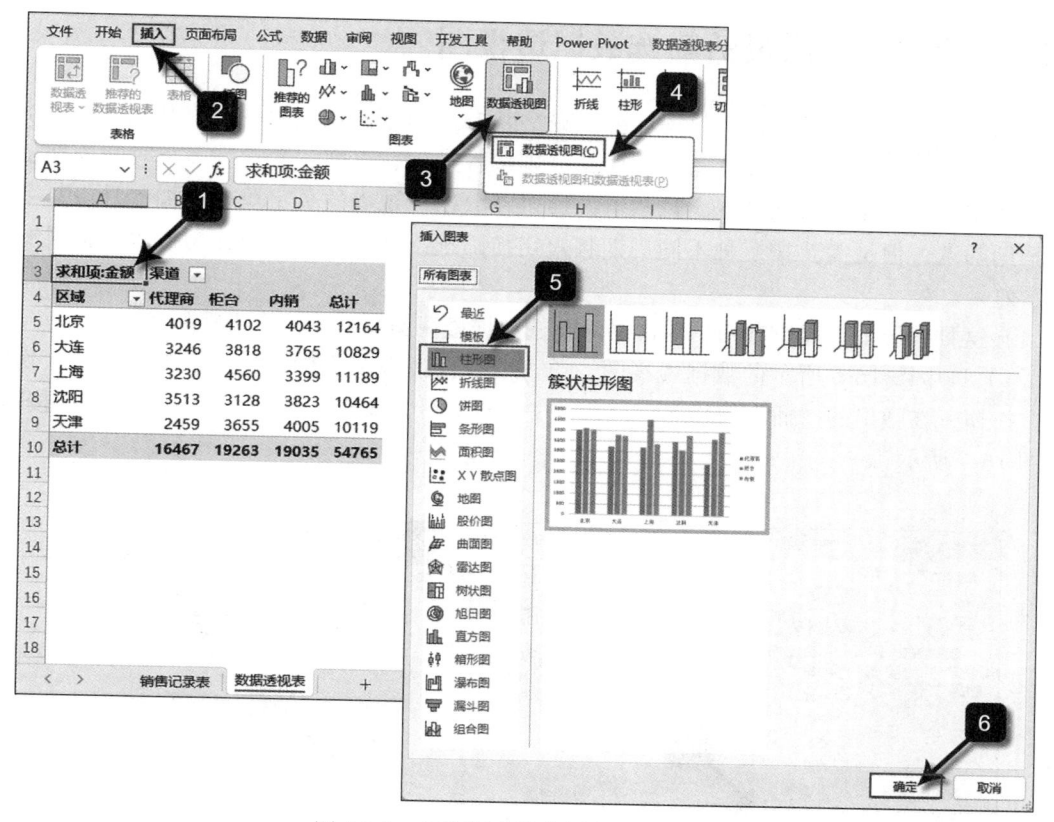

图 16-5　由数据透视表创建数据透视图

创建好数据透视图如图 16-6 所示。用户可以根据工作需要调整图表的位置、大小，并对图表元素进行美化。这项技术此处不展开，具体可参考笔者的其他图书或者在线视频内容。

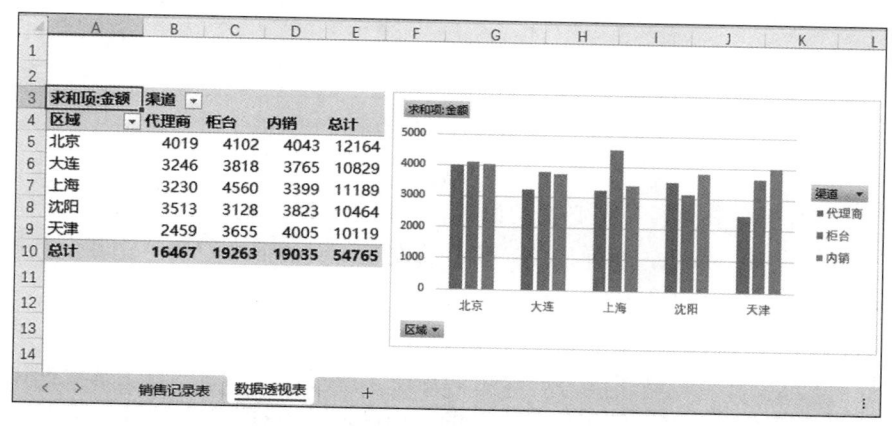

图 16-6　创建好的数据透视图展示效果

16.4 使用切片器灵活筛选数据透视图

如何使用切片器灵活筛选数据透视图呢？以 16.3 节中的数据透视表为基础，现要求在全年各区域和渠道对比的数据透视图中，分别按各月份、季度、半年等多个时间周期依次查看数据透视图中的对比情况。虽然可以通过在数据透视表的页字段中增加"月份"字段来辅助筛选，但是需要按多种不同周期频繁切换筛选条件，不便于快速切换数据透视图的展示效果。

在这种情况下，可以利用切片器灵活筛选数据透视图，具体操作步骤如下。

1）选中图 16-6 所示的数据透视图，单击"数据透视图分析"选项卡下的"插入切片器"按钮；在弹出的"插入切片器"对话框中勾选"月（日期）"选项，单击"确定"按钮，如图 16-7 所示。

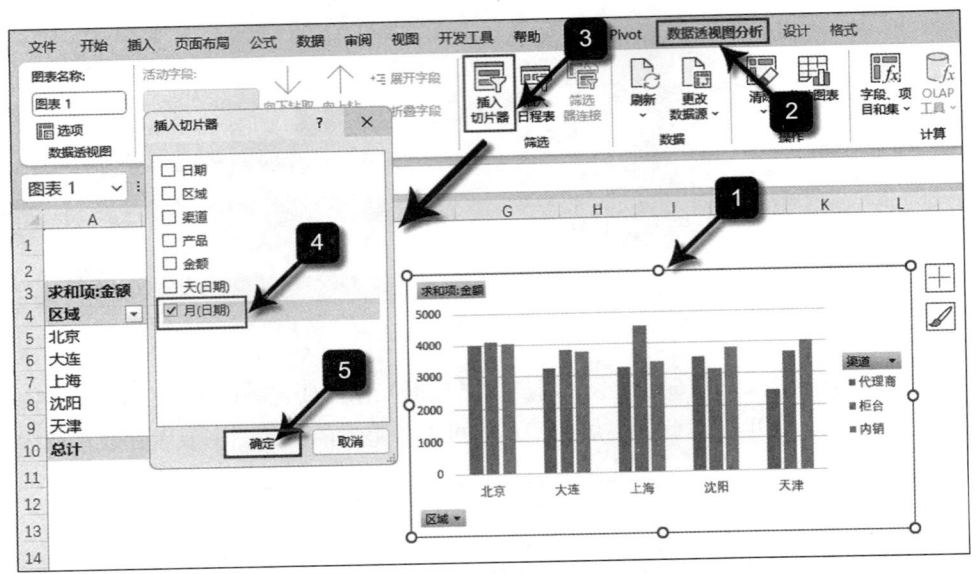

图 16-7　在数据透视图中插入切片器

2）插入切片器后要进行一些必要的设置，方法为：选中切片器，单击"切片器"选项卡下的"切片器设置"按钮，在弹出的"切片器设置"对话框中勾选"隐藏没有数据的项"和"排序时使用自定义列表"选项，单击"确定"按钮，如图 16-8 所示。

3）切片器中的月份默认以"10 月"开头，以"9 月"结尾，不符合日常工作习惯，需要调整为以"1 月"开头、以"12 月"结尾的顺序。该问题可以通过自定义个性化排序（前面章节介绍过）来实现：在"销售记录表"的空白区域（如 G2:G13 区域）输入月份的自定义序列，然后在 Excel 选项中编辑自定义列表，导入月份的自定义序列，如图 16-9 所示。

第 16 章　数据透视图　❖　243

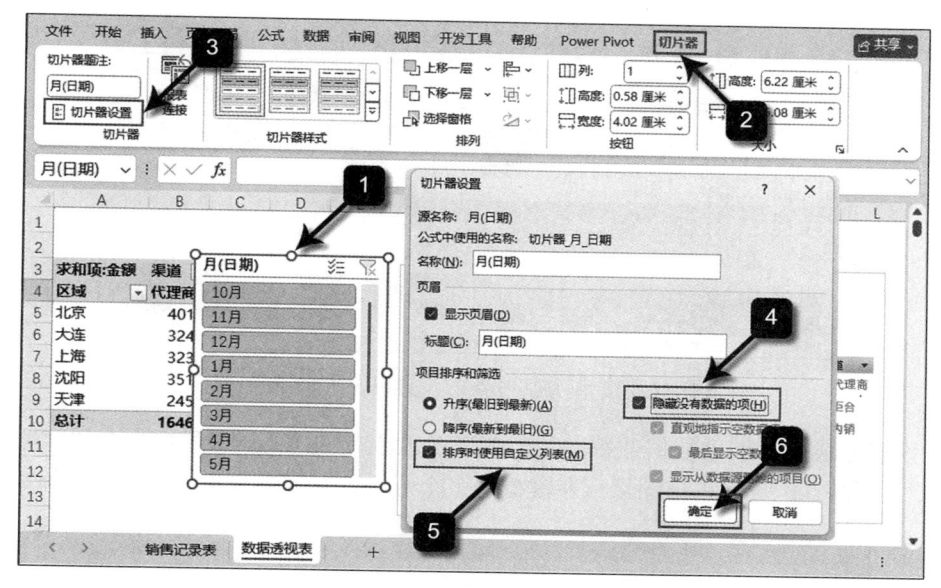

图 16-8　调整切片器设置选项

图 16-9　将月份设置为自定义序列并导入自定义列表

4）将月份的自定义序列导入自定义列表后，如果切片器中的月份排列还没有更新，可单击"数据"选项卡下的"全部刷新"按钮，将切片器中的月份按从"1 月"～"12 月"的顺序排列。

5）然后根据需要调整切片器的位置以及大小布局，方法为：选中切片器，单击"切片器"选项卡，设置列数为 6；将上半年的"1 月"～"6 月"放置在切片器第一行，"7 月"～"12 月"放置在切片器第二行，如图 16-10 所示，便于工作人员按上、下半年筛选。

图 16-10　调整切片器的位置以及大小布局

6）设置完成后，调整数据透视图的位置以及大小，如图 16-11 所示。在切片器中可以单击某个月份标签，也可以拖动鼠标左键框选多个月份，对数据透视图进行灵活筛选。

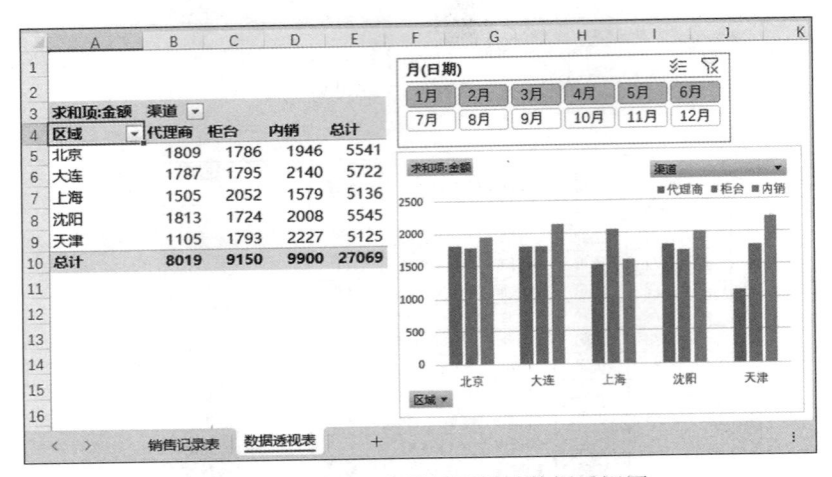

图 16-11　利用切片器灵活筛选数据透视图

16.5　使用切片器的注意事项

在使用切片器筛选数据透视表与数据透视图时，需要注意以下几个方面。

1. 切片器与数据透视表的联动

1）确保切片器与数据透视表正确关联。在插入切片器时，请确保选择了正确的数据透视表字段。如果关联错误，切片器将无法正常筛选数据。设置切片器报表连接的方法为：选中切片器，单击"切片器"选项卡下的"报表连接"按钮，在弹出的"数据透视表连接"对话框中勾选需要联动的数据透视表，单击"确定"按钮，如图 16-12 所示。

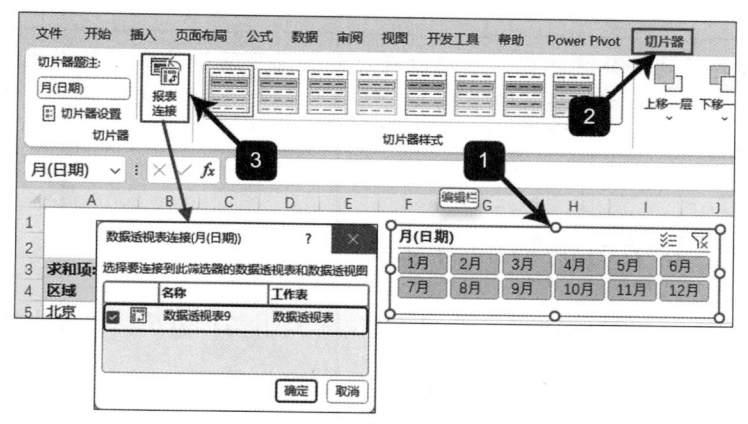

图 16-12　设置切片器与报表连接的方法

2）检查联动关系。如果数据透视表的内容未随切片器变化，可能是因为切片器与数据透视表之间的连接断开了。此时，需要重新插入切片器或检查切片器的设置。

2. 多条件筛选与联动

1）多字段筛选。如果需要同时根据多个条件筛选数据，可以在数据透视表中插入多个切片器，分别对应不同的字段。这样，多个切片器的筛选条件会同时生效。

2）避免冲突。应确保切片器之间的筛选条件不会相互冲突。例如，如果按"地区"和"产品类别"筛选，不应同时选择两个互斥的地区。

3. 切片器的布局与显示

1）调整切片器的大小和位置。切片器可以自由调整大小和位置，确保它不会遮挡数据透视表或图表的关键信息。

2）设置切片器的样式。通过"切片器"选项卡下的"切片器样式"和"按钮"组中的命令选项（见图 16-13），可以设置切片器的按钮样式和列数等，以适应不同的显示需求。

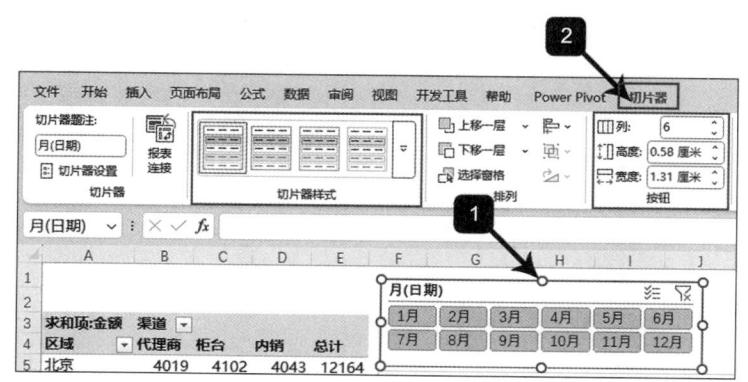

图 16-13　设置切片器按钮样式和列数的方法

> **注意**：如果切片器无法筛选数据，可以检查切片器是否正确关联了数据透视表字段。如果问题仍然存在，删除并重新插入切片器，即可正常筛选数据。

16.6 获取更多学习资料的方法

除了本书的内容，如果你想进一步深入学习和提升数据分析与可视化技术，我强烈推荐你阅读我的其他两本即将出版的图书。

1.《数据建模与数据分析：基于 Power Query+Pivot》

这本书将帮助你掌握 Power BI 核心组件：Power Query+Power Pivot 的强大功能，实现高效的数据建模与数据分析。

2.《Excel 动态图表与看板可视化》

通过这本书，你将体系化掌握 Excel 图表可视化技术，学会如何创建动态图表和数据看板，提升动态交互性与数据可视化的专业展示效果。

此外，为了获取更多学习资料和资源，你可以关注我的微信服务号"**跟李锐学 Excel**"。在服务号的底部菜单中，你可以找到丰富的学习资源，或者联系小助手进行具体咨询。希望这些资源能帮助你在数据分析与可视化领域取得更大的进步！